チャート式® 難関校受験対策

ハイレベル 中学数学問題集

チャート研究所 編著

目 次

本書の特長

本書は **入学試験本番を見据えた実戦的な問題集** です。
高等学校入学試験問題から，出題頻度が高いと思われるもの，類似の問題が将来も
多く出題されると予想されるもの，演習・学習効果が高いと思われるものを精選し，
実戦テスト形式で掲載しました。

問題の採用方法

本書では，高等学校入学試験問題を，本書のねらいを実現するための材料として使用したので，
出題原文と一致しない場合があります。たとえば，問題によっては，その趣旨を変えない範囲
で問題文に手を加えたり，体裁的に記号などを統一したりしています。また，「次の□□をう
めよ」などという設問の文章を省略した場合があります。このことをふくんで，高等学校名を
見てください。

本書の構成

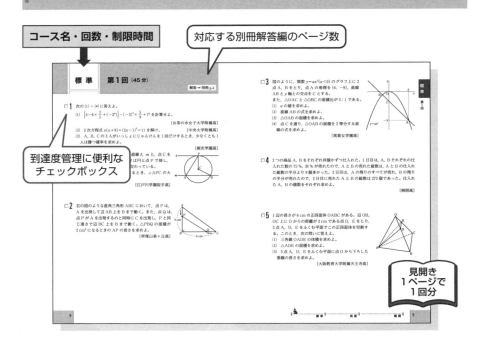

本冊

●問題はランダム配列で，1回5問の実戦テスト形式です。

　問題のレベルによって次の3コースに分けて収録しています。

標準コース（全15回）……　75問

発展コース（全15回）……　75問

難関コース（全20回）……100問

●巻末には**分野別の索引**を掲載しているので，苦手分野の問題に集中的に取り組むこともできます。また，**学校別の索引**も掲載しています。

●巻末には**公式や重要事項の確認**に役立つ内容も掲載しています。

別冊解答編

●問題の答えだけではなく，問題の考え方を示し，詳しい解説を掲載しています。

本書の使い方

☑ 入学試験本番前の総仕上げをしたいとき

☑ いろいろな分野の問題を解いて弱点を見つけたいとき

➡ 実戦テスト形式の演習

① コースを選び，1回ずつ，冒頭の制限時間を目安に問題を解きましょう。

② 別冊解答編で答え合わせをしましょう。

③ 自分の答案と別冊解答編の解説を見比べましょう。

④ あるコースを自分のものにしたら，次のコースにも挑戦してみましょう。

☑ 「因数分解」，「放物線と直線」など，強化したい分野があるとき

➡ 分野別の演習

① 巻末の分野別索引から分野を選び，1問ずつ問題を解きましょう。

② 別冊解答編で答え合わせをしましょう。

③ 自分の答案と別冊解答編の解説を見比べましょう。

④ 苦手と感じる分野の問題は特に何度も繰り返し解き，得意と感じる分野の問題はすべてのコースの問題に挑戦してみましょう。

□ **1** 次の (1) ～ (4) に答えよ。

(1) $\left\{5-6\times\dfrac{3}{2}+(-2^4)\right\}-(-3)^4\times\dfrac{5}{9}+7^2$ を計算せよ。

〔お茶の水女子大学附属高〕

(2) 2次方程式 $x(x+9)+(2x-1)^2=11$ を解け。 〔中央大学附属高〕

(3) A，B，C の3人がいっしょにじゃんけんを1回だけするとき，少なくとも1人は勝つ確率を求めよ。

〔桐光学園高〕

(4) 図のように，平行な2本の直線 ℓ，m と，点 C を中心とする円がある。直線 ℓ は円と点 P で接し，直線 m は円と2点 A，B で交わっている。
∠ABC の大きさが $28°$ であるとき，∠APC の大きさを求めよ。

〔江戸川学園取手高〕

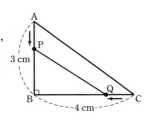

□ **2** 右の図のような直角三角形 ABC において，点 P は，A を出発して辺 AB 上を B まで動く。また，点 Q は，点 P が A を出発するのと同時に C を出発し，P と同じ速さで辺 BC 上を B まで動く。△PBQ の面積が $2\,\mathrm{cm^2}$ になるときの AP の長さを求めよ。

〔帝塚山泉ヶ丘高〕

3 図のように，関数 $y=ax^2(a<0)$ のグラフ上に2点 A，B をとり，点 A の座標を $(6，-9)$，直線 AB と y 軸との交点を C とする。
また，$\triangle OAC$ と $\triangle OBC$ の面積比が 3：1 である。

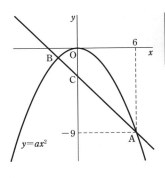

(1) a の値を求めよ。

(2) 直線 AB の式を求めよ。

(3) $\triangle OAB$ の面積を求めよ。

(4) 点 C を通り，$\triangle OAB$ の面積を2等分する直線の式を求めよ。

[筑紫女学園高]

4 2つの商品 A，B をそれぞれ何個かずつ仕入れた。1日目は，A，B それぞれの仕入れた数の 75 %，30 % が売れたので，A と B の売れた総数は，A と B の仕入れた総数の半分より 9 個多かった。2日目は，A の残りのすべてが売れ，B の残りの半分が売れたので，2日目に売れた A と B の総数は 273 個であった。仕入れた A，B の個数をそれぞれ求めよ。

[桐朋高]

5 1辺の長さが 6 cm の正四面体 OABC がある。辺 OB，OC 上に O からの距離が 2 cm である点 D，E をとり，3点 A，D，E をふくむ平面でこの正四面体を切断する。このとき，次の問いに答えよ。

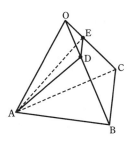

(1) 三角錐 OADE の体積を求めよ。

(2) $\triangle ADE$ の面積を求めよ。

(3) 3点 A，D，E をふくむ平面に点 O から下ろした垂線の長さを求めよ。

[大阪教育大学附属天王寺高]

□ **6** 次の (1) ～ (4) に答えよ。

(1) $\dfrac{\boxed{}}{2} - \dfrac{11x+10y}{6} = -\dfrac{y}{6} - \dfrac{4}{3}x$ の $\boxed{}$ にあてはまる式を答えよ。

〔同志社高〕

(2) a を正の整数とする。$m=\sqrt{270 \times a}$ が整数となるとき，最小の m の値を求めよ。

〔四條畷学園高〕

(3) $x^2+2xy+y^2-5x-5y+6$ を因数分解せよ。

〔市川高〕

(4) 右の図で，おうぎ形の中心角は 60°，円の半径は r である。円周率を π として，斜線部の面積を r の式で表せ。

〔学習院高等科〕

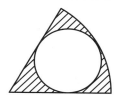

□ **7** 右の図は，あるクラス 20 人の生徒が受験した数学と英語の得点のデータの箱ひげ図である。この箱ひげ図から読み取れることとして正しいものを，次の ① ～ ④ からすべて選べ。

① 数学と英語のテストの平均点は同じである。

② 数学のテストでは 50 点以下の生徒が 5 人より多い。

③ 英語のテストでは 80 点以上の生徒が 5 人以上いる。

④ 数学のテストにも英語のテストにも 30 点台の生徒がいる。

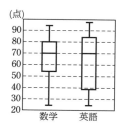

〔帝塚山高〕

□**8** 図のような AD∥BC の台形 ABCD がある。線分 AC と BD の交点を E とし，点 E を通り辺 AD に平行な直線と辺 AB，CD との交点をそれぞれ F，G とする。AD＝12，BC＝15 のとき，AE：EC＝ᵃ□：ⁱ□ であり，線分 FG の長さは ⁿ□ である。

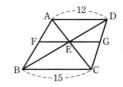

〔常総学院高〕

□**9** 放物線 $y=ax^2$ と直線 $y=-\dfrac{3}{2}x+6$ が 2 点 A，B で交わっている。点 A の y 座標が 12 であるとき，次の問いに答えよ。

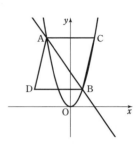

(1) a の値を求めよ。

(2) 点 B の座標を求めよ。

(3) x 軸に関して点 A と対称な点を A′ とする。点 A′ を通り，平行四辺形 ADBC の面積を二等分する直線の方程式を求めよ。

〔関西学院高等部〕

(注意) (3)の「直線の方程式」は「直線の式」と同じである。

□**10** 容器 A には 5 ％の食塩水 x g，容器 B には y ％の食塩水 900 g が入っている。①容器 A と容器 B の食塩水を全部混ぜると，3 ％の食塩水ができることがわかっている。

②まず，A の食塩水を 100 g 取り，B へ移してよくかき混ぜ，次に B の食塩水 100 g を取り，A に移してよくかき混ぜると，A の食塩水の濃度は 4 ％となった。このとき，次の問いに答えよ。

(1) 下線部 ① について，x を，y を使った式で表せ。

(2) 下線部 ② について，B の食塩水の濃度を，y を使った式で表せ。

(3) x，y の値を求めよ。

〔三田学園高〕

標準　　　発展　　　難関

☐11 次の (1) ～ (4) に答えよ。

(1) $\dfrac{2-\sqrt{3}}{2+\sqrt{3}}+\dfrac{2+\sqrt{3}}{2-\sqrt{3}}$ を計算せよ。　　　　〔城西大学附属川越高〕

(2) $a=\sqrt{2}$，$b=1$ のとき，$(3a-b)^2-(a-3b)^2$ の値を求めよ。　〔洛南高〕

(3) 3点 $(1,\ -1)$，$(3,\ 9)$，$(a,\ 10)$ が一直線上に並ぶとき，$a=\boxed{}$ である。

〔函館ラ・サール高〕

(4) 大小2個のさいころを投げるとき，出た目の和が素数になる確率を求めよ。

〔智弁学園高〕

☐12 右の図のように，現在，時計が2時をさしているものとする。次の問いに答えよ。ただし，長針と短針の間の角の大きさは 0° 以上 180° 以下で計るものとする。

(1) 現在，時計の長針と短針の間の角の大きさを求めよ。

(2) 20分後，長針と短針の間の角の大きさを求めよ。

(3) 2時から3時の間で，長針と短針の間の角の大きさが 160° になる場合は2回ある。最初は2時何分か求めよ。

〔札幌光星高〕

☐ **13** 右の図のように，4点 A，B，C，D は円 O の周上にあり，AC と BD は点 H で垂直に交わっている。点 E は線分 AC の中点で，AH＝2 cm，BH＝3 cm，CH＝6 cm のとき，次の各問いに答えよ。

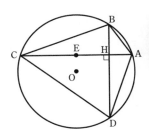

(1) EH の長さを求めよ。

(2) HD の長さを求めよ。

(3) 円 O の面積を求めよ。

［帝塚山泉ヶ丘高］

☐ **14** 放物線 $y=x^2$ と直線 $y=x+2$ がある。放物線と直線の交点を A，B（ただし，x 座標の小さい方を A）とする。また，点 B を通り，傾きが -1 の直線と放物線との交点を C とする。次の問いに答えよ。

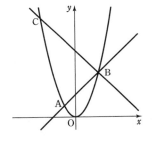

(1) 2点 A，B の座標をそれぞれ求めよ。

(2) 点 C の座標を求めよ。

(3) 点 A を通り，四角形 OBCA の面積を 2 等分する直線と，線分 BC との交点を D とするとき，点 D の座標を求めよ。

［立命館高］

☐ **15** 右の図のような 1 辺の長さが 6 cm の立方体 ABCD-EFGH があり，辺 DA，EF，FG，CD の中点をそれぞれ P，Q，R，S とする。4 点 P，Q，R，S を通る平面で立方体 ABCD-EFGH を切るとき，次の問いに答えよ。

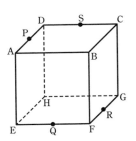

(1) 切り口の図形の名称を答えよ。

(2) 切り口の図形の面積を求めよ。

(3) 切り口の図形を底面とし，頂点を B とする角錐の体積を求めよ。

［日本大学第三高］

☐ **16** 次の (1) ～ (5) に答えよ。

(1) $(-2)^2 \div \left(-\dfrac{2^4}{15}\right) \times 1.2 - 2^2 \times (-1.5)^3$ を計算せよ。　　　　〔法政大学高〕

(2) $\dfrac{2}{15}x + \dfrac{x-4y}{5} - \dfrac{2x-y}{3} + \dfrac{2}{5}y$ を計算せよ。　　　　〔四天王寺高〕

(3) $(2x-3)^2 - 4(3x-2) - 1 = 0$ を解け。　　　　〔関西大学第一高〕

(4) 関数 $y = ax + b \ (a < 0)$ において，x の変域が $-2 \leqq x \leqq 3$ のとき，y の変域
　　が $-3 \leqq y \leqq 12$ である。このとき，a，b の値を求めよ。

〔開明高〕

(5) 36^2 は 1296 である。1271 を素数の積で表せ。

〔大阪教育大学附属天王寺高〕

☐ **17** 平行四辺形に関する次の問いに答えよ。
(1) 平行四辺形の定義を答えよ。
(2) 平行四辺形の定義のみを用いて，平行四辺形の性
　　質「2 組の対辺の長さはそれぞれ等しい」を証明せ
　　よ。右の図を用いてよい。

〔大阪教育大学附属平野高〕

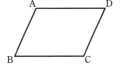

□18 点 O を中心とする円がある。右の図のように，
AB を円の直径とし，円周上に 3 点 C，D，E を

$$\overset{\frown}{BC}=3\text{ cm}, \quad \overset{\frown}{CD}=1\text{ cm}, \quad \overset{\frown}{DE}=2\text{ cm}$$

となるようにとり，さらに OD と AC の交点を P
とする。

∠DOE＝44° のとき，∠CPD の大きさを求めよ。

[同志社高]

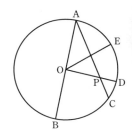

□19 縦 30 m，横 50 m の長方形の土地がある。図のよう
に，縦と横に等しい幅の道を作り，残りの斜線部分
を畑とする。次の問いに答えよ。

(1) 道の幅が 10 m のとき，畑の面積を求めよ。

(2) 畑の面積がもとの土地の面積の $\dfrac{3}{4}$ 倍になった。

このときの道の幅を求めよ。

[名古屋高]

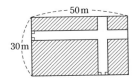

□20 右の図のように直線

$$\ell : y=ax+b, \quad m : y=-\frac{1}{3}x+5, \quad n : y=\frac{1}{2}x$$

が点 A，B，C で交わっている。ℓ と y 軸，x 軸との
交点をそれぞれ D，E とし，さらに点 C の x 座標
を 3 とする。このとき，次の問いに答えよ。

(1) 点 B の y 座標は □ である。

(2) △OBC の面積は □ である。

(3) △OBC と △OCE の面積が等しくなるとき，
点 E の x 座標は ア□ である。このとき，点 D の y 座標は ィ□ である。

[暁高]

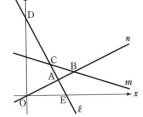

解答 → 別冊 p.12

□**21** 次の(1)〜(4)に答えよ。

(1) $7x+2y=-x-5y$ のとき，$\dfrac{5x-8y}{4x+9y}$ の値を求めよ。

〔江戸川学園取手高〕

(2) a は b に比例し，b は c に反比例している。$a=2$ のとき $b=3$ であり，$b=4$ のとき $c=5$ である。$a=3$ のときの c の値を求めよ。

〔茨城高〕

(3) 連立方程式 $\begin{cases} 2x+\dfrac{4y-5}{3}=\dfrac{19}{3} \\ \dfrac{2x-5}{2}-0.2y=-1.1 \end{cases}$ を解け。　〔関西大学第一高〕

(4) 4人の生徒がある1か月に読んだ本の冊数は1冊，4冊，x 冊，y 冊であった。これらの冊数の平均値と中央値がともに3冊であり，最大値が y 冊であった。このとき，x，y の値を求めよ。

〔大阪教育大学附属天王寺高〕

□**22** 2％，3.2％，6.4％の食塩水をそれぞれ x g，y g，z g 混ぜ合わせたら4％の食塩水が300 g できた。次に3.5％，4.7％，7.9％の食塩水をそれぞれ x g，y g，z g 混ぜ合わせた。このとき何％の食塩水ができたか。理由をつけて答えよ。

〔ラ・サール高〕

□**23** 右図のように，1辺の長さが $\sqrt{5}$ の正三角形 ABC の内部に AP＝1 である点 P をとる。この点 P を頂点 A を中心として時計回りに 60° 回転した点を Q とすると ∠AQB＝135° となった。このとき，線分 CP の長さを求めよ。

〔巣鴨高〕

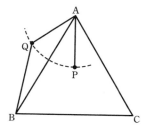

□ **24** 右図のような円に内接する四角形 ABCD がある。
対角線 AC，BD 上にそれぞれ点 P，Q を
PQ∥CD となるようにとる。また，2本の対角線
の交点を E とする。次の問いに答えよ。

(1) 4点 A，B，P，Q は同一円周上にあることを
証明せよ。

(2) さらに，AQ∥BC であるとき，BP∥AD と
なることを証明せよ。

〔久留米大学附設高〕

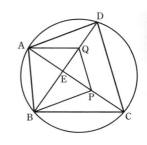

□ **25** 図のような規則で，白いタイルのまわりに黒いタイルを並べていく。

1番目　　2番目　　　3番目　　…

(1) 4番目に必要な黒いタイルの枚数は，□枚である。

(2) n 番目に必要な黒いタイルの枚数は，□枚である。

(3) 白いタイルの枚数と，黒いタイルの枚数の差が 41 枚になるのは，□番
目である。

〔三重高〕

26 次の (1) ~ (3) に答えよ。

(1) $x=3+\sqrt{5}$, $y=3-\sqrt{5}$ のとき, $x^2-2xy+y^2-5x+5y=\boxed{}$ である。

〔土佐高〕

(2) p を素数とするとき, $a^2-p^2=15$ となるような
自然数 a の値を求めると $\boxed{}$ となる。

〔西武学園文理高〕

(3) 右の図で, $\overparen{AB}:\overparen{BC}=3:2$, $\overparen{BC}:\overparen{CD}=1:2$
である。$\angle x$ の大きさを求めよ。

〔帝塚山泉ヶ丘高〕

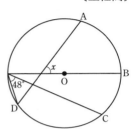

27 花子さんは, ある店で税抜価格 x 円の商品を購入した。その際, y 円値引きを
してくれる券を使って買い物をし, 花子さんが支払った金額は 2750 円であっ
た。ところが, 本来は先に税込価格を計算してから値引きするところを, 店員
さんが間違えて, 先に値引きをしてから税込価格を計算していたことがわかっ
た。この間違いによって, 花子さんが支払った金額は本来の金額より 20 円少
なかったという。ただし, 消費税は 10 % とする。次の問いに答えよ。

(1) x, y についての連立方程式を作れ。

(2) x, y の値を求めよ。

〔関西大倉高〕

28 右の図のように, 1 辺の長さが 5 cm の正方形
ABCD の 2 つの辺に内接する半径 2 cm と r cm
の 2 つの円があり, 円どうしも接している。この
とき, r の長さを求めよ。

〔れいめい高〕

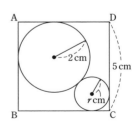

29 2以上の自然数 N について，次の規則にしたがって計算していく。計算の結果が1になったとき計算することをやめることにする。

  規則1 計算する数が偶数ならば2でわる。
  規則2 計算する数が奇数ならば1を加える。

例えば $N=4$ のとき， 規則1 規則1 のように4は2回の計算で1になる。
  $4 \longrightarrow 2 \longrightarrow 1$

また $N=5$ のときは， 規則2 規則1 規則2 規則1 規則1 のように5は
  $5 \longrightarrow 6 \longrightarrow 3 \longrightarrow 4 \longrightarrow 2 \longrightarrow 1$

5回の計算で1になる。このとき，次の問いに答えよ。

(1) $N=25$ は □ 回の計算で1になる。

(2) 5回の計算で1になる自然数は，小さい順に5，ア□，イ□，ウ□，32の5個ある。

(3) 10回の計算で1になる自然数のうち，偶数は34個，奇数は21個ある。このとき，11回の計算で1になる自然数は全部で □ 個あることがわかる。

〔新潟明訓高〕

30 図のような放物線 $y=ax^2$ $(a<0)$ があり，この放物線上に，図のように点A，Bをとったところ，点Aの x 座標は -2 で，点Bの x 座標は1であった。

また，Oは原点であり，∠AOBは直角である。このとき，次の問いに答えよ。

(1) a の値を求めよ。

(2) 直線ABの方程式を求めよ。

(3) 直線OAを軸として，△ABOを回転してできる立体の体積を求めよ。

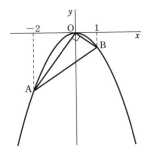

〔お茶の水女子大学附属高〕

□ **31** 次の (1) 〜 (3) に答えよ。

(1) x, y についての連立方程式 $\begin{cases} 3x+y=3 \\ ax+by=-19 \end{cases}$ の解と，連立方程式

$\begin{cases} x-2y=8 \\ 2ax-by=7 \end{cases}$ の解が一致する。このとき，a, b

の値をそれぞれ求めよ。

〔立命館高〕

(2) 右の図の ∠ 印をつけた 7 個の角の和は
□° である。

〔新潟明訓高〕

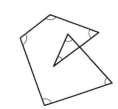

(3) 右の図のように，3 点 A，B，C は円 O の周
上にあり，∠BAC＝58° である。点 C をふくま
ない側にある $\overset{\frown}{AB}$ 上に，$\overset{\frown}{AD}=\overset{\frown}{DB}$ となるよう
に点 D をとり，点 B をふくまない側にある
$\overset{\frown}{CA}$ 上に，$\overset{\frown}{CE}=\overset{\frown}{EA}$ となるように点 E をとる。
点 A をふくまない側にある $\overset{\frown}{BC}$ 上に点 F をと
るとき，∠DFE の大きさを求めよ。

〔三重県〕

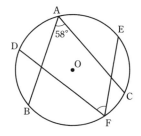

□ **32** 1 辺の長さが 4 のひし形 ABCD は，
∠BAD＝120° とする。辺 AB と辺 AD の中点を
それぞれ E，F とし，辺 CD 上に
CG：GD＝1：3 となる点 G をとる。線分 AG と
線分 EF の交点を H とするとき，次の問いに答
えよ。

(1) 線分比 AH：HG を最も簡単な整数の比で表せ。

(2) 三角形 EGH の面積を求めよ。

〔慶応義塾高〕

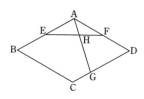

□ **33** 右の図のような，AB＝4，BC＝8 の長方形 ABCD において，点 P は点 C から辺 CD 上を点 D に向かって毎秒 1 の速さで，点 Q は点 D から辺 DA 上を点 A に向かって毎秒 2 の速さでそれぞれ進むものとする。点 P，Q がそれぞれ C，D を同時に出発してから t 秒後の $\triangle BPQ$ の面積を S とする。ただし，$0 \leqq t \leqq 4$ とする。このとき，次の各問いに答えよ。

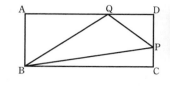

(1) S を t を使って，もっとも簡単な式で表せ。

(2) $\triangle BPQ$ の面積が 12 となるのは，点 P，Q がそれぞれ点 C，D を同時に出発してから何秒後か求めよ。

〔広陵高〕

□ **34** 右図のように，放物線 $y = \dfrac{1}{3}x^2$ 上に点 A，A′，B，B′ が，y 軸上に点 C，C′ がある。また，原点を O とする。四角形 OACB，CA′C′B′ がともに正方形であるとき，点 A′ の x 座標を求めよ。

〔広島大学附属高〕

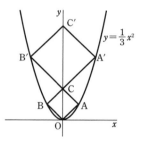

□ **35** 右の図は，1 辺が 8 cm の立方体から三角柱を切り取ったもので，2 点 P，Q は辺 EF，HG をそれぞれ 1：3 に分けた点である。次の各問いに答えよ。

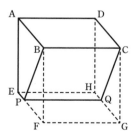

(1) この立体の体積を求めよ。

(2) 2 辺 AE，BP をそれぞれ点 E，P の方に延長し，その交点を S とするとき，$\triangle ASB$ の面積を求めよ。

(3) 3 つの面 ABCD，AEHD，BPQC に接する球を立体内に作るとき，球の半径を求めよ。

〔東北学院高〕

□**36** 次の (1) ～ (3) に答えよ。

(1) $-3^2 + 4 \div \left(-\dfrac{2}{3}\right) \div \left(-\dfrac{1}{3}\right) + (-3)^2$ を計算せよ。

〔広島大学附属高〕

(2) $\sqrt{n}$ を電卓を使って小数で表し，小数第1位で四捨五入すると8になった。このような自然数 n はいくつあるかを答えよ。

〔大阪教育大学附属池田高〕

(3) 右図において，五角形 ABCDE は正五角形で，直線 PQ，直線 RS は，それぞれ点 A，点 C を通り，PQ∥RS である。
∠DCS＝16° のとき，∠PAB＝□° である。

〔専修大学松戸高〕

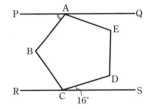

□**37** 右の図の五角形 ABCDE において，頂点を移動する点 P は，さいころを投げ，出た目の数だけ反時計回りに頂点上を順に移動する。続けてさいころを投げる場合は，点 P が現在止まっている頂点から移動することにする。次の問いに答えよ。

(1) 点 P が最初に頂点 A にある。さいころを1回投げたあと，点 P が頂点 A に止まる確率を求めよ。

(2) 点 P が最初に頂点 A にある。さいころを2回投げたあと，点 P が頂点 A に止まる確率を求めよ。

〔東北学院榴ヶ岡高〕

38 1頭のイノシシが山頂を目指して村を出発した。イノシシの出発と同時に1匹のネズミが山頂から村を目指して駆け出した。右のグラフは，イノシシとネズミが，同時に出発してから x 分後に村から y km の地点にいる様子を表したグラフである。次の問いに答えよ。

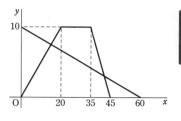

(1) イノシシとネズミは出発してから何分後に初めて出会うか求めよ。

(2) イノシシは山頂を出発して何分後にネズミを追い越すか求めよ。

(3) 右上のグラフにおいて，縦軸を「村からの距離 y km」ではなく，「実際の移動距離 y km」とした場合のイノシシとネズミのグラフをそれぞれかけ。

〔大阪教育大学附属平野高〕

39 右の図のように，放物線 $y=ax^2$ と，直線 $y=x+4$ は2点A，Bで，直線 $y=\dfrac{1}{2}x+6$ は2点A，Cで交わっている。このとき，次の問いに答えよ。

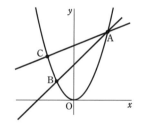

(1) a の値を求めよ。

(2) △ABC の面積を求めよ。

〔法政大学高〕

40 右の図のように，AD∥BC，AD：BC＝1：2の台形 ABCD がある。E は辺 CD の中点で，F は線分 BE と対角線 AC の交点である。次の各問いに答えよ。

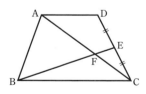

(1) BF：FE をもっとも簡単な整数の比で表せ。ただし，求める過程を記述するものとする。

(2) △CEF と台形 ABCD の面積の比をもっとも簡単な整数の比で表せ。

〔熊本マリスト学園高〕

□ **41** 次の (1) ～ (5) に答えよ。

(1) $(x-y)^2-(y+3)^2+3x+9$ を因数分解せよ。　　　　　〔弘学館高〕

(2) a を定数とする。2次方程式 $(3x-2)(x+5)=-2x+a$ の1つの解が -6 のとき，$a=$ ʾ□ であり，2次方程式のもう1つの解は ʿ□ である。

〔日本大学桜丘高〕

(3) 大小2つのさいころを同時に1回投げるとき，2つのさいころの出た目の数の積が4の倍数となる確率を求めよ。ただし，2つのさいころはともに1から6までのどの目が出ることも同様に確からしいとする。

〔東京学芸大学附属高〕

(4) 10 % の食塩水 200 g がある。このうち，x g を5 % の食塩水と入れ替えたところ，8 % の食塩水となった。このとき，x の値を求めよ。

〔城西大学附属川越高〕

(5) 関数 $y=\dfrac{a}{x}$ で，x の変域が $-8\leqq x\leqq-4$ であるとき，y の変域は $b\leqq y\leqq-3$ である。a，b の値を求めよ。

〔桐朋高〕

□ **42** 40 人の生徒に対して，㋐, ㋑, ㋒ の3教科のテストを行った。各教科の結果について，0点以上 20 点未満を階級の1つとして，ヒストグラムをつくったところ下のようになった。得点の中央値が最も大きいテストは㋐, ㋑, ㋒ のどれか記号で答えよ。

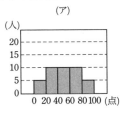
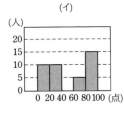
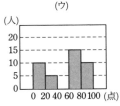

〔関西大学第一高〕

43 右の図のように，放物線 $y=x^2$ と直線 $y=ax$ がある。点 $B\left(0, \dfrac{5}{4}\right)$ を通り直線 $y=ax$ と平行な直線を ℓ，原点を通り直線 $y=ax$ と垂直な直線を m とする。

このとき，放物線 $y=x^2$ と直線 ℓ と直線 m は点 A で交わる。また，放物線 $y=x^2$ と直線 $y=ax$ の交点のうち，原点以外の交点を C とする。線分 OA の長さが $\dfrac{\sqrt{5}}{4}$ のとき，次の各問いに答えよ。

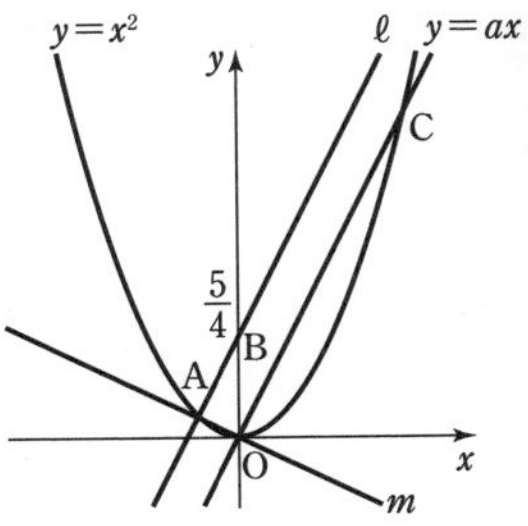

(1) 線分 AB の長さを求めよ。

(2) △OAB の面積を求めよ。

(3) 点 A の座標を求めよ。

(4) △OAB と △OBC の面積比をもっとも簡単な整数で答えよ。

〔四條畷学園高〕

44 右の図のように，1辺の長さが 6 cm の正六角形 ABCDEF があり，辺 CD，EF の中点をそれぞれ P，Q とする。

次の問いに答えよ。

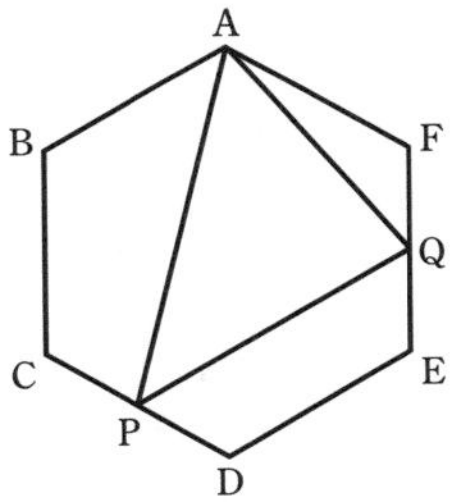

(1) ∠PQE の大きさを求めよ。

(2) PQ の長さを求めよ。

(3) △APQ の面積を求めよ。

(4) △AQF の面積を求めよ。

〔智弁学園高〕

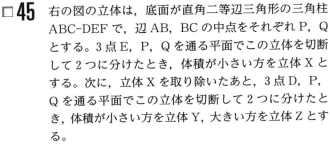

45 右の図の立体は，底面が直角二等辺三角形の三角柱 ABC-DEF で，辺 AB，BC の中点をそれぞれ P，Q とする。3点 E，P，Q を通る平面でこの立体を切断して2つに分けたとき，体積が小さい方を立体 X とする。次に，立体 X を取り除いたあと，3点 D，P，Q を通る平面でこの立体を切断して2つに分けたとき，体積が小さい方を立体 Y，大きい方を立体 Z とする。

立体 X，Y，Z の体積の比をもっとも簡単な整数比で表せ。

〔智弁学園和歌山高〕

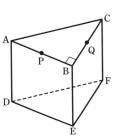

□**46** 次の (1) ～ (5) に答えよ。

(1) $\dfrac{(5\sqrt{2}+4\sqrt{3})^8}{(3\sqrt{2}-2\sqrt{3})^4} \times \dfrac{(5\sqrt{2}-4\sqrt{3})^8}{(3\sqrt{2}+2\sqrt{3})^4}$ を計算せよ。

［ラ・サール高］

(2) 連立方程式 $\begin{cases} \dfrac{x}{2}-\dfrac{y}{3}=2 \\ \dfrac{x+y}{2}-\dfrac{x-3y}{5}=9 \end{cases}$ を解くと，$x={}^{\text{ア}}\boxed{}$，$y={}^{\text{イ}}\boxed{}$ である。

［仙台育英高］

(3) $x=\sqrt{7}+2$，$y=\sqrt{7}-2$ のとき，$x^3y-xy^3=\boxed{}$ である。

［専修大学松戸高］

(4) x の2次方程式 $x^2+ax+b=0$ の2つの解が，$x=1$，2のとき，2次方程式 $x^2+(a+b)x+(2a+b)=0$ の解を求めよ。

［開明高］

(5) 6段の階段を登るのに1段ずつ，2段ずつ，または1段と2段をおりまぜて登るとする。たとえば，1段ずつ上がれば6歩で，2段ずつだと3歩で登ることになる。したがって，この階段を5歩で登る場合は，どの段階で2段上がるかによって全部で5通りの登り方がある。それでは，4歩で登る方法は全部で何通りあるか答えよ。

［滝川高］

□**47** 右の図の △ABC において，AB∥DE，AC∥FG であり，四角形 CDHG は円に内接する四角形である。このとき，∠x の大きさを求めよ。

［法政大学高］

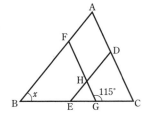

□48 右の図のような，AD∥BC，AB⊥BC，
AB＝4 cm，BC＝6 cm，CD＝5 cm の台形
ABCD がある。辺 AB の中点を E とし，BD
と EC の交点を F とするとき，次の問いに答
えよ。

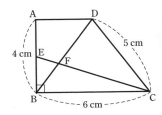

(1) BD の長さを求めよ。

(2) 四角形 AEFD の面積を求めよ。

[日本大学第三高]

□49 右の図のような，1辺の長さ 4 の立方体
ABCD-EFGH がある。辺 BF の中点を I，辺 FG の
中点を J とする。この立方体を 3 点 A, I, J を通る平
面で切るとき，次の問いに答えよ。

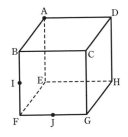

(1) 切り口の図形の面積を求めよ。

(2) 切ったときにできる 2 つの立体の体積の比を
もっとも簡単な整数の比で答えよ。
ただし，(小さい立体の体積)：(大きい立体の体積)
の形式で答えよ。

[成城学園高]

□50 右の図のように，関数 $y=ax^2$ のグラフ上に 2 点 A,
B がある。点 A の座標は $(-4, 8)$，点 B の x 座標
は 2 である。このとき，次の各問いに答えよ。

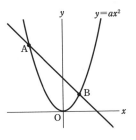

(1) a の値を求めよ。

(2) 直線 AB の式を求めよ。

(3) x 軸上に，△APB の周の長さが最小になるよ
うに点 P をとる。このとき，点 P の x 座標を求
めよ。

[茨城高]

□ **51** 次の(1)〜(5)に答えよ。

(1) $6 \div \dfrac{3^2}{-2} + \left\{ 1 - 5 \times \left(-\dfrac{1}{3} \right)^2 \right\} \div \left(-\dfrac{2}{3} \right)$ を計算せよ。

〔徳島文理高〕

(2) $(-xy^2)^3 \div \left\{ (-x^2y^3)^2 \div \left(-\dfrac{2}{3}xy^2 \right) \right\} \div \left(-\dfrac{y^2}{x} \right)^2$ を計算せよ。

〔立命館高〕

(3) 2次方程式 $2(x-1)^2 = (x-3)^2 - 1$ を解け。 〔東京学芸大学附属高〕

(4) ある施設の8月の利用者数は，大人と子どもを合わせて4250人であった。
9月の利用者数は8月に比べ，大人は2％増加し，子どもは8％減少したので，全体では190人の減少となった。9月の大人の利用者数を求めよ。

〔土佐高〕

(5) 箱の中に入ったビー玉のうち，125個を取り出して印をつけ，元に戻した。よくかきまぜて x 個取り出して調べたところ，印のついたビー玉が35個ふくまれていたため，箱に入ったビー玉は全部で1万個と推定した。x の値を求めよ。

〔慶応義塾高〕

□ **52** y 軸を対角線の1つとする正方形 OABC と放物線 $y = ax^2$ がある。辺 AB の延長線と放物線が交わる点を P とする。点 A$(-4, 4)$ とするとき，次の各問いに答えよ。

(1) a の値を求めよ。

(2) 2点 A，B を通る直線の方程式を求めよ。

(3) 点 P の座標を求めよ。

(4) 点 P を通り，△OAP の面積を2等分する直線の方程式を求めよ。

〔育英高〕

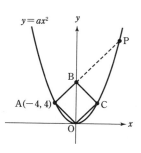

24

53 右の図で，∠ACB＝∠ADE＝90° であるとき，AB の長さを
求めよ。

〔智弁学園高〕

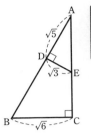

54 右の図のように，1辺の長さが $2\sqrt{3}$ の立方体があ
り，辺 CG の中点を M とするとき，次の問いに答
えよ。

(1) 線分 AF，AM の長さをそれぞれ求めよ。

(2) △AFM の面積を求めよ。

(3) 点 B から △AFM に下ろした垂線の長さを求
めよ。

〔日本大学第二高〕

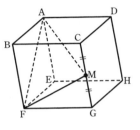

55 2つの袋 A，B があり，

A には 0，2，4 の数字が 1 つずつ書かれた 3 個の球が，

B には 1，2，3 の数字が 1 つずつ書かれた 3 個の球が入っている。

このとき，次の問いに答えよ。

(1) 袋 A，B からそれぞれ 1 個ずつ球を取り出すとき，

A から取り出した球の数字よりも，

B から取り出した球の数字の方が大きくなる確率を求めよ。

(2) 袋 A，B からそれぞれ同時に 2 個ずつ球を取り出すとき，

A から取り出した 2 個の球の数字の和よりも，

B から取り出した 2 個の球の数字の和の方が大きくなる確率を求めよ。

(3) 袋 A，B について，それぞれ次の作業を行う。

「球を 1 個取り出し，数字を確認後，元の袋に戻し，

よくかき混ぜ，その袋から球を 1 個取り出し，数字を確認する。」

このとき，A から取り出した 2 個の球の数字の和よりも，

B から取り出した 2 個の球の数字の和の方が大きくなる確率を求めよ。

〔明星高〕

□**56** 次の (1) ~ (4) に答えよ。

(1) $\dfrac{1}{x} - \dfrac{1}{y} = -5$ のとき，$\dfrac{(x-1)(y+1)+1}{xy}$ の値を求めよ。

〔日本女子大学附属高〕

(2) x を自然数とする。$\dfrac{126}{x}$ と $\dfrac{420}{x}$ がともに自然数となるような最大の x の値は □ である。

〔西武学園文理高〕

(3) ある列車が，長さ 540 m の鉄橋を渡り始めてから渡りきるまでに 30 秒かかった。また，同じ列車が，長さ 1860 m のトンネルに完全に入り切ってから，出始めるまでに 1 分 10 秒かかった。このとき，列車の長さを求めよ。

〔江戸川学園取手高〕

(4) 右の図のように，$\overset{\frown}{BC} = \overset{\frown}{CD}$，∠BAC＝54° となる 4 点 A，B，C，D を円周上にとる。また，BC の延長上に ∠CDE＝40° となる点 E をとるとき，∠CED の大きさを求めよ。

〔広島大学附属高〕

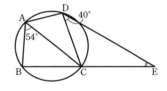

□**57** 右の図の長方形 ABCD の辺上を動く 2 点 P，Q がある。2 点 P，Q は同時に A を出発し，点 P は辺 AD 上を毎秒 1 cm の速さで D まで動き，点 Q は辺 AB，BC，CD 上を毎秒 2 cm の速さで A から D まで動く。

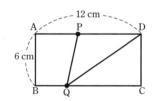

このとき，次の問いに答えよ。

(1) 5 秒後の △PQD の面積を求めよ。

(2) 点 Q が辺 AB 上にあり，△PQD の面積が 20 cm² となるのは，A を出発してから何秒後か。

(3) 点 Q が辺 CD 上にあり，△PQD の面積が長方形 ABCD の面積の $\dfrac{1}{9}$ になるのは，A を出発してから何秒後か。

〔土佐高〕

□ **58** 座標平面上に点 A(3, 2), B(2, 3), C(3, 3) がある。大小 2 つのさいころを同時に 1 回投げて，大きいさいころの出た目の数を a，小さいさいころの出た目の数を b とし，図の直線 ℓ を $y=\dfrac{b}{a}x$ とする。以下の問いに答えよ。

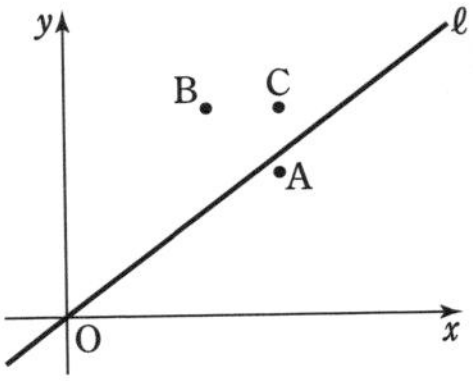

(1) b が a よりも大きくなる確率を求めよ。
(2) 直線 ℓ が点 C を通る確率を求めよ。
(3) 直線 ℓ が線分 AB を通る確率を求めよ。

〔城北高〕

□ **59** 右の図のように，関数 $y=ax^2$ …… ① のグラフと，AB=4 である長方形 ABCD がある。辺 AB，AD はそれぞれ x 軸，y 軸と平行で，点 A, C は ① のグラフ上の点である。点 A の x 座標が −1 であるとき，次の各問いに答えよ。

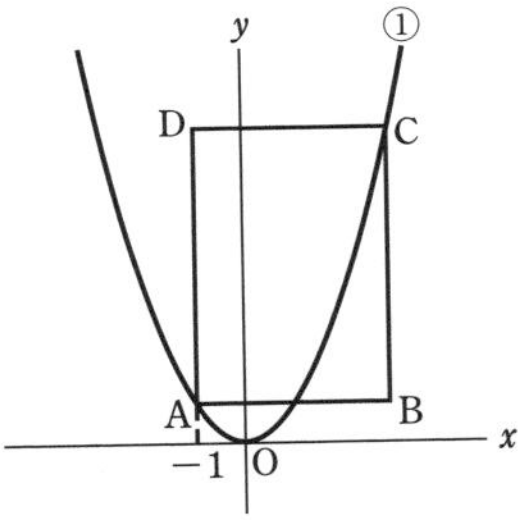

(1) 点 C の座標を a を用いて表せ。
(2) AB：BC=2：3 であるとき，a の値を求めよ。
(3) (2)のとき，原点 O を通り，長方形 ABCD の面積を 2 等分する直線の式を求めよ。

〔帝塚山泉ヶ丘高〕

□ **60** 図のように，AB=BC=6，CA=4 である二等辺三角形 ABC がある。辺 AB 上に ∠ABC=∠ACD を満たす点 D をとる。A から BC に垂線 AH をひき，C から AB に垂線 CI をひく。また，AH と CD の交点を E とする。このとき，次の □ をうめよ。

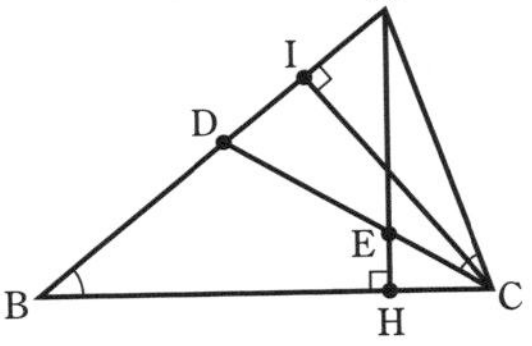

(1) AD=ア□，AI=イ□ である。
(2) BH=□ である。
(3) CE=□ である。

〔土浦日本大学高〕

□**61** 次の (1) ～ (5) に答えよ。

(1) $\sqrt{108(10-n)}$ が整数になるような，最も小さい自然数 n の値を求めよ。

〔上宮高〕

(2) $(x-2y)^2-8xy+4x^2$ を因数分解すると ☐ である。

〔福岡大学附属大濠高〕

(3) 2次方程式 $\dfrac{1}{2}(x-2)(x+3)=\dfrac{1}{3}(x^2-3)$ の解は，☐ である。〔東海高〕

(4) 図のように，円周上に4点 A, B, C, D がある。∠x の大きさを求めよ。

〔西南学院高〕

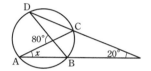

(5) ある祭りの参加人数について，男子中学生と男子高校生の比は 2:5 であった。また，女子中学生は 14 人で，女子高校生は中学生の総人数より 4 人多くて，中学生の総人数と高校生の総人数の比は 1:3 であった。参加している高校生の総人数を求めよ。

〔青雲高〕

□**62** 図のように，AD＝4 の長方形 ABCD がある。辺 AD の延長上に DE＝3 となるように点 E をとり，線分 BE と辺 CD の交点を F とする。点 F を通り線分 BD と平行な直線と辺 BC の交点を G とする。
△CFG の面積が 4 であるとき，辺 AB の長さを求めよ。

〔桐光学園高〕

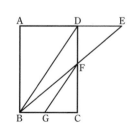

63 3点 O(0, 0)，A(6, 0)，B(0, 6) を頂点とする三角形と直線 $y=-2x+k$ …… ① がある。辺 AB と直線 ① との交点を P，辺 OA と直線 ① との交点を Q，辺 OB の中点を R とするとき，次の問いに答えよ。

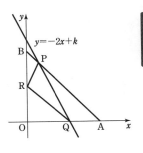

(1) k のとりうる値の範囲を求めよ。

(2) $k=10$ のとき，△PQR の面積を求めよ。

(3) △PQR の面積が 5 になるときの k の値を求めよ。

［弘学館高］

64 右の図のように，$y=x^2$ のグラフがあり，直線 ℓ は関数 $y=2x+3$ のグラフである。2つのグラフの交点を A，B とする。点 A を通り x 軸に平行な直線と点 B を通り y 軸に平行な直線の交点を C とする。また，点 C から直線 ℓ に垂線を引き，交点を D とする。円周率を π とする。

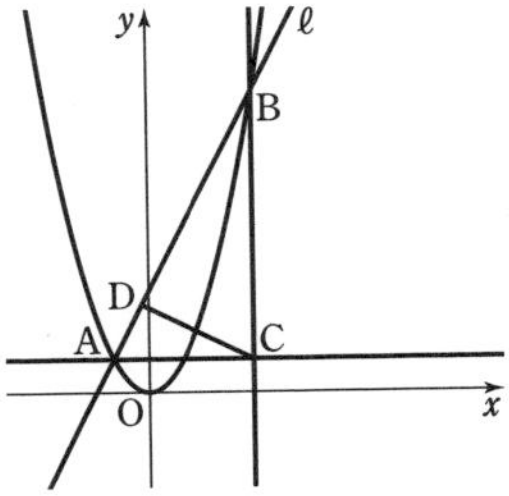

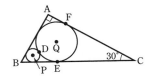

(1) 2点 A，B の座標を求めよ。

(2) 三角形 ABC の面積は □ である。

(3) 線分 CD の長さは □ である。

(4) 三角形 ABC を ℓ の周りに 1 回転させてできる立体の体積は □ である。

［桐蔭学園高］

65 右の図のように，∠BAC＝90°，∠ACB＝30° の直角三角形 ABC の内部に円 P と円 Q があり，円 P は辺 AB，BC に接し，円 Q に外接している。また，円 Q は辺 AB，BC，CA に接している。円 Q の半径が 6 cm のとき，次の各問いに答えよ。

(1) 円 P の半径を r とするとき，BP の長さを r を用いて表せ。

(2) 円 P の半径を求めよ。

(3) 円 Q と円 P，辺 BC，辺 CA との接点をそれぞれ D，E，F とするとき，∠DEF の大きさを求めよ。

(4) △ABC の面積を求めよ。

［城西大学附属川越高］

□ **66** 次の (1) 〜 (3) に答えよ。

(1) $(3.5^2-1.5^2)\times0.5-\left(0.6-\dfrac{6}{5}\right)\div\dfrac{3}{5}$ を計算し，簡単にすると □ である。

〔福岡大学附属大濠高〕

(2) 連続する 3 つの正の奇数の最も小さい数と，最も大きい数の積が，真ん中の数の 9 倍よりも 4 小さい。この真ん中の数を求めよ。

〔江戸川学園取手高〕

(3) ∠x の大きさを求めよ。

〔上宮高〕

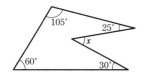

□ **67** 右の図のように，1 辺の長さが 8 cm の正三角形 ABC の辺 BC 上に点 D があり，AD の長さは 7 cm で，BD＞DC である。また，AD を 1 辺とする正三角形 ADE の辺 DE と AC の交点を F とし，点 C と E を結ぶ。これについて，次の問いに答えよ。

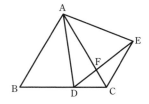

(1) △ABD と合同な三角形を答えよ。また，その合同条件を述べよ。

(2) △AEF と △ABD は相似である。その相似条件を述べよ。
　　さらに，相似であることを利用して，AF の長さを求めよ。

(3) BD の長さを求めよ。

〔東明館高〕

□**68** 右図のように，平行四辺形 ABCD の辺 BC，CD 上にそれぞれ点 E，F をとり，BE：EC＝3：2，CF：FD＝2：1 とする。

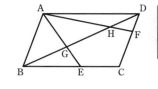

また，AE，AF と対角線 BD との交点をそれぞれ G，H とする。

平行四辺形 ABCD の面積を S とするとき，次の問いに答えよ。ただし，(1)，(4)の比はもっとも簡単な整数の比で答えよ。

(1) AG：GE を求めよ。

(2) △ABG の面積を S で表せ。

(3) △AHD の面積を S で表せ。

(4) BG：GH：HD を求めよ。

〔高知学芸高〕

□**69** 図のように，表が黒色，裏が白色の石を6個並べる。2個のさいころを投げて出た目と同じ番号の石を裏返すとき，次の確率を求めよ。ただし，2個とも同じ目が出たときは，その番号の石を2度裏返す（つまりもとにもどる）ものとする。

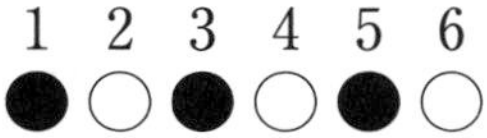

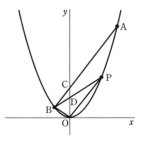

(1) 両端が黒色となる確率

(2) 黒色が2個以上連続して並ぶ確率

(3) 黒色が3個，白色が3個となる確率

〔同志社高〕

□**70** 右の図のように，放物線 $y＝ax^2$ 上に2点 A(6, 36)，B(−1, 1) がある。このとき，次の各問いに答えよ。

(1) a の値と直線 OB の傾きを求めよ。

(2) 直線 AB の式を求めよ。

(3) 放物線上の O と A の間に点 P をとり，直線 PB と y 軸との交点を D としたとき，△CBD と △PDO の面積は等しくなった。このとき，点 P の座標を求めよ。

〔花園高〕

□**71** 次の (1) ～ (4) に答えよ。

(1) $\dfrac{(2\sqrt{2}-\sqrt{3})^2}{\sqrt{2}} - \dfrac{3\sqrt{2}-12}{\sqrt{3}} + \dfrac{6-5\sqrt{3}}{\sqrt{6}}$ を計算せよ。

〔大阪教育大学附属平野高〕

(2) 2次方程式 $(x-1)^2 - 3(x-1) + 2 = 0$ を解け。

〔洛南高〕

(3) 次の図のように，A～J の 10 人が 10 点満点のゲームを行い，点数表を作ったが汚れてしまい，G，H の点数がわからなくなってしまった。点数は自然数であり，H の点数が G の点数より低いことはわかっている。このとき，点数の中央値を求めよ。

	A	B	C	D	E	F	G	H	I	J	平均値	範囲
点数	9	5	9	6	3	9			4	2	6.0	8

〔愛知高〕

(4) ある洋菓子店では，シュークリームとプリンを売っている。今月は両方とも先月よりも多く売れた。今月は先月に対して，シュークリームは 10 %，プリンは 15 %，売り上げ個数がそれぞれ増加し，プリンの増加個数はシュークリームの増加個数の 2 倍となった。また，今月のシュークリームとプリンの売り上げ個数は合計 3239 個であった。先月のシュークリームとプリンの売り上げ個数をそれぞれ求めよ。

〔慶応義塾志木高〕

□**72** 右の図のように，1 辺が 10 cm の正方形から，底辺が 10 cm，高さが 2 cm の二等辺三角形を 4 個切り取って，正四角錐の展開図を作る。この展開図を組み立ててできる正四角錐について，次の問いに答えよ。

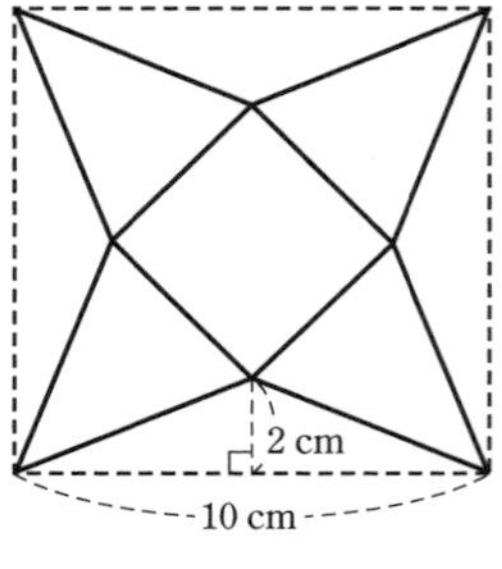

(1) 正四角錐の底面の正方形の 1 辺の長さを求めよ。

(2) 正四角錐の体積を求めよ。

〔土佐高〕

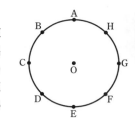

□**73** 右の図のような円 O があり，その円周を 8 等分する。8 等分した点をそれぞれ A，B，C，D，E，F，G，H とする。大小 2 つのさいころを同時に 1 回投げて，出た目の数の和だけ，点 A を出発点として反時計まわりに点 P を進める。たとえば，目の和が 2 のとき，点 P は点 C で止まり，目の和が 9 のとき，点 P は点 B で止まる。このとき，次の問いに答えよ。

(1) 点 P が点 A で止まる確率を求めよ。

(2) 点 P が点 D で止まる確率を求めよ。

(3) 3 点 O，P，H を結んだとき，三角形ができる確率を求めよ。

〔東明館高〕

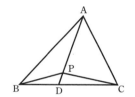

□**74** 図のように，△ABC の内部に点 P をとると，面積に関して，△ABP：△BCP：△CAP＝2：1：3 が成り立っている。直線 AP と BC の交点を D とするとき，次の問いに答えよ。ただし，比の値はもっとも簡単な整数の比で答えよ。

(1) AP：DP を求めよ。

(2) BD：CD を求めよ。

(3) 点 P を通り，辺 AC に平行な直線が辺 BC と交わる点を E とするとき，面積比 △PDE：△ABC を求めよ。

〔江戸川学園取手高〕

□**75** 次の問いに答えよ。

(1) 図 1 のように，自然数を小さい順に並べる。

　(ア) 2021 は上から何段目の左から何番目にあるか。

　(イ) 上から n 段目の中央の数を n を用いて表せ。ただし，n は自然数とする。

(2) 図 2 のように，正の奇数を小さい順に並べる。上から n 段目の中央の数を n を用いて表せ。ただし，n は自然数とする。

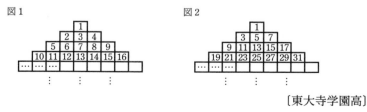

〔東大寺学園高〕

□**76** 次の (1) ～ (4) に答えよ。

(1) $3xy+x+3y+1$ を因数分解せよ。　　〔お茶の水女子大学附属高〕

(2) 連立方程式 $\begin{cases} \dfrac{1-2x}{5}=3y-2 \\ 0.5(x-y+3)-0.2(x-7.5)=3 \end{cases}$ を解け。

〔帝塚山泉ヶ丘高〕

(3) 下の図で，∠x，∠y の大きさを求めよ。

(ア)
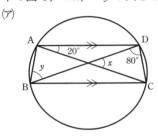
AD∥BC
A，B，C，D は円周上の点

(イ)
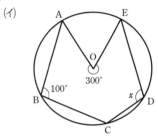
O は円の中心
A，B，C，D，E は円周上の点

〔成城学園高〕

(4) $\sqrt{2}$，$\sqrt{3}$，$\sqrt{6}$ の小数部分をそれぞれ a，b，c とするとき，$\dfrac{(b+2)(c+4)}{a+1}$ の値を求めよ。

〔桐朋高〕

□**77** 大，小2つのさいころを同時に投げて，出た目の数をそれぞれ a，b とする。

(1) ab の値が3の倍数になる確率は ☐ である。

(2) a^2+b^2 の値が25以上になる確率は ☐ である。

〔函館ラ・サール高〕

□ **78** △ABC と △DEF において，AB＝DE，
BC＝EF，∠ACB＝∠DFE のとき，
△ABC≡△DEF であることを証明せよ。
ただし，∠ACB，∠DFE は鈍角とする。

〔大阪教育大学附属天王寺高〕

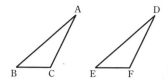

発展

第1回

□ **79** 図のように，2 次関数 $y=ax^2$ $(a>0)$ のグラフ
と，A$(-1, 0)$ を通る傾きが正の直線が B，C
で交わっており，AB：BC＝1：24 である。B，
C から x 軸にひいた垂線と x 軸との交点をそ
れぞれ D，E とするとき，次の問いに答えよ。
(1) D の x 座標を求めよ。
(2) O，E，C，B が 1 つの円周上にあるとき，
a の値を求めよ。

〔東大寺学園高〕

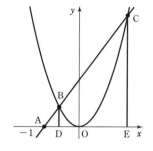

□ **80** 右の図のような，1 辺が 4 cm の立方体がある。
辺 BC の中点を P，辺 CD の中点を Q とする。
次の問いに答えよ。
(1) △EPQ の面積を求めよ。
(2) 点 A から △EPQ にひいた垂線の長さを
求めよ。

〔関西大学第一高〕

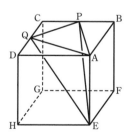

□81 次の (1) ～ (4) に答えよ。

(1) 13 でわると 7 余る整数 A と 13 でわると 9 余る整数 B がある。積 AB を 13 でわると，余りは ☐ である。

[専修大学松戸高]

(2) 3 直線 $y=-2x-3$, $y=\dfrac{1}{2}x+2$, $y=ax$ が三角形を作らないような定数 a の値をすべて求めよ。

[愛知高]

(3) 2 次方程式 $x^2-10x+22=0$ の 2 つの解を a, b $(a<b)$ とする。このとき，b^2-a^2 の値を求めよ。

[桐朋高]

(4) $y=ax^2$ について，x の変域が $-3\leqq x\leqq\dfrac{1}{2}$ のとき，y の変域は $0\leqq y\leqq 6$ とする。このとき，定数 a の値を求めると $a=$ ☐ である。

[三重高]

□82 半径 1 の円 A と半径 3 の円 B が図のように点 C で接している。また，直線 DE は 2 つの円の共通接線で，点 D，点 E はそれぞれの円の接点である。

(1) 線分 DE の長さを求めよ。

(2) 図の斜線部の面積を求めよ。

[茗溪学園高]

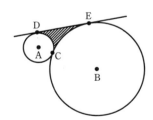

□ **83** 右のような図があり AD：DB＝3：2，
AE：EC＝1：4 である。線分 BE と線分 CD の
交点を F，直線 AF と線分 BC の交点を G とす
る。次の問いに答えよ。

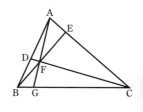

(1) DF：FC を最も簡単な整数の比で表せ。

(2) BG：GC を最も簡単な整数の比で表せ。

〔鎌倉学園高〕

発展

第2回

□ **84** 右の図のように，関数 $y＝ax^2$ のグラフと1次関数
$y＝bx＋3$ のグラフが2点 A，B で交わり，点 A の
x 座標は -3 である。また，直線 AB は x 軸と点
C(6, 0) で交わっている。このとき，次の問いに答
えよ。

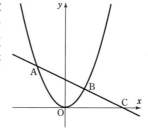

(1) b の値を求めよ。

(2) 点 B の座標を求めよ。

(3) 2点 A，B 間の距離を求めよ。

(4) 原点 O から直線 AB にひいた垂線と直線 AB
との交点を H とするとき，OH の長さを求めよ。

〔土佐高〕

□ **85** 右の図のような AD＝DC＝6 cm，AE＝9 cm であ
る直方体 ABCD-EFGH がある。辺 EF，FG の中
点をそれぞれ P，Q とし，この直方体を3点 D，P，
Q を通る平面で切ったとき，切り口は五角形
DRPQS となった。このとき，次の問いに答えよ。

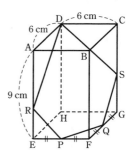

(1) 線分 RE の長さを求めよ。

(2) 五角形 DRPQS の面積を求めよ。

(3) 2つの立体のうち，頂点 H をふくむ方の立体
の体積を求めよ。

〔法政大学高〕

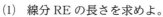

□ **86** 次の (1) ～ (4) に答えよ。

(1) $(\sqrt{3}+\sqrt{2}+1)(\sqrt{3}-\sqrt{2}+1)(\sqrt{3}+\sqrt{2}-1)(-\sqrt{3}+\sqrt{2}+1)$ を計算せよ。

〔久留米大学附設高〕

(2) x の2次方程式 $x^2+ax+b=0$ の2つの解をそれぞれ2倍したものが, 2次方程式 $x^2+2x-8=0$ の2つの解である。このとき, 定数 a, b の値をそれぞれ求めよ。

〔関西大倉高〕

(3) 入館料が大人ひとり 500 円, 子どもひとり 200 円の博物館があり, 2月7日に大人と子ども合わせて 300 人が入館した。翌8日は前日と比べて大人の入館者数が 10 % 増えて, 子どもの入館者数が 20 % 減り, その日の入館料の合計は 87000 円となった。

2月7日の大人の入館者数は ア□ 人, 子どもの入館者数は イ□ 人である。

〔函館ラ・サール高〕

(4) 右の図は, 正方形 ABCD の各辺を4等分した点を結んだものである。

この中に大きさの異なる正方形は ア□ 種類あり, それらの正方形は全部で イ□ 個ある。

〔土佐高〕

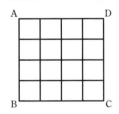

□ **87** さいころを2回投げ, 次の規則にしたがって文字の列をつくる。

規則

・出た目の数が 1, 2, 3 のときは, 文字 A を書く

・出た目の数が 4, 5 のときは, 文字 B を書く

・出た目の数が 6 のときは, 何も書かない

このとき, 次の各問いに答えよ。ただし, 文字は左から順に書くものとし, 何も書かれていないときや文字が1つだけのときも文字の列とよぶことにする。また, さいころのどの目が出ることも同様に確からしいものとする。

(1) 文字の列が AA となるさいころの目の出方は何通りあるか求めよ。

(2) 文字の列が AB となる確率を求めよ。

(3) 文字の列が B となる確率を求めよ。

〔花園高〕

□88 2つの放物線

$$y=ax^2 \cdots\cdots ①, \quad y=bx^2 \cdots\cdots ② \quad (0<a<b)$$

と放物線①上に点 $A\left(1, \dfrac{1}{4}\right)$ がある。

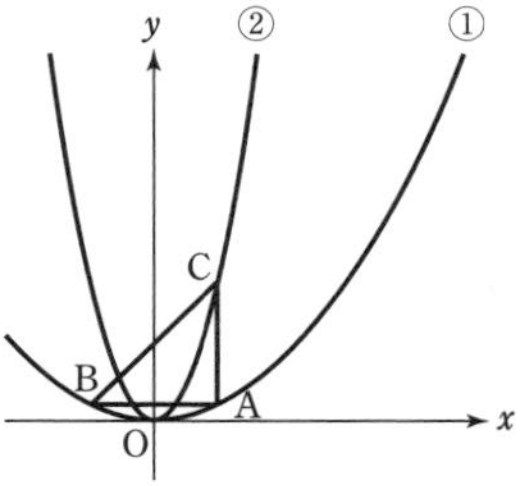

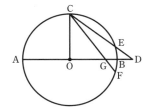

図のように，放物線①上に点 B を，放物線②上
に点 C をとる。

三角形 ABC をつくると，辺 AB，辺 AC はそれ
ぞれ x 軸，y 軸に平行で，AB＝AC となった。
次の問いに答えよ。

(1) a，b の値を求めよ。

辺 BC の延長と放物線①の交点のうち，B でない点を D とする。

(2) 点 D の座標を求めよ。

点 C を通り x 軸に平行な直線と放物線①の交点のうち，x 座標が正であるも
のを E とする。

(3) 点 E の座標を求めよ。

(4) 点 D を通り四角形 AECB の面積を 2 等分する直線の式を求めよ。

〔国学院久我山高〕

□89 右の図において，円 O の半径は 12 で，直径 AB
を BD＝4 となるように延長した点が D，また
AB⊥CO である。CD と円との交点が E で，
弧 BE＝弧 BF である。CF と AB の交点を G
とするとき，次の問いに答えよ。

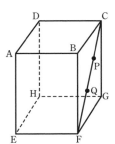

(1) 線分 BG の長さを求めよ。

(2) 弦 BF の長さを求めよ。

〔慶応義塾志木高〕

□90 図のように，底面が 1 辺 9 cm の正方形で，高さが
12 cm の直方体がある。長方形 BFGC の対角線 CF 上
に，CP＝PQ＝QF となるように 2 点 P，Q をとる。こ
のとき，次の各値を求めよ。ただし，円周率は π とする。

(1) PQ の長さ

(2) DP の長さ

(3) 4 点 A，E，F，Q を結んでできる三角錐の体積

(4) 四角形 DEQP を，直線 DE を軸として 1 回転させ
てできる立体の表面積

〔滝川高〕

発展　第4回（50分）

解答 ➡ 別冊 p.51

□ **91**　次の(1)～(4)に答えよ。

(1)　$x^2-2xy+y^2-2x+2y-3$ を因数分解せよ。

〔鎌倉学園高〕

(2)　$x^2-x-1=0$ の解のうち，大きい方を a とする。このとき，$3a^2-a-3$ の値を求めよ。

〔城北高〕

(3)　x，y についての連立方程式

$$\begin{cases} 2ax-7y=236 \\ x+2y=\dfrac{a}{7} \end{cases}$$

の解が $x=3$，$y=b$ である。このとき，定数 a，b の値を求めよ。

〔東京学芸大学附属高〕

(4)　$\sqrt{120-5n}$ が自然数となるような自然数 n をすべて求めよ。

〔城西大学附属川越高〕

□ **92**　右の図で，2点P，Qは点Aから同時に出発し，六角形ABCDEFの辺上を動く。点PはA，B，C，D，Eの順に毎秒1の速さで移動し，点QはA，F，Eの順に毎秒1の速さで移動する。出発してからの時間を t 秒とするとき，次の問いに答えよ。

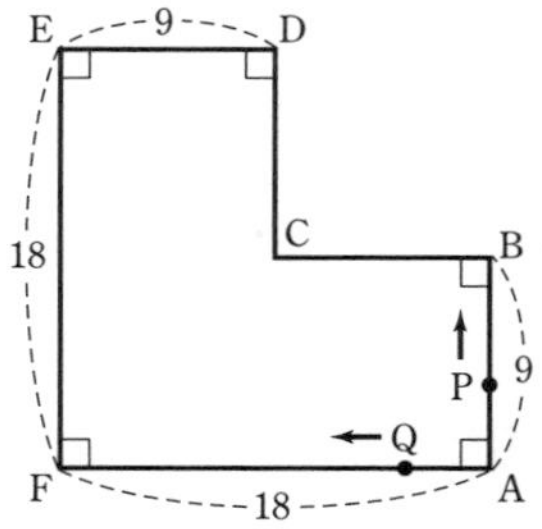

(1)　$9 \leqq t \leqq 18$ のとき，△APQ の面積を t で表せ。

(2)　$18 \leqq t \leqq 27$ のとき，△APQ の面積を t で表せ。

〔関西学院高等部〕

□93 右の図のように，2つの放物線 $y=x^2$ …… ① と

$y=-\dfrac{1}{2}x^2$ …… ② がある。放物線 ① 上に 2 点 A，

B があり，点 A の x 座標は -2，B の x 座標は 1 である。また，点 P は放物線 ① 上を動き，点 Q は放物線 ② 上を動く。

このとき，次の問いに答えよ。

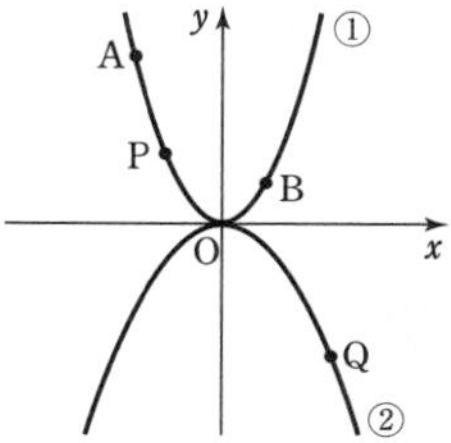

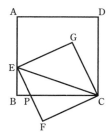

(1) 直線 AB の方程式を求めよ。

(2) △QAB の面積が △OAB の面積の 3 倍となるような点 Q の座標をすべて求めよ。

(3) △PAB が ∠PAB＝∠PBA の二等辺三角形となるような点 P の座標をすべて求めよ。

〔西武学園文理高〕

□94 図のように，1 辺の長さが 3 の正方形 ABCD がある。辺 AB 上に BE＝1 となる点 E があり，四角形 EFCG は CE を対角線とする正方形である。このとき，

(1) CF＝□ である。

(2) BC と EF の交点を P とすると，BP＝ア□，EP＝イ□ である。

(3) BF＝□ である。

〔東海高〕

□95 1 から 10 までの整数を書いた 10 枚のカードがある。この 10 枚のカードから 8 枚取り出すとき，その 8 枚のカードに書かれた数字の積が 10 の倍数にならない確率を求めよ。

〔久留米大学附設高〕

□**96** 次の(1)～(3)に答えよ。

(1) $x=\sqrt{3}+1$, $y=\sqrt{3}-1$ のとき，x^2y-xy^2 の値を求めよ。　〔東北学院高〕

(2) 関数 $y=ax^2$ で x の変域が $-4\leqq x\leqq 2$ のとき y の変域は $b\leqq y\leqq 8$ である。定数 a, b の値を求めよ。　〔法政大学高〕

(3) 図は，半径 4 cm の半円を，点 B を回転の中心として，時計回りに 60° だけ回転移動させたものである。この移動によって，点 A は A′ に移っている。このとき，色をつけた部分の面積を求めよ。

〔星稜高〕

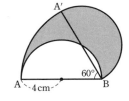

□**97** 次の問いに答えよ。

(1) 右の表は，ある中学校の 10 人の生徒に満点が 10 点である数学の小テストを行い，別の 20 人の生徒に満点が 10 点である英語の小テストを行った得点の結果を度数分布表にして整理したものである。2 点以上 4 点未満の階級について，数学，英語の相対度数はともに等しく，6 点以上 8 点未満の階級について，数学，英語の相対度数を比べると数学の小テストの相対度数の方が 0.15 だけ高かった。

英語の小テストの得点の平均値を求めよ。　〔都立国分寺高〕

階級(点)	度数(人)	
	数学	英語
0 以上 2 未満	0	1
2 ～ 4	☐	☐
4 ～ 6	3	☐
6 ～ 8	☐	5
8 ～ 10	1	3
10 ～	0	0
計	10	20

(2) 下の表は，A，B，C，D，E，F の 6 人の生徒が，それぞれ 10 個の球をかごに投げ入れる球入れをしたときの，かごに入った球の個数と，その平均値及び中央値をまとめたものである。生徒 A が投げてかごに入った球の個数を a 個，生徒 E が投げてかごに入った球の個数を b 個とするとき，a, b の値の組 (a, b) は何通りあるか。ただし，a, b は正の整数とし，$a<b$ とする。

	A	B	C	D	E	F	平均値(個)	中央値(個)
個数(個)	a	5	9	10	b	3	7.0	7.5

〔都立青山高〕

□**98** 関数 $y=ax^2$ …… ① のグラフは点 $(-2, 3)$ を通っ
ている。① のグラフ上に 3 点 A, B, C があり, その
x 座標はそれぞれ $\dfrac{5}{3}$, 2, $-\dfrac{4}{3}$ である。

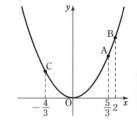

(1) 定数 a の値を求めよ。

(2) 点 A を通り, 傾きが $-\dfrac{1}{4}$ である直線 ℓ の式を
求めよ。

(3) 2 点 B, C を通る直線 m の式を求めよ。

(4) (2), (3)で求めた直線 ℓ, m の交点を K とするとき, △ABK の面積を求め
よ。

〔大阪教育大学附属池田高〕

□**99** 図のように, AB＝4 cm, AD＝8 cm の長方形
ABCD がある。長方形 ABCD を対角線 AC で
折り返して, 点 B が移る点を E とし, 線分 EC
と辺 AD との交点を F, 線分 BF の延長と線分
ED との交点を G とする。次の □ をうめよ。

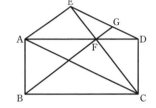

(1) AC＝□ cm

(2) AF：FD＝□

(3) 四角形 ACDE の面積は, □ cm²

(4) EG：GD＝□

〔芝浦工業大学柏高〕

□**100** 2 以上の異なる整数 a, b に対して, $[a, b]$ を a, b の最大公約数とする。例
えば, $[18, 45]=9$ である。次の問いに答えよ。

(1) $[x, 156]=13$ を満たす x の値をすべて求めよ。ただし, $x<156$ とする。

(2) $([x, 60])^2-10\times[x, 60]+24=0$ を満たす x の値はいくつあるか。た
だし, $x<60$ とする。

〔鎌倉学園高〕

□ **101** 次の (1) ～ (4) に答えよ。

(1) $\sqrt{85^2 - 84^2 + 61^2 - 60^2 - 2 \times 11 \times 13}$ を計算せよ。

〔慶応義塾女子高〕

(2) 連立方程式 $\begin{cases} 4x - 2y = 3x + 5 \\ 2x - ay = 4a \end{cases}$ の解が，

$(x, y) = (b, 2)$

であるとき，a，b の値は $(a, b) = \boxed{}$ である。

〔福岡大学附属大濠高〕

(3) 右の図のような，長方形 ABCD から三角形を切り取ってできる斜線部分を，直線 L を軸として1回転させてできる立体の表面積を求めよ。

〔関西大倉高〕

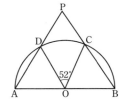

(4) 右の図は，線分 AB を直径とする半円で，点 O は線分 AB の中点である。2点 C，D は $\overset{\frown}{AB}$ 上にあり，AD と BC の延長の交点を P とする。

∠DOC = 52° のとき，∠APB の大きさを求めよ。

〔熊本マリスト学園高〕

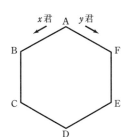

□ **102** 図のように，正六角形 ABCDEF がある。x 君，y 君の2人がさいころを1回ずつ投げ，出た目の数だけ頂点を移動する。2人とも点 A から出発し，x 君は反時計回りに，y 君は時計回りに移動する。

このとき，x 君が到達した点を X，y 君が到達した点を Y とし，A，X，Y を結んでできる図形を考える。

(1) A，X，Y を結んでできる図形が正三角形になる確率を求めよ。

(2) A，X，Y を結んでできる図形が直角三角形になる確率を求めよ。

(3) A，X，Y を結んでできる図形が三角形にならない確率を求めよ。

〔西南学院高〕

103 右の図のように，放物線 $y=ax^2\ (a>0)$ 上に 2 点 A，B があり，x 軸上に 2 点 C，D がある。A と C の x 座標はどちらも 3 であり，B と D の x 座標はどちらも 6 である。また，BD＝AC＋CD である。

(1) a の値を求めよ。

(2) 直線 AB について，C，D と対称な点をそれぞれ E，F とする。放物線 $y=bx^2$ と線分 BF との交点を G とすると，四角形 FEAG は長方形となる。

 (ア) b の値を求めよ。

 (イ) x 軸上に点 P，放物線 $y=bx^2$ 上に x 座標が負である点 Q をとる。四角形 GQPE が平行四辺形になるような P の x 座標を求めよ。

[桐朋高]

104 P 君が毎分 600 m の速さで A 地点から B 地点に向かって自転車をこぐ。Q 君は P 君が出発してから 5 分後，毎分 400 m の速さで B 地点から A 地点に向かって自転車をこぐ。A 地点から B 地点までの距離は 10 km である。Q 君が出発してから x 分後に，P 君は A 地点から y m のところを移動しているとする。

次の (1) ～ (3) の問いに答えよ。

(1) y を x の式で表すと $y={}^{ア}\boxed{}x+{}^{イ}\boxed{}$ である。

(2) P 君と Q 君が最初に出会う地点を C とするとき，A 地点と C 地点の距離は ${}^{ア}\boxed{}.{}^{イ}\boxed{}$ km である。

(3) P 君が B 地点に到着したとき，今度は A 地点に向かって移動し始める。Q 君は A 地点に到着したとき，今度は B 地点に向かって移動し始める。P 君と Q 君が 2 度目に出会う地点を D とするとき，A 地点と D 地点の距離は $\boxed{}$ m である。

[仙台育英高]

105 図の △ABC において，辺 BC，CA の中点をそれぞれ点 D，E とする。また，線分 AD と BE の交点を F，線分 AF の中点を G，線分 CG と BE の交点を H とする。BE＝9 のとき，次の各問いに答えよ。

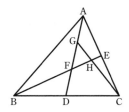

(1) AB：DE を求めよ。

(2) 線分 FH の長さを求めよ。

(3) △EBC の面積は △FBD の面積の何倍か求めよ。

[星稜高]

解答 ➡ 別冊 p.60

□ **106** 次の (1) ～ (4) に答えよ。

(1) $(4\sqrt{3}+3\sqrt{5})^2-8(4\sqrt{3}+3\sqrt{5})(\sqrt{3}+\sqrt{5})+16(\sqrt{3}+\sqrt{5})^2$ を計算せよ。

〔関西大学第一高〕

(2) $(3a+2c)(3a-2c)-b(b-4c)-(6a-1)$ を因数分解せよ。

〔東大寺学園高〕

(3) 50 人の生徒が A，B 2 つの問いに答えたところ，A を正解した生徒が 32 人，B を正解した生徒が 28 人だった。このとき，A，B ともに不正解となった生徒の人数は最大で ⁷□ 人，また，A，B ともに正解した生徒の人数は最小で ⁴□ 人である。

〔慶応義塾高〕

(4) 右の図のような AB＝7 cm，BC＝6 cm，CA＝5 cm である △ABC において，辺 BC の垂直二等分線と辺 AB の交点を D とするとき，AD：DB を求めよ。

〔智弁学園和歌山高〕

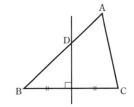

□ **107** a を正の定数とする。

放物線 $C：y=ax^2$ と反比例のグラフ $D：y=\dfrac{a}{x}$ $(x>0)$ の交点を A とする。右図のように C 上で A より左側に点 P，右側に点 Q をとり，直線 PQ と D の交点を R とする。点 P，Q の x 座標を p，q とする。

直線 PQ の傾きが C，D の比例定数 a と等しく，R が線分 PQ の中点となるとき，次の問いに答えよ。

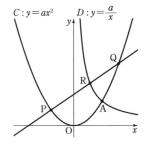

(1) 点 A の座標を a を用いて表せ。

(2) $p+q$ の値を求めよ。

(3) 点 R の座標を a を用いて表せ。

(4) p，q の値をそれぞれ求めよ。

(5) AP＝AQ となるとき，a の値を求めよ。

〔久留米大学附設高〕

□ **108** さいころを 3 回投げる。1 回目，2 回目，3 回目に出た目の数をそれぞれ百の位，十の位，一の位の数字とする整数をつくる。

(1) この整数が，2 の倍数または 5 の倍数となる確率を求めよ。

(2) この整数が，2 の倍数または 5 の倍数または 9 の倍数となる確率を求めよ。

〔20 灘高〕

□ **109** 図のように，1 辺の長さが 4 の正方形 A と 1 辺の長さが a の正方形 B がある。2 つの正方形の対角線の交点は一致し，1 つの正方形の辺と他の正方形の対角線は互いに垂直である。さらに正方形 A，B の辺が 8 点で交わっている。

次の問いに答えよ。

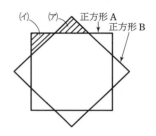

(1) a のとりうる値の範囲を求めよ。

(2) $a=4$ のとき，斜線部 (ア) の三角形の等辺の長さを求めよ。

(3) $a=3\sqrt{2}$ のとき，斜線部 (イ) の三角形の面積を求めよ。

〔鎌倉学園高〕

□ **110** 右の図のように，1 辺の長さが 12 である正四面体 O-ABC がある。点 P を辺 OA 上に，点 Q を辺 OB 上に，OP=OQ=8 となるようにとる。

また，点 R を辺 OC 上に，OR=3 となるようにとる。3 点 P，Q，R を通る平面でこの立体を切ったときの切り口を △PQR とする。このとき，次の各問いに答えよ。

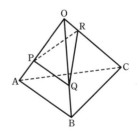

(1) 辺 QR の長さを求めよ。

(2) △PQR の面積を求めよ。

(3) 切り取った四面体 O-PQR の体積は，もとの正四面体 O-ABC の体積の何倍かを求めよ。

〔花園高〕

□ **111** 次の (1) ~ (4) に答えよ。

(1) 連立方程式 $\begin{cases} (2x+y):(x-2y)=9:2 \\ (3x-4):(5y+6)=5:4 \end{cases}$ の解は，$x=^{\text{ア}}\boxed{}$，$y=^{\text{イ}}\boxed{}$

〔芝浦工業大学柏高〕

(2) $2\sqrt{13}$ の小数部分を a とするとき，$a^2+14a+48$ の値を求めよ。

〔市川高〕

(3) 1 から 5 までの数字が 1 つずつ書かれた 5 枚のカードがある。この中から 1 枚ずつ，合わせて 2 枚のカードを取り出し，取り出した順に左から並べて 2 桁の整数をつくるとき，できた整数が 30 より大きい奇数となる確率を求めよ。

〔土佐高〕

(4) 関数 $y=-\dfrac{1}{2}x^2$ において，x の変域が $-2\leqq x\leqq a$ のとき，y の変域は $-8\leqq y\leqq b$ である。このとき，$a=^{\text{ア}}\boxed{}$，$b=^{\text{イ}}\boxed{}$ である。

〔専修大学松戸高〕

□ **112** 1 辺が 30 cm の正三角形 ABC がある。図のように，正三角形 ABC を辺 AB 上の点 D と辺 AC 上の点 E を結ぶ線分で折り曲げたところ，頂点 A が辺 BC 上の点 F と重なった。
BF=6 cm，DB=16 cm のとき，EF の長さを求めよ。

〔立命館高〕

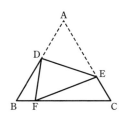

□**113** 2つの容器A，Bに，濃度の異なる食塩水がそれぞれ600g，400g入っていた。

はじめに容器Aから容器Bへ食塩水を200g移し，よく混ぜた後にBからAへ200gもどしてよく混ぜたら，Aには10％の食塩水ができた。その後，容器A，Bの食塩水をすべて混ぜ合わせたら，8.4％の食塩水ができた。はじめに容器A，Bに入っていた食塩水の濃度をそれぞれ求めよ。

〔青雲高〕

□**114** 右の図のように，放物線 $y=\dfrac{3}{4}x^2$ と直線 ℓ が

2点 A$(-2, 3)$，B で交わっている。直線 ℓ の

傾きは $\dfrac{3}{2}$ である。次の問いに答えよ。

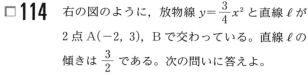

(1) 直線 ℓ の方程式を求めよ。

(2) 点Bの座標を求めよ。

(3) 四角形 ACOB が平行四辺形になるとき，点Cの座標を求めよ。

(4) 直線 ℓ 上に点Dをとる。△DOB と平行四辺形 ACOB の面積が等しくなるとき，Dの座標を求めよ。

　　　ただし，Dの x 座標はAの x 座標より小さいとする。

〔開明高〕

□**115** 三角錐 O-ABC は，OA$=2\sqrt{2}$，AB$=2\sqrt{3}$，AC$=4$，∠BAC$=30°$，∠OAC$=45°$ である。また，△OAB と △OBC は，いずれも二等辺三角形である。

このとき，次の問いに答えよ。

(1) OB の長さを求めよ。

(2) 三角錐 O-ABC の表面積を求めよ。

(3) 三角錐 O-ABC の体積を求めよ。

〔弘学館高〕

□ **116** 次の(1)～(3)に答えよ。

(1) a は正の数とする。2次方程式 $x^2 - ax + 72 = 0$ の2つの解がともに整数のとき，a の最小値を求めよ。

〔開明高〕

(2) 右の図の等脚台形 ABCD を直線 BC を軸として1回転してできる立体の表面積を求めよ。

〔桐光学園高〕

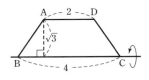

(3) 右図のように，平行四辺形 ABCD の辺 AD 上に点 E，辺 BC 上に点 F があり，AE＝ED，BF：FC＝1：3である。線分 EF と対角線 AC の交点を G とする。平行四辺形 ABCD の面積が 60cm² のとき，四角形 EGCD の面積は，□ cm² である。

〔専修大学松戸高〕

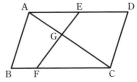

□ **117** 右の図において，AB は円 O の直径で，

$$\overset{\frown}{AC} : \overset{\frown}{CB} = 2 : 3 \qquad \overset{\frown}{AD} = \overset{\frown}{DE} = \overset{\frown}{EB}$$

とする。このとき，
∠DCE＝ア□° であり，
∠DFG＝イ□° である。

〔新潟第一高〕

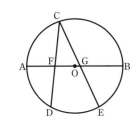

□ **118** 右の図のように1辺の長さが 2cm の立方体の内部に AO＝BO＝CO＝DO＝2cm となる点 O をとり，正四角錐 OABCD を作った。次の各問いに答えよ。

(1) 正四角錐 OABCD の体積を求めよ。

(2) 正四角錐 OABCD を3点 A，C，H を通る平面で切断したとき，正四角錐の切り口の面積を求めよ。

〔渋谷教育学園幕張高〕

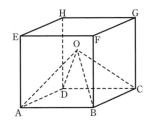

□ **119** 右図のように原点を O とする座標平面上に, 放物線 $y=x^2$ と直線 ℓ が 2 点 A, B で交わっている。点 A の x 座標は -2 であり, 直線 ℓ の傾きは 1 である。このとき, 次の問いに答えよ。

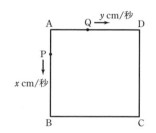

(1) 点 B の座標を求めよ。

(2) 三角形 OAB の面積を求めよ。

(3) 点 O と, 線分 AB 上にある点 C を結ぶ直線は三角形 OAB の面積を 2 等分する。このとき, 直線 OC の傾きを求めよ。

(4) 線分 AB 上にあり, x 座標が -1 である点 D と, 線分 OB 上にある点 E を結ぶ直線は三角形 OAB の面積を 2 等分する。このとき, 点 E の座標を求めよ。

[江戸川学園取手高]

□ **120** 1 辺の長さが 20 cm の正方形 ABCD の辺上を, 2 点 P, Q が A から同時に出発して, 点 P は左回りに, 点 Q は右回りに, それぞれ一定の速さ秒速 x cm, 秒速 y cm で動く。2 点 P, Q は, 2 点とも同じ辺上にのると, その後は, それぞれの速さに比例した距離 kx cm, ky cm だけ進んで停止する。$x=3$, $y=5$ のとき, 2 点 P, Q は辺 BC 上のちょうど同じ点で停止した。

(1) 比例定数 k の値を求めよ。

(2) $x=2$, $y=4$ のとき, 停止した後の 2 点 PQ 間の距離を求めよ。

(3) $y=4$ のとき, 2 点 P, Q が辺 BC 上の同じ点で停止するような x の値を, 次の (ア), (イ) の各場合について求めよ。(ア) については, 途中の式も書くこと。

(ア) $2<x<4$ のとき

(イ) $\dfrac{4}{3}<x<2$ のとき

[久留米大学附設高]

□ **121** 次の (1) ～ (4) に答えよ。

(1) $x^3 - x^2 - x + 1$ を因数分解せよ。 〔京都女子高〕

(2) 連立方程式 $\begin{cases} 4x - y = 9 \\ \dfrac{2x-y}{3} - \dfrac{x-y}{4} = 2 \end{cases}$ の解は，$x = {}^\mathcal{ア}\boxed{}$，$y = {}^\mathcal{イ}\boxed{}$ である。

〔函館ラ・サール高〕

(3) 方程式 $\dfrac{(x+7)^2 - (x-7)^2}{12} = \dfrac{1}{4}x^2 + \dfrac{1}{3}x + 4$ を解け。

〔成城学園高〕

(4) 長さも太さも色も同じひもが3本ある。ひもをすべて半分に折り，折った箇所を袋の中に隠し，ひもの両端が袋から出た状態のくじを作った。A，B，C，D 4人の生徒が順に6本のひもの端から1つずつ選んだとき，同じひもの両端を選ぶペアが2組となる確率は $\boxed{}$ である。

〔慶応義塾高〕

□ **122** 1から9までの異なる整数の書かれた9枚のカードがある。A君がそこから同時に4枚をとり出し4桁の整数をつくり，B君はそれを当てる。数字も桁の位置も一致すればその一か所につき1ストライク，桁の位置は異なるが同じ数字がふくまれていれば，その数字1つにつき1ボールと数えることにする。ただし，B君も各桁が異なる整数を示すものとする。

例1) A君がつくった整数が 2583 で，B君が示した整数が 9541 ならば，1ストライク0ボールと数える。

例2) A君がつくった整数が 2583 で，B君が示した整数が 2381 ならば，2ストライク1ボールと数える。

(1) A君がつくった整数が 2468 のとき，B君が示した4桁の整数が1ストライク3ボールとなる場合は何通り考えられるか。

(2) B君が示した整数が 2468 のとき，1ストライク2ボールであった。A君がつくった整数は何通り考えられるか。

〔大阪教育大学附属天王寺高〕

□ **123** 関数 $y=x^2$ のグラフ上に 2 点 A，B があり，A，B の x 座標をそれぞれ -1，2 とする。原点を O とするとき，次の問いに答えよ。

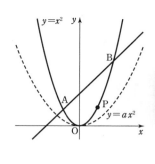

(1) 2 点 A，B を通る直線の方程式を求めよ。

(2) 三角形 OAB の面積を求めよ。

(3) 関数 $y=x^2$ のグラフ上に点 P を，図のように原点 O と点 B の間にとり，三角形 PAB と三角形 OAB の面積が等しくなるとき，点 P の座標を求めよ。

(4) (3)の点 P に対し，直線 OP と関数 $y=ax^2$ のグラフの交点のうち原点 O でない点を Q とする。四角形 APQB と，四角形 AOPB の面積が等しくなるような a の値を求めよ。ただし，$0<a<1$ とする。

〔徳島文理高〕

□ **124** 右図の等脚台形 ABCD は
$$AD /\!/ BC, \quad AB=AD=CD=2, \quad BC=4$$
で，辺 AB の中点を M とする。いま，辺 CD 上に点 N をとり，線分 MN で台形 ABCD の面積を 2 等分する。このとき，線分 NC の長さを求めよ。

〔ラ・サール高〕

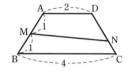

□ **125** 右の図において，平面上に長さが 6 で一定である線分 PQ があり，線分 PQ の端の点 P は点 A$(0, 6)$ から y 軸上を点 O$(0, 0)$ まで動き，もう一方の端の点 Q は点 O$(0, 0)$ から x 軸上を点 B$(6, 0)$ まで動くとする。線分 PQ の中点を M とする。

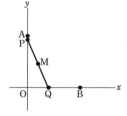

(1) 点 P の y 座標が $\dfrac{6\sqrt{13}}{5}$ のとき，点 Q の x 座標を求めよ。

(2) 点 P の y 座標が $3\sqrt{3}$ のとき，点 M の座標と OM の長さを求めよ。

(3) △OPQ が直角二等辺三角形になるとき，OM の長さを求めよ。

(4) 点 M はどのような線上を動いているか。図示せよ。ただし，コンパス・定規は使用しなくてもよい。

〔日本女子大学附属高〕

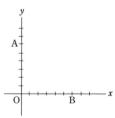

□ **126** 次の (1) ~ (4) に答えよ。

(1) $\sqrt{5}+2$ の小数部分を x とするとき，$2x^2+8x+3$ の値を求めよ。

〔城北高〕

(2) 1 から 50 までの 50 個の整数の積 $1\times2\times3\times4\times\cdots\cdots\times49\times50$ を素因数分解したとき，3 は全部で □ 個ある。

〔西武学園文理高〕

(3) 0 でない 2 つの数 x，y が $(x+y)(3y-x)-y(2x-y)=0$ を満たしているとき，$P=\dfrac{xy}{x^2+3xy+y^2}$ の値を求めよ。

〔ラ・サール高〕

(4) 右の図のように，円 O の円周上に 6 点 A，B，C，D，E，F がある。
∠ABC=120°，∠AFE=160° のとき，∠x の大きさを求めよ。

〔東奥義塾高〕

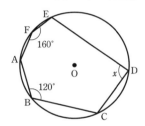

□ **127** ∠C=90° の直角三角形 ABC がある。頂点 A，B，C を中心とする 3 つの円は互いに外接している。また，3 つの円の半径はそれぞれ ka，$a+1$，a である。a が自然数，k が 3 以上の自然数とするとき，k は奇数になることを証明せよ。

〔慶応義塾高〕

128 ある会社が北海道と沖縄のそれぞれで，商品 A と商品 B の人気投票を行った。このとき，次の問いに答えよ。ただし，投票する人は，A または B のいずれかに投票するものとする。

(1) 北海道での投票の結果は，商品 A の獲得票数が商品 B の獲得票数の 80 % であった。もし商品 B が獲得した票のうち 11 票が商品 A に入っていたとすると，商品 A と商品 B は同じ獲得票数になる。北海道での総投票数を求めよ。

(2) 沖縄での投票の結果は，商品 A の獲得票数が商品 B の獲得票数の 95 % であった。もし商品 B が獲得した票のうち 4 票が商品 A に入っていたとすると，商品 A の獲得票数の方が商品 B の獲得票数よりも多くなる。沖縄での商品 A と商品 B のそれぞれの獲得票数を求めよ。ただし，商品 A と商品 B はどちらも 125 票以上は獲得したものとする。

〔立命館高〕

129 図のように，放物線 $y=ax^2$ が直線 ℓ と 2 点 A，B で，直線 m と 2 点 C，D で交わっている。B の座標は $(2, 2)$ であり，ℓ と m は点 $P(0, 1)$ で交わっている。このとき，次の問いに答えよ。

(1) a の値を求めよ。

(2) A の座標を求めよ。

(3) m の傾きが $-\dfrac{7}{4}$ のとき，

（△APC の面積）：（△BPD の面積）を最も簡単な整数の比で表せ。

(4) （△APC の面積）：（△BPD の面積）$=2:1$ であるとき，m の傾きを求めよ。

〔洛南高〕

130 立方体の 6 つの面をぬり分けるとき，次の場合のぬり分け方は何通りあるか。ただし，回転して一致するぬり分け方は同じとみなす。

(1) 赤，青，黄，緑，黒，白の 6 色をすべて使う場合

(2) 赤，青，黄，緑，黒の 5 色をすべて使い，隣り合う面は異なる色をぬる場合

(3) 赤，青，黄，緑，黒の 5 色をすべて使う場合

〔慶応義塾志木高〕

□ **131** 次の (1) ~ (3) に答えよ。

(1) $(3\sqrt{2}-2\sqrt{3})^2-(3\sqrt{2}+2\sqrt{3})^2+\dfrac{6(\sqrt{2}-\sqrt{3})}{\sqrt{3}}+6$ を計算せよ。

〔東京学芸大学附属高〕

(2) ある中学校の 3 年 1 組 27 人の生徒の，通学時間について調べた。右の表は，調べた結果を度数分布表に整理したものである。
中央値が 20 分以上 30 分未満の階級にあり，最頻値が 30 分以上 40 分未満の階級の階級値であるとき，表の x, y の取りうる値の組のうち，y の値がもっとも小さくなる組を求めよ。

〔改 茨城高〕

階級(分)	度数(人)
0 以上 10 未満	2
10 ～ 20	5
20 ～ 30	x
30 ～ 40	y
40 ～ 50	2
50 ～ 60	1
計	27

(3) x の 2 次方程式 $x^2+ax+b=0$ の解を求めようとしたが，誤って a と b の値を入れ替えた 2 次方程式を解いてしまったため，解が $x=4$，-1 となった。このとき，正しい解を求めよ。

〔京都女子高〕

□ **132** 右の図のように，放物線 $y=2x^2$ …… ①，

$y=-\dfrac{1}{2}x^2$ …… ② と，x 軸上の点 $A\left(\dfrac{3}{2},\ 0\right)$ を通る直線 ℓ がある。ℓ と ① との交点のうち x 座標が正である点を B，ℓ と ② との交点を C とし，原点を O とする。△OAB の面積と △OCA の面積が等しいとき，次の問いに答えよ。

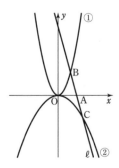

(1) 2 点 B, C の x 座標をそれぞれ b, c としたとき，b, c の値を求めよ。

(2) ① 上に点 D をとる。△OBC の面積と △OBD の面積が等しくなるとき，点 D の座標をすべて求めよ。

〔愛光高〕

□ **133** 健康診断があり，検査項目は A，B，C，D，E の 5 項目でそれらを必ず 1 回ずつ受診しなければいけない。次の問いに答えよ。

(1) A を最初に受診し，B〜D の 3 つの検査をしたあとで，E を最後に受診するような検査の受け方（つまり A□□□E のように受診する）は何通りあるか。

(2) A の検査を B の検査より必ず先に受診し，B の検査も C の検査より必ず先に受診し，E は最後に受診するような検査の受け方は何通りあるか。

(3) A の検査を C の検査より必ず先に受診して，E は最後に受診するような検査の受け方は何通りあるか。

〔徳島文理高〕

□ **134** 図のように点 T で直線 TE に接する円がある。4 点 A，B，C，D は円周上の点で，∠ATD は弦 BT，CT により 3 等分されている。線分 AC と BT の交点を F とし，AF＝2，∠TAB＝75°，∠TCD＝45° として，次の問いに答えよ。

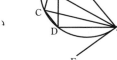

(1) ∠DTE，∠ATD の大きさを求めよ。

(2) AT：CT を求めよ。

(3) FC の長さを求めよ。

(4) 円の半径 r の長さを求めよ。

〔慶応義塾女子高〕

□ **135** 1 辺の長さが 6 cm の立方体の内部を，半径 1 cm の球が動き回る。

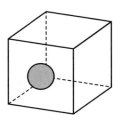

(1) 球の表面積を求めよ。

(2) 立方体の面で球が接することのできる部分の面積を求めよ。

(3) 立方体の内部で球が動き回ることのできる部分の体積を求めよ。

〔江戸川学園取手高〕

□**136** 次の (1) ～ (3) に答えよ。

(1) $\sqrt{n^2+136}$ が自然数となるような自然数 n をすべて求めよ。

〔弘学館高〕

(2) a を定数とする。x, y についての連立方程式
$$\begin{cases} (-a^2+7a-6)x+2y=4 \\ ax+y=a \end{cases}$$
の解が存在しないとき，a の値を求めよ。

〔東大寺学園高〕

(3) 次の □ をうめて，正しい説明を完成させよ。
正多面体の１つである正二十面体には，
ア□ 個の頂点と ィ□ 本の辺がある。
正二十面体の１つの頂点 A に対し，この
頂点に集まる辺の３等分点のうち，A に近
いほうの点を通る平面で切断し，正五角錐
を取り除く操作を「頂点 A の角を切り落
とす」とよぶことにする。正二十面体のす
べての頂点に対して角を切り落とす操作を
行ってできた多面体を考える。この多面体
には正五角形の面が ゥ□ 個と正六角形の面が ェ□ 個あり，したがっ
て，全部で ォ□ 個の頂点と ヵ□ 本の辺がある。

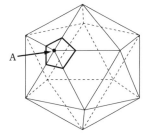

〔改 青雲高〕

□**137** 右の図で △ABC は１辺が 6 cm の正三角形であ
り，その３つの頂点 A，B，C を中心とする半径
3 cm の円が辺 AB，BC，CA と交わる点をそれ
ぞれ D，E，F とする。また，△ABC 内でこれら
の円すべてと外接する円の中心を O とし，この
円の半径を r とする。このとき，次の □ にあ
てはまる数値を求めよ。

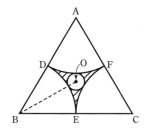

(1) ∠OBE=ア□ ° であり，$r=$ィ□ (cm) で
ある。

(2) △ABC の面積は ア□ (cm²) であり，図の斜線部分の面積は
ィ□ (cm²) である。

〔日本大学桜丘高〕

□ **138** 右の図の四角形 ABCD は，AD∥BC の台形で，
AD＝2 cm，BC＝8 cm である。辺 AB の中点を
E とし，E から辺 BC に平行な直線を引き，線分
BD，CA，CD との交点をそれぞれ G，H，F とす
る。また点 I は線分 AC と BD の交点である。
このとき，次の問いに答えよ。

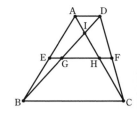

(1) 線分 EG の長さを求めよ。

(2) GH：BC を求めよ。

(3) △IGH と △ABC の面積の比を求めよ。

〔星稜高〕

発展

第13回

□ **139** a，t を正の定数とする。
O を原点とする座標平面上に点 A$(0, 3)$ がある。
関数 $y＝ax^2$ のグラフを C とする。A を通る直
線 m と C が 2 点 P$(-2t, 4at^2)$，Q$(3t, 9at^2)$ で
交わっている。次の問いに答えよ。

(1) at^2 の値を求めよ。

(2) △OPQ の面積が 15 であるとき，a と t の
値をそれぞれ求めよ。

(3) (2)のとき，△OPR の面積と四角形 OQRA の面積が等しくなるように，
点 R を C 上にとる。R の x 座標を求めよ。ただし，R の x 座標は Q の x
座標より大きいとする。

〔20 灘高〕

□ **140** 白い箱と黒い箱がそれぞれ 6 箱ずつあ
る。同じ色の箱には区別がない。これ
らの箱をトラックに積み込むことに
なった。トラックには箱を奥から 4 列，

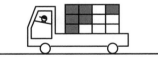

それぞれの列の高さは 3 箱分で積み込むことにする。ただし，黒い箱の上に
は白い箱を積むことはできない。例えば，右上の図のように積み込む。
このとき，次の問いに答えよ。

(1) 黒い箱だけ 3 個積む列が 2 列と白い箱だけ 3 個積む列が 2 列となる積
み込み方は全部で何通りあるか。

(2) 黒い箱をどの列にも 1 個以上積むような積み込み方は全部で何通りあ
るか。

(3) 箱の積み込み方は全部で何通りあるか。

〔茨城高〕

□ **141** 次の (1) ～ (3) に答えよ。

(1) $x^2-xz+yz-y^2$ を因数分解せよ。　〔関西学院高等部〕

(2) x の 1 次方程式 $\sqrt{15}\,x-2\sqrt{3}=0$ の解が，a を定数とする x の 2 次方程式 $\sqrt{5}\,x^2+ax+4\sqrt{5}=0$ の 1 つの解であるとする。この 2 次方程式のもう 1 つの解を p とするとき，a の値と p の値を求めよ。

〔東大寺学園高〕

(3) 関数 $y=x^2$ について，x の変域が $-3\leqq x\leqq a$ のとき，y の変域が $0\leqq y\leqq 3a+4$ となるような定数 a の値をすべて求めよ。

〔中央大学附属高〕

□ **142** 右の図のように，2 点 A(1, 4)，B(5, 2) を通る直線 AB がある。また，大小 2 個のさいころを同時に投げて，大きいさいころの目を x 座標，小さいさいころの目を y 座標とする点を P とする。このとき，次の問いに答えよ。

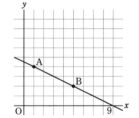

ただし，座標の 1 目もりを 1 cm とする。

(1) 直線 AB の式を求めよ。

(2) 3 点 A, B, P を結んだとき，三角形にならない確率を求めよ。

(3) △ABP の面積が 4 cm² となる確率を求めよ。

〔星稜高〕

□ **143** 図のように，AB $=\dfrac{4\sqrt{3}}{3}$，AD $=\sqrt{3}$，AE $=2$ の直方体 ABCD-EFGH がある。4点 I, J, K, L はそれぞれ辺 AB, 辺 DC, 辺 AE, 辺 BF の中点である。

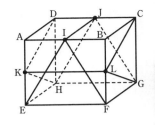

次の問いに答えよ。

(1) 三角形 IEF の辺 IE の長さを求めよ。

(2) 三角柱 IEF-JHG の体積を求めよ。

(3) 三角柱 DKH-CLG と，(2)の三角柱が重なってできる立体の体積を求めよ。

［徳島文理高］

□ **144** 双曲線 $y=-\dfrac{32}{x}$ の $x\leqq-2$ の部分を ①，放物線 $y=ax^2$ の $-2\leqq x\leqq1$ の部分を ②，直線 $y=bx+6$ の $x\geqq1$ の部分を ③ とする。① と ② は点 A でつながり，② と ③ は点 B でつながっている。点 A, B の x 座標は，それぞれ -2, 1 である。このとき，次の問いに答えよ。

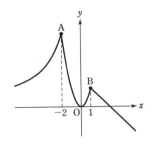

(1) a の値を求めよ。

(2) b の値を求めよ。

(3) ③ の上に △OAB と △PAB の面積が等しくなる点 P をとる。点 P の座標を求めよ。

［桐光学園高］

□ **145** 右の図のように，四角形 ABCD の 4 つの頂点が 1 つの円周上にある。四角形 ABCD の対角線 AC と BD は点 E で垂直に交わっている。

点 E を通り辺 BC に垂直な直線をひき，辺 BC, 辺 AD との交点をそれぞれ F, G とする。

AD $=2$ cm, FG $=3$ cm, BC $=5$ cm, $\angle$ACB $=a^\circ$ とするとき，次の問いに答えよ。

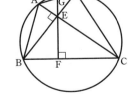

(1) $\angle$DGE の大きさを a を用いて表せ。

(2) 四角形 ABCD の面積を求めよ。

［東邦大学付属東邦高］

□ **146** 次の (1) ～ (3) に答えよ。

(1) 2つの素数 x, y があり，$x < y$ とする。$x^2 + y^2 = 365$ であるとき，x, y の値を求めよ。

〔四天王寺高〕

(2) ある商品を夏祭りの行われる3日間販売することにした。2日目の売値を1日目の x 割引き，3日目の売値を2日目の $2x$ 割引きで販売したところ，3日間で商品をすべて売り切ることができた。2日目と3日目はそれぞれ1日目の2倍の個数が売れ，結果として売り上げ金は商品全部を1日目の35％引きの売値で販売したのと同じになった。このとき，x の値を求めよ。

〔立命館高〕

(3) 50点満点のテストを8人の生徒が受験した。その結果は次のようであった。

42，25，9，37，11，23，50，31（点）

テストを欠席した A さんと B さんの2人がこのテストを後日受験した。A さんの得点は26点であった。また，A さんと B さんの得点の平均値が，A さんと B さんをふくめた10人の得点の中央値と一致した。
このとき，B さんの得点として考えられる値は何通りあるか答えよ。ただし，得点は整数である。

〔東京学芸大学附属高〕

□ **147** 6点 A, B, P, Q, R, S が次の4つの条件を満たすとき，後の問いに答えよ。
（条件）
・4点 A, B, P, Q は $y = x^2$ のグラフ上にある
・点 A の x 座標は -4，点 P の x 座標は0より大きく4より小さい
・直線 AB の傾きは2，直線 PQ の傾きは0である
・点 R は直線 AB 上にあり，四角形 PQRS は長方形となる

(1) 2点 A, B の座標をそれぞれ求めよ。

(2) 点 P の x 座標を t とするとき，点 S の座標を t を用いて表せ。

(3) 四角形 PQRS が正方形となるとき，点 P の x 座標を求めよ。

〔岡山白陵高〕

□ **148** 右の図のように，円 O の円周上に 3 点 A，B，C がある。

∠BAC＝120° であるとき，$\dfrac{BC}{BO}$ を求めよ。

[市川高]

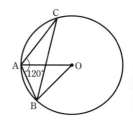

発展

第15回

□ **149** 右の図のように，AB＝$2\sqrt{3}$，BC＝4 の長方形 ABCD がある。P は半直線 AD 上を動く点である。また，C から BP に垂線をひき，BP との交点を Q とする。

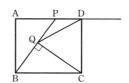

(1) P が D に一致するとき，DQ の長さを求めよ。

(2) DQ の長さが最小となるとき，AP の長さを求めよ。

(3) P が辺 AD 上を A から D まで動くとき，線分 DQ が動いてできる図形の面積を求めよ。

[桐朋高]

□ **150** 図のようにすべての辺の長さが 6 である立体 Z がある。O-ABCD の部分は正四角錐であり，ABCD-EFGH の部分は立方体である。辺 OA，OB，CB，CG をそれぞれ 1：2 に分ける点をそれぞれ P，Q，R，S とするとき，次の各問いに答えよ。

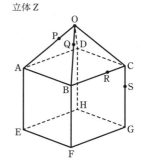

立体 Z

(1) 3 点 P，Q，R を通る平面で立体 Z を切断するとき，切断面の面積を求めよ。

(2) 3 点 P，Q，S を通る平面で立体 Z を切断し，切断面と CB との交点を T とすると，

CT：TB＝2：□

となる。□ に入る値を求めよ。

[渋谷教育学園幕張高]

□ **151** 次の (1), (2) に答えよ。

(1) $18 \times 19 \times 20 \times 21 + 1 = m^2$ を満たす正の整数 m を求めよ。

〔慶応義塾志木高〕

(2) 15 % の食塩水 100 g から食塩水 x g を取り出した後，残された食塩水に x g の水を加え，新しい食塩水を作る。この新しい食塩水からさらに食塩水を x g 取り出した後，残された食塩水に x g の水を加えると 10 % の食塩水になった。x の値を求めよ。

〔渋谷教育学園幕張高〕

□ **152** 母線の長さが 10 cm で，底面の半径が $\sqrt{10}$ cm の円錐がある。底面の円周上の 1 点 P から，図のように円錐の側面に沿って 1 周するように糸をかけ，糸の長さが最も短くなるようにして，糸をふくむ平面でこの円錐を切断する。できた立体のうち，頂点 A をふくむ立体の，側面にも切断面にも接する球の半径を求めよ。

〔大阪教育大学附属天王寺高〕

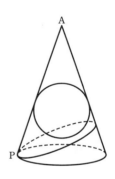

□ **153** 次の問いに答えよ。

(1) a, b, c はいずれも 1 以上 5 以下の整数である。a, b, c を 3 辺の長さとする，正三角形でない二等辺三角形がかけるような，a, b, c の組は全部で何個あるか。

(2) 1 の目がかかれた面が 2 つ，2，3，4，5 の目がかかれた面が 1 つずつあるさいころがある。このさいころを 3 回振り，出た目を順に x, y, z とする。x, y, z を 3 辺の長さとする，正三角形でない二等辺三角形がかける確率を求めよ。

〔21 灘高〕

□ **154** 図のように，3 点 A，B，C は放物線 $y = \frac{1}{4}x^2$

上にあり，x 座標はそれぞれ -8，8，4 である。
また，点 D は y 軸上の点で，線分 CD は x 軸
に平行である。傾きが 1 の直線と線分 AB，線
分 AD との交点をそれぞれ P，Q とする。

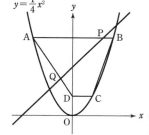

(1) 2 点 A，D を通る直線の傾きは，□

(2) 四角形 ABCD の面積は，□

(3) 点 P が点 B と一致するとき，△APQ と
△PQD の面積の比は，□

(4) △APQ の面積が四角形 ABCD の面積の $\frac{1}{2}$ になるとき，点 P の x 座
標は，□

〔芝浦工業大学柏高〕

□ **155** n を自然数とする。3 を n 回かけた数を 3^n と表す。例えば，$3^1 = 3$，
$3^2 = 3 \times 3$，$3^3 = 3 \times 3 \times 3$，$\cdots\cdots$ である。次の表の上の段にはこれらを小さいも
のから順に 123 個並べたもの，下の段にはその上の数を 5 でわった余りが書
かれている。

3^1	3^2	3^3	$\cdots\cdots$	3^{121}	3^{122}	3^{123}
3	4	2	$\cdots\cdots$	3	4	2

このとき，

(1) 下の段の数のうち最も大きい数は ^{ア}□ である。

(2) 下の段の数を左端から順にたして得られる数を考える。例えば，1 番目
から 2 番目までたした数は $3 + 4 = 7$ であり，1 番目から 3 番目までたした
数は $3 + 4 + 2 = 9$ である。このとき，1 番目から 123 番目までたした数は
^{イ}□ である。

(3) 上の段の数のうち，(2)のように下の段の数を左端から順にたして得ら
れる 122 個の数，7，9，$\cdots\cdots$，^{イ}□ に現れないものは ^{ウ}□ 個ある。た
だし，^{イ}□ は，(2)の ^{イ}□ と同じ数である。

(4) n は 123 以下の自然数とする。このとき，$3^n + 1$ が 5 の倍数となる n は
^{エ}□ 個ある。

〔東海高〕

□ **156**　次の (1), (2) に答えよ。

(1)　2つのさいころを投げるとき，出た目の和または積が素数である確率を求めよ。

〔札幌光星高〕

(2)　AB=4，∠ABC=30° で AB，AC はそれぞれ大きな円および小さな円の直径であるとき，斜線部の面積は □ である。

〔新潟明訓高〕

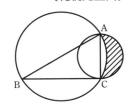

□ **157**　図のように，2次関数 $C：y=2x^2$ のグラフと直線 $\ell：y=x+10$ の交点を P，Q とする。このとき，次の問いに答えよ。

(1)　P，Q の座標をそれぞれ求めよ。

(2)　P を通り，傾き -6 の直線と C の交点を R とする。R の座標を求めよ。

(3)　△PQR の面積を求めよ。

(4)　x 軸上の点 T$(t, 0)$ が $\triangle PQR = \dfrac{1}{2} \triangle PQT$ を満たすとき，t の値を求めよ。ただし，$t>0$ とする。

〔弘学館高〕

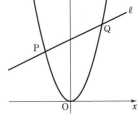

□ 158 右の図のように，円 O の円周上に 3 点 A，B，C を
とり，AC＝BC である二等辺三角形 ABC を作る。
点 C をふくまない方の弧 AB 上に点 P をとり，点
C から直線 PB にひいた垂線と直線 PB の交点を
D とする。直線 PB 上に点 D に関して P と対称な
点 Q をとる。次の(1)，(2)に答えよ。

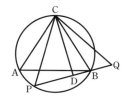

(1) △CPD と △CQD が合同であることを証明せよ。
(2) PA＝2 cm，PB＝6 cm のとき，PD の長さを求めよ。

〔東奥義塾高〕

□ 159 3 つの整数 p，q，r は $1<p<q<r$ を満たし，$\dfrac{2p-1}{r}$，$\dfrac{2r-1}{q}$ の値はともに

整数であるとする。このとき，次の問いに答えよ。

(1) $\dfrac{2p-1}{r}$ の値を求めよ。

(2) $\dfrac{2r-1}{q}$ の値を求めよ。

(3) $\dfrac{2q-1}{p}$ の値を 3 倍すると整数になるとする。このとき，p の値を求め
よ。

〔東大寺学園高〕

□ 160 1 辺が 6 の立方体 ABCD-EFGH において，辺
EF，FG，GH，HE の中点をそれぞれ P，Q，
R，S とし，線分 AQ と線分 CP の交点を X と
する。また，対角線 CE 上に点 Y を
「面 EFGH⊥面 YSP」となるようにとる。

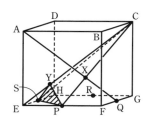

(1) 線分比 CX：XP を求めよ。
(2) △YPS の面積を求めよ。
(3) 2 つの三角錐 C-EPS，A-GRQ が重なった部分の立体について，次の
問い(ア)，(イ)に答えよ。
　(ア) この立体を長方形 BDHF で切ったときの切断面の面積を求めよ。
　(イ) この立体の体積を求めよ。

〔久留米大学附設高〕

□ **161**　次の (1), (2) に答えよ。

(1)　関数 $y=4x^2$ のグラフ上に点 A をとる。また，関数 $y=x^2$ のグラフ上に A と同じ x 座標をもつ点 B，A と同じ y 座標をもつ点 C をとったところ，AB＝AC となった。

どの点の x 座標も正の値とするとき，線分 AB の長さは □ である。

〔筑波大学附属高〕

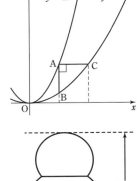

(2)　大小 2 つの球を，切り口の直径が 18 cm の円となるようにそれぞれ切断し，切断面同士をぴったり重ねて，右の図のような高さ 45 cm のだるま状の立体を作った。

2 つの球のうち，大きい方の半径が 15 cm であるとき，小さい方の半径を求めよ。

〔岡山白陵高〕

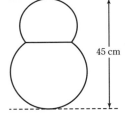

□ **162**　百の位の数，十の位の数，一の位の数の和が 16 である 3 桁の自然数がある。次の各問いに答えよ。

(1)　この 3 桁の自然数の十の位の数を 5 とする。この自然数の百の位の数と一の位の数を入れかえると，もとの数より 297 大きくなる。もとの 3 桁の自然数を求めよ。

(2)　この 3 桁の自然数の百の位の数，十の位の数，一の位の数をそれぞれ a，b，c とする。

　(ア)　$a+2b+3c$ の値がもっとも大きくなるような 3 桁の自然数を求めよ。

　(イ)　3 桁の自然数が偶数であるとき，$a \leqq b \leqq c$ となるようなものは何個あるか。

〔広島大学附属高〕

□ **163** 図のように, 線分 AB は円の直径であり, 線分 CD は点 B で円に接している。線分 AD と円の交点を E, 線分 AC と円の交点を F とし, 直線 EF と直線 CD の交点を G とする。AB＝BD＝2, ∠BAF＝60° とするとき

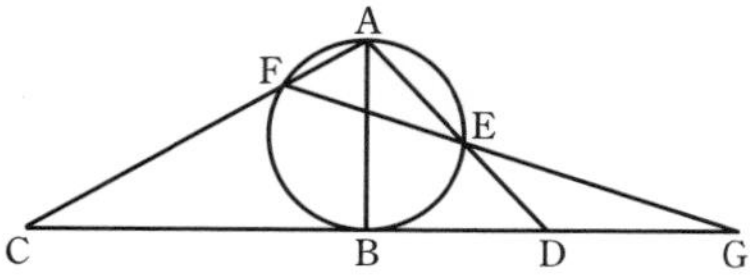

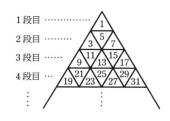

(1) ∠DGE＝□° である。
(2) GD：GF＝□：3 である。
(3) GD＝□ である。

〔東海高〕

難関 第3回

□ **164** 奇数の列 1, 3, 5, 7, ……について考える。

(1) 2021 は最初から数えて何番目の奇数か答えよ。

(2) 右の図のように奇数の列を 1 段目に 1, 2 段目に左から順に 3, 5, 7, 3 段目に左から順に 9, 11, 13, 15, 17, 4 段目に 19, ……と順番に並べるとき, 2021 は何段目の左から何番目か答えよ。

1 段目 ……………… 1
2 段目 ……… 3 5 7
3 段目 …… 9 11 13 15 17
4 段目 … 19 21 23 25 27 29 31
  ⋮

〔京都女子高〕

□ **165** 大中小のさいころを同時に投げて出た目を a, b, c とする。3 つの角の大きさとして $\left(\dfrac{180}{a}\right)°$, $\left(\dfrac{180}{b}\right)°$, $\left(\dfrac{180}{c}\right)°$ を考える。このとき, 次の各問いに答えよ。

(1) この 3 つが, 直角二等辺三角形の内角の大きさとなる確率を求めよ。

(2) この 3 つが, 辺の長さがすべて異なる三角形の内角の大きさとなる確率を求めよ。

(3) この 3 つが, 三角形の内角の大きさとなる確率を求めよ。

〔巣鴨高〕

標準　　発展　　難関

□ **166** 次の(1), (2)に答えよ。

(1) 12321, 314413 のように,数字を逆から並べても元の数と同じになる数のことを回文数という。

4桁の回文数のうち,9の倍数であるものは □ 個ある。

〔筑波大学附属高〕

(2) 大小2つのさいころを同時に投げて,大きいさいころの出た目の数を a,小さいさいころの出た目の数を b とする。

このとき,$\dfrac{a}{\sqrt{b}} = \sqrt{a}$ となる確率は $^\text{ア}$ □ であり,$1 < \dfrac{\sqrt{a}}{\sqrt{b}} < \sqrt{3}$ となる確率は $^\text{イ}$ □ である。

〔慶応義塾高〕

□ **167** 1辺の長さが 2 cm の立方体 ABCD-EFGH があり,図のように辺の中点 P, Q, R, S をとる。このとき,次の3点を通る平面による立方体の切断面の周の長さと面積を求めよ。

(1) P, Q, R

(2) P, Q, E

(3) P, Q, S

〔大阪教育大学附属平野高〕

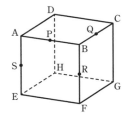

□ **168** ≪m≫ は自然数 m を素数の積で表したときの，素数の個数を表すものとする。

たとえば，≪5≫＝1，≪6≫＝≪2×3≫＝2，≪24≫＝≪2×2×2×3≫＝4 である。

このとき，次の各問いに答えよ。

(1) ≪50≫－≪64≫ を計算せよ。

(2) 方程式 ≪6≫×≪x≫²－≪1000≫×≪x≫－≪256≫＝0 を満たす最小の自然数 x を求めよ。

［明治大学付属明治高］

□ **169** 図のように，4 点 A(-2, 1)，B(-3, -2)，C(1, -2)，D(1, 1) を頂点とする四角形 ABCD がある。

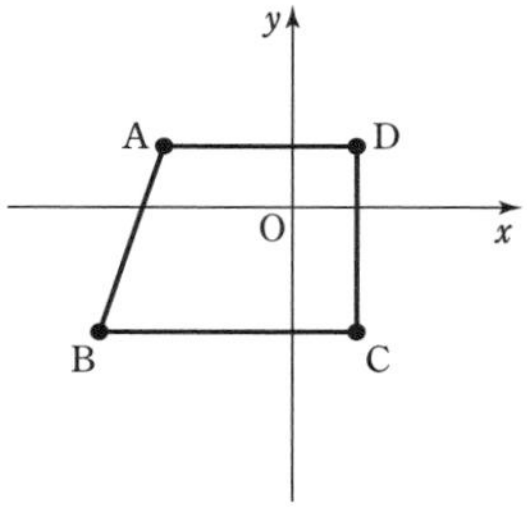

(1) 2 点 A，C を通る直線の式を求めよ。

(2) 直線 $y＝ax$ $(a≧1)$ が，四角形 ABCD の面積を 2：1 の比に分けるとき，a の値を求めよ。

(3) 2 点 O，A を通る直線を ℓ とし，ℓ が辺 CD と交わる点を P とする。△BCP の面積と △BPQ の面積が等しくなるように，点 Q を ℓ 上にとる。点 Q の x 座標を求めよ。ただし，点 Q の x 座標は正とする。

［西南学院高］

□ **170** AB＝DC＝6，AD＝5，∠ABC＝∠DCB＝60°，AD∥BC の台形 ABCD において，辺 AB 上に点 P，辺 DC 上に点 Q をとり，四角形 APQD の面積を S，台形 ABCD の面積を T とする。次の問いに答えよ。

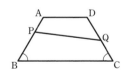

(1) 台形 ABCD の面積を求めよ。

(2) AD∥PQ，$T＝4S$ のとき，AP の長さを求めよ。

(3) AP＝2，$T＝3S$ のとき，DQ の長さを求めよ。

［徳島文理高］

□**171** 次の (1) 〜 (3) に答えよ。

(1) $3.14159 \times 7.55052 + 2.44948 \times 2.23606 + 0.90553 \times 2.44948$ を計算せよ。

〔開成高〕

(2) 1, 2, 3, 4 の書かれたカードが1枚ずつ計4枚入っている箱が4つある。この4つの箱それぞれから1枚ずつカードを取り出すとき，4枚のカードの数がすべて同じになる確率は ᵃ□□ であり，4枚のカードの数が2種類になる確率は ᵇ□□ である。

〔大阪星光学院高〕

(3) 1 から 30 までのすべての奇数の積を8でわったときの余りを求めよ。

〔法政大学高〕

□**172** 10の倍数でない2桁以上の自然数 X に，次のような操作(※)をして自然数 Y をつくる。

(※) X の1の位の数を最高位に置き，他の位の数は1桁ずつ下げる。
例えば，$X=123$ のとき，$Y=312$ であり，$X=5678$ のとき，$Y=8567$ である。

(1) X が2桁の自然数であるとき，$Y = \dfrac{7}{4}X$ となる X をすべて求めよ。

(2) X が3桁の自然数であるとき，m を2桁の自然数，n を1桁の自然数とし，$X=10m+n$ とおく。$Y = \dfrac{23}{8}X$ となるとき，m, n の値の組をすべて求めよ。

(3) X は1の位の数が6である6桁の自然数である。$Y=4X$ となる X を求めよ。

〔東大寺学園高〕

□ **173** 座標平面上に放物線 $y=x^2$ と，A$(0, 6)$ を通り，傾きが正の直線 ℓ がある。また，放物線上の x 座標が -2 である点を B とする。放物線と直線 ℓ の交点で x 座標が負の点を P とし，直線 ℓ と x 軸の交点を Q とする。点 P が AQ の中点となるとき，次の問いに答えよ。ただし，原点を O とする。

(1) 直線 ℓ の方程式を求めよ。

(2) 放物線上に x 座標が正の点 R がある。三角形 BOR の面積が 15 となるとき，点 R の座標を求めよ。

(3) (2)の点 R に対して，直線 BR と x 軸の交点を D とする。このとき四角形 PBDQ の面積を求めよ。

[市川高]

難関 第5回

□ **174** 右の図1のような内面の辺の長さが AB$=3\sqrt{2}$ cm，OA$=6$ cm である正四角錐 O-ABCD の容器がある。この容器に水をいっぱいに入れた。次の問いに答えよ。

(1) 容器に入った水の量を求めよ。

(2) △OAC の面積を求めよ。

(3) この容器を図2のように傾けると水面が四角形 APQR となり，QC$=2$ cm，PB$=$RD になった。△OPR の面積を求めよ。

(4) (3)でこぼれた水の量を求めよ。

[大阪教育大学附属池田高]

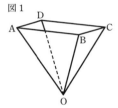

図1

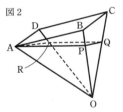

図2

□ **175** 右図のように，正三角形 ABC の外接円の弧 BC 上に点 P をとり，四角形 BPCQ が平行四辺形となるように点 Q をとる。直線 BQ と円の交点を R とする。

(1) △CRQ が正三角形であることを証明せよ。

(2) AQ$=$PQ であることを証明せよ。

[久留米大学附設高]

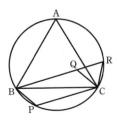

□ **176** 次の (1) ～ (3) に答えよ。

(1) ある自然数を素因数分解すると $2^5 \times 3^4 \times 5^3 \times 7^2$ となった。この自然数の正の約数のうち，一の位が 1 となるものをすべて求めよ。

〔同志社高〕

(2) 最小公倍数が 546，積が 3276 となる 2 桁の整数の組を求めよ。

〔弘学館高〕

(3) 2 桁の自然数 a, b について，$a:b=3:5$ が成り立つとき，$\sqrt{2a-b}$ が自然数となるような (a, b) の組をすべて求めよ。

〔立命館高〕

□ **177** 1，2，3，4，5 の 5 つの数字が 1 つずつ書かれた 5 枚の封筒と，1，2，3，4，5 の 5 つの数字が 1 つずつ書かれた 5 枚のカードがある。封筒にカードを 1 枚ずつ入れてセットをつくる。

(1) どのセットも，封筒の数字とカードの数字の和が偶数となる場合は何通りあるか。

(2) どのセットも，封筒の数字とカードの数字の和が 3 の倍数となる場合は何通りあるか。

(3) どのセットも，封筒の数字とカードの数字の差が 4 の倍数でない場合は何通りあるか。ただし，0 は 4 の倍数である。

〔四天王寺高〕

□ **178** AB＝AD＝2 cm，AE＝3 cm の直方体 ABCD-EFGH において，辺 EF，FG の中点をそれぞれ点 P，Q とする。このとき，3 点 D，P，Q を通る平面で直方体を切ったときの切り口の図形の面積は ☐ cm² である。

〔筑波大学附属高〕

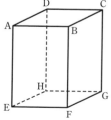

□ **179** 1辺の長さが6の正方形 ABCD がある。図のように，辺 AD の中点 M と頂点 C を結ぶ線分を折り目として三角形 CDM を折り返し，頂点 D が移る点を E とする。直線 ME と辺 AB の交点を F，直線 CE と辺 AB の交点を G とする。このとき，

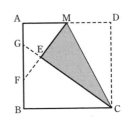

(1) EF＝BF となることを証明せよ。

(2) AG：GF：FB＝3：□：^イ□ である。

〔東海高〕

□ **180** 1辺の長さが 20 cm の立方体の形をした水そう A，B がある。それぞれの水そうの内側には，高さ 15 cm，12 cm の仕切り板が底面に垂直に取りつけられており，それにより，水そう A では底面積が 1：1 に，水そう B では 3：1 に分けられている。これらの水そうに，図の注水口から毎秒 25 cm³ の割合で同時に水を入れ始め，変化している水面の高さについて考える。ただし，仕切り板の厚さは考えないものとする。次の問いに答えよ。

水そうA

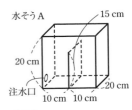

水そうB

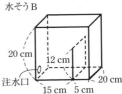

(1) A の仕切りの右側の水面の高さと B の仕切りの右側の水面の高さが初めて等しくなるのは，水を入れ始めてから何秒後か。ただし，注水口のある側を左側とする。

(2) A と B の水面の高さが 2 回目に等しくなるのは，水を入れ始めてから何秒後か。

〔大阪教育大学附属天王寺高〕

□**181** 次の (1)〜(3) に答えよ。

(1) 次の2つの式を同時に満たす x, y の値の組を求めよ。

$$\begin{cases} \dfrac{x-y}{3} + \dfrac{2}{5}(y-2) = 0.2(1-3y) \\ (3-2x) : y = 5 : 2 \end{cases}$$

〔都立国立高〕

(2) $\sqrt{60(n+1)(n^2-1)}$ が整数となるような2桁の整数 n をすべて求めよ。

〔中央大学附属高〕

(3) 2次方程式 $x^2 - px + q = 0$ は異なる2つの整数解をもつ。p と q が素数であるとき、2つの整数解の組は $^{\text{ア}}\boxed{}$ 組であり、$p=10$ かつ2つの整数解が素数であるとき、$q = {}^{\text{イ}}\boxed{}$ である。

〔日本大学桜丘高〕

□**182** 右の図のような放物線 $y = \dfrac{1}{4}x^2$ において、

点 A$(-2, 9)$ を通り、x 軸に平行な直線をひく。交点 B の x 座標は負、C の x 座標は正で、点 P は、放物線上を B から C まで動くとき、次の問いに答えよ。

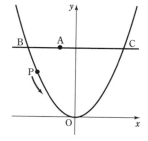

(1) 点 C の座標を求めよ。

(2) AP＝CP となるように、点 P の座標を求めよ。

(3) 点 Q を放物線上 OB にとり、(2)の点 P と点 A との距離が AQ＝PQ となるとき、点 Q の座標を求めよ。

〔西武学園文理高〕

□183 直線 $y=2x$ 上に点 P があり，その x 座標は正である。点 P を通り傾きが 1 の直線を ℓ，点 P を通り傾きが $-\dfrac{3}{2}$ の直線を m とする。また，直線 ℓ，m と x 軸との交点をそれぞれ Q，R とする。このとき，次の各問いに答えよ。

(1) 点 Q の座標が $(-1,\ 0)$ であるとき，点 R の座標を求めよ。

(2) QR＝4 であるとき，点 P の座標を求めよ。

(3) x 座標，y 座標がともに整数である点を格子点という。3 点 P，Q，R がすべて格子点であり，△PQR の 3 辺上にある格子点の総数が 108 個であるとき，点 P の座標を求めよ。求める過程も書け。

〔東京学芸大学附属高〕

□184 円に内接する正五角形 ABCDE において，線分 AC 上に ∠ABF＝∠CBD となるような点 F をとる。

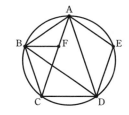

(1) △BCF と △BDA が相似であることを証明せよ。

(2) AB×CD＋BC×DA＝AC×BD を証明せよ。

(3) 正五角形 ABCDE の 1 辺の長さが 10 cm のとき，線分 AC の長さを求めよ。

〔大阪教育大学附属池田高〕

□185 図のように，1 辺の長さが 2 の 2 つの正四面体 ABCD と PQRS が互いに各辺の中点で直交している。

このとき，次の問いに答えよ。

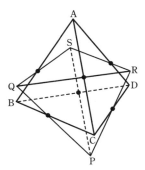

(1) 頂点 A と平面 QRS の距離 h を求めよ。

(2) 2 つの正四面体の共通部分の体積 V を求めよ。

〔慶応義塾志木高〕

□ **186** 次の (1), (2) に答えよ。

(1) 2次方程式 $x^2+x-1=0$ の大きい方の解を a, 小さい方の解を b とする。このとき, $\dfrac{1}{(a+1)^2}+\dfrac{1}{(b+1)^2}$ の値を求めよ。

〔久留米大学附設高〕

(2) 4桁の自然数で, 百の位が3, 十の位が7であるような3の倍数がある。この自然数の千の位と一の位の数字を入れかえると, 4桁の15の倍数になる。もとの4桁の自然数をすべて求めよ。

〔慶応義塾志木高〕

□ **187** 2つの数 a, b について, $a \circ b$ と $a * b$ をそれぞれ次のように定める。
$$a \circ b = a - b, \qquad a * b = (a-1)(b-1)$$
このとき, 次の問いに答えよ。

(1) $(7 \circ 2) * (3 \circ 5)$ の値を求めよ。

(2) $x^2 \circ y^2 = 21$ を満たす正の整数の組 (x, y) をすべて求めよ。

(3) $\{(2x-1) \circ (x+1)\} * \{(3x-4y^2) \circ (3x-5y^2)\} = 15$ を満たす正の整数の組 (x, y) をすべて求めよ。

〔同志社高〕

□ **188** 右の図で, A, B, C は放物線 $y=ax^2$ $(a>0)$ 上の点であり, 点Oは原点である。また, △ABC は ∠BAC=120° の二等辺三角形であり, △ABC∽△OAC である。次の各問いに答えよ。

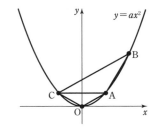

(1) OB と AC の交点を D とするとき, (△OBC の面積):(△ODC の面積) を求めよ。

(2) A を通り四角形 OABC の面積を2等分する直線と, OB との交点を E とする。△ABE の面積が $\dfrac{2\sqrt{3}}{27}$ であるとき

(ア) BE:BO を求めよ。

(イ) a の値を求めよ。

〔渋谷教育学園幕張高〕

78

189 右の図のマスを，上下左右に1回あたり1マス移動する駒を考える。周囲の枠の外と塗られた部分に移動することはできないが，それ以外は自由に移動できる。この条件のもとで，以下の問いに答えよ。

(1) Start と書かれた位置にある駒が，7回の移動で Goal と書かれたマスに到着する場合の数を求めよ。

(2) Start と書かれた位置にある駒が，ちょうど9回目の移動ではじめて Goal と書かれたマスに到着する場合の数を求めよ。

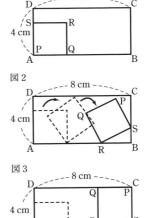

〔開成高〕

190 AD＝4 cm，DC＝8 cm である長方形 ABCD の内側に正方形 PQRS があり，初めは図1のように，2つの頂点 P と A が重なっている。

この位置から，図2のように，正方形は長方形の周に接しながら，すべらないように長方形の内側を転がっていく。

正方形が転がり始めてから，初めて頂点 P が長方形の周上にきたとき，図3のように P と C が重なった。次の問いに答えよ。

(1) 正方形 PQRS の1辺の長さを求めよ。

(2) 正方形 PQRS の対角線の交点を G とする。
　(ア) 正方形が転がり始めてから，初めて図3の位置にくるまでに，G が動いてできる線の長さを求めよ。
　(イ) さらに正方形を転がしていくと，G が動いてできる線で囲まれた部分ができる。その部分の面積を求めよ。

〔筑波大学附属駒場高〕

□ **191** 次の(1), (2)に答えよ。

(1) 右の図において, △ABC の辺 AB, BC, CA の中点を D, E, F とする。
AE と BF の交点を G, DF と AE の交点を H とするとき, AE は HG の ^ア◻ 倍となる。
また, △HGF の面積は △ABC の面積の ^イ◻ 倍となる。

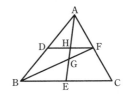

〔国学院久我山高〕

(2) $\left(a-\dfrac{1}{2}\right)^2=-\left(a-b^2-\dfrac{17}{4}\right)$, $\left(\sqrt{bc}-\dfrac{c}{\sqrt{2}}\right)\left(\sqrt{bc}+\dfrac{c}{\sqrt{2}}\right)=3$ のとき $(a+b-c)(a-b+c)$ の値を求めよ。

〔日本女子大学附属高〕

□ **192** 1辺の長さがすべて4である正四角錐 O-ABCD がある。辺 AD, AB, BO 上に AP=AQ=BR=1 となるように点 P, Q, R をそれぞれとる。3点 P, Q, R を通る平面を K とする。次の問いに答えよ。

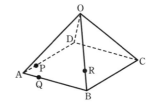

(1) 平面 K と辺 OC との交点を S とおく。線分 OS の長さを求めよ。

(2) 平面 K による正四角錐 O-ABCD の断面の面積を求めよ。

〔13 灘高〕

193 関数 $y = \dfrac{1}{3}x^2$ …… ① のグラフ上に 3 点 A, B, C がある。A, B の座標
は $A\left(-2, \dfrac{4}{3}\right)$, $B\left(1, \dfrac{1}{3}\right)$ であり, $\angle ABC = 90°$ である。

(1) 点 C の座標を求めよ。

(2) 3 点 A, B, C を通る円と ① のグラフの交点で, A, B, C と異なるもの
をDとする。点 D の座標を求めよ。

(3) 点 B と異なる ① のグラフ上の点 P のうち, △APC と △ABC の面積
が等しくなるようなものの座標をすべて求めよ。

[開成高]

194 $\angle XOY = 90°$ の半直線 OX, OY があり, 点 A は
OY 上に固定されている。点 P は OX 上を動き, 2
点 Q, R は, 点 P の動きに応じて, 右の図のように
四角形 APQR がつねに長方形となるように動く。
ただし, AP > AR であり, AP : AR の比は一定で
ある。Q, R から OX にそれぞれ垂線 QM, RN を
ひき, OY にそれぞれ垂線 QK, RL をひく。

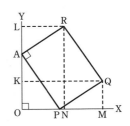

OP = 8 cm のとき, RL = 9 cm, RN = 18 cm であった。

このとき, 次の □ にあてはまる数または式を求めよ。

(1) OA の長さは, □ cm である。

(2) OP = x cm とおく。線分 QM, RN の長さの和を x の式で表すと,
QM + RN = □ である。

(3) QM + RN = QK + RL のとき, 長方形 APQR の面積は □ cm² である。

[筑波大学附属高]

195 さいころを 3 回振り, 出た目を順に a, b, c とする。$N = (a+b)c$ とおくと
き, 次の確率を求めよ。

(1) N が 25 の倍数となる確率

(2) N が 15 の倍数となる確率

(3) N が 10 の倍数となる確率

[ラ・サール高]

□ **196** 次の (1), (2) に答えよ。

(1) $\left(\dfrac{\sqrt{3}+1}{\sqrt{2}}\right)^2 - 2\left(\dfrac{\sqrt{3}+1}{\sqrt{2}}\right)\left(\dfrac{\sqrt{3}-1}{\sqrt{2}}\right) + \left(\dfrac{\sqrt{3}-1}{\sqrt{2}}\right)^2$ を簡単にせよ。

[東大寺学園高]

(2) $(x-6y+3z)(x+2y-z) + 5z(4y-z) - 20y^2$ を因数分解すると，[ ] である。

[明治大学付属明治高]

□ **197** あるスーパーでは，500 円未満の買い物には値引きがなく，500 円以上 2000 円未満の買い物には 5 %，2000 円以上の買い物には 10 % の値引きがある。

(1) 定価 400 円と定価 1200 円の商品を別々に買ったときと，まとめて買ったときの差額はいくらか。

(2) ある人がこのスーパーで次のように 4 日連続で買い物をした。

1日目	商品 X と Y を別々に買ったところ，Y のみ値引きがあった。
2日目	商品 X と Y をまとめて買ったところ，1 日目よりも 125 円安く買えた。
3日目	商品 X, Y, Z を別々に買ったところ，Z については 5 % の値引きがあった。
4日目	商品 X, Y, Z をまとめて買ったところ，3 日目よりも 180 円安く買えた。

商品 X，Y，Z の定価をそれぞれ，x 円，y 円，z 円とするとき，

(ア) x と y の関係式を求めよ。　　(イ) z の値を求めよ。

[滝高]

□ **198** 自然数の逆数を，2 つの自然数の逆数の和で表すことを考える。たとえば

$\dfrac{1}{2}$ は $\dfrac{1}{3}+\dfrac{1}{6}$，$\dfrac{1}{4}+\dfrac{1}{4}$ の 2 通り，$\dfrac{1}{3}$ は $\dfrac{1}{4}+\dfrac{1}{12}$，$\dfrac{1}{6}+\dfrac{1}{6}$ の 2 通り，

$\dfrac{1}{4}$ は $\dfrac{1}{5}+\dfrac{1}{20}$，$\dfrac{1}{6}+\dfrac{1}{12}$，$\dfrac{1}{8}+\dfrac{1}{8}$ の 3 通り　の表し方がある。

(1) 自然数 n に対して，$\dfrac{1}{n}=\dfrac{1}{n+p}+\dfrac{1}{n+q}$ を満たす p，q の積 pq を n で表せ。

(2) $\dfrac{1}{6}$ を 2 つの自然数の逆数の和で表すとき，そのすべての表し方を書け。

(3) $\dfrac{1}{216}$ を 2 つの自然数の逆数の和で表すとき，表し方は全部で何通りあるか。

[東大寺学園高]

199 図1の △ABC において，AB＝4 cm，BC＝5 cm，CA＝3 cm であり，点 M は辺 BC の中点である。この △ABC において，△CAM を直線 AM を軸として回転させたものが図2であり，PM＝CM，PA＝CA である。このとき，次の各問いに答えよ。

(1) 図1において，点 C から線分 AM にひいた垂線と線分 AM との交点を D とする。線分 CD の長さを求めよ。

(2) 図2において，四面体 PABM の体積が最大となるとき，その体積を求めよ。

(3) 図2において，点 P から 3 点 A，B，M をふくむ平面にひいた垂線と平面との交点を H とし，線分 PH の長さを l cm とする。点 H が △ABM の辺上，または内部にあるとき，l の値の範囲を求めよ。

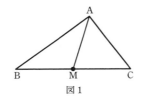

図1

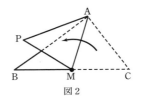

図2

〔東京学芸大学附属高〕

---

200 右の図のように，x 軸，y 軸に平行な辺をもつ長方形 ABCD があり，点 B の座標は $(-6, -3)$，点 D の x 座標は 2 である。

また，双曲線 $y = \dfrac{k}{x}$（k は定数）は，2 点 A，C を通る。このとき次の問いに答えよ。

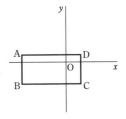

(1) 定数 k の値，および 2 点 A，C を通る直線の式を求めよ。

(2) 直線 AC が点 C を通る放物線 $y = ax^2$（a は定数）と 2 点 C，E で交わっている。点 E の座標を求めよ。

(3) (2)で求めた点 E を y 軸に関して対称移動した点を F とする。

　　(ア) 点 F の座標を求めよ。

　　(イ) 次の 2 つの条件をともに満たす点 P の座標をすべて求めよ。

　　　　① 長方形 ABCD の辺上にある。

　　　　② △CEP の面積と △CEF の面積は等しい。

〔お茶の水女子大学附属高〕

□ **201** 次の (1), (2) に答えよ。

(1) (ア) $(1-0.02)\div(-0.1)\times\left(-\dfrac{5}{7}\right)^3$ を計算せよ。

(イ) 次の値の小数部分を答えよ。ただし，実数 a の小数部分とは，$n\leq a<n+1$ を満たす整数 n に対し $a-n$ のことである。

$$-\sqrt{(1-0.02)\div(-0.1)\times\left(-\dfrac{5}{7}\right)^3}$$

〔お茶の水女子大学附属高〕

(2) 側面がすべて正三角形である正四角錐がある。この四角錐の表面積が $28\sqrt{3}+28$ のとき，体積は ☐ である。

〔明治大学付属明治高〕

□ **202** 関数 $y=x^2$ のグラフを ① とする。右の図のように，① 上に点 A があり，点 A の x 座標を -1 とする。点 A を通り傾きが 1 の直線を ② とし，① と ② の交点のうち A でない方を B とする。次に，点 B を通り傾きが -1 の直線を ③ とし，① と ③ の交点のうち B でない方を C とする。さらに，点 C を通り傾きが 1 の直線を ④ とし，① と ④ の交点のうち C でない方を D とする。このとき，次の問いに答えよ。

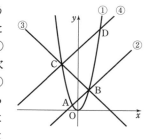

(1) 点 B の座標を求めよ。

(2) 点 D の座標を求めよ。

(3) △OCD を x 軸の周りに 1 回転させてできる立体の体積を求めよ。

(4) △OCD を y 軸の周りに 1 回転させてできる立体の体積を求めよ。

〔青雲高〕

203 先生が 12 人の生徒を学校から 22 km 離れた会場まで連れて行く。先生の車には生徒は一度に 6 人しか乗れないので，6 人だけ乗せて学校を車で出発し，残り 6 人は歩いて会場に向かった。学校から x km の地点で 6 人を降ろし，その 6 人は歩いて会場に向かった。先生は車で学校の方へ引き返し，歩いて来ている残りの 6 人を学校から y km の地点で乗せ，再び会場に向かったところ，途中から歩いて向かった 6 人と同時に会場に着いた。

生徒の歩く速さを時速 5 km，車の速さを時速 40 km として，x，y の値を求めよ。

〔愛光高〕

204 正五角形 ABCDE の頂点を移動する点 P がある。点 P は，さいころを投げて出た目の数だけ頂点を時計回りに移動する。点 P が，ちょうど A に止まったときは終了し，A に止まらなかったときはさらにさいころを投げ，その頂点から移動する。点 P が頂点 A からスタートするとき，次の問いに答えよ。

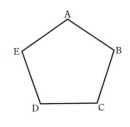

(1) さいころを 2 回投げて終了する目の出方は何通りあるか。

(2) ちょうど 1 周して終了する目の出方は何通りあるか。

(3) さいころを 5 回投げ，ちょうど 2 周して終了する目の出方は何通りあるか。

〔桐光学園高〕

205 △ABC の辺 AB，辺 AC 上に，それぞれ点 D，E がある。線分 DE，EB，BC の中点をそれぞれ P，Q，R とする。

(1) 線分 DC 上に点 S をとって，四角形 PQRS が平行四辺形になるようにしたい。

点 S はどのような位置にとればよいか。理由をつけて答えよ。

(2) ∠PSR＝x とする。∠A を x を用いて表せ。

〔大阪教育大学附属平野高〕

標準　　　発展　　　難関

□ **206** 次の (1) ～ (3) に答えよ。

(1) 8864 を 2 桁の自然数 n でわると 44 余り, 商はある自然数の平方になった。n の値を求めよ。

[帝塚山泉ケ丘高]

(2) a, b, c は互いに異なる整数の定数で, $abc>0$ である。

x の方程式 $x^2-ax-2=0$ が $x=b$ を解にもち, x の方程式 $x^2-bx-2=0$ が $x=c$ を解にもつとき, $c=$ □ である。

[20 灘高]

(3) 大小 2 個のさいころを同時に投げて, 大きいさいころの出た目の数を a, 小さいさいころの出た目の数を b とする。$\sqrt{\dfrac{3b}{2a}}$ が無理数となる確率は □ である。

[東海高]

□ **207** 図において, ① は関数 $y=\dfrac{\sqrt{3}}{2}x^2$ のグラフであり, ② は関数 $y=ax^2$ のグラフである。ただし, $0<a<\dfrac{\sqrt{3}}{2}$ とする。点 A は x 軸上の点であり, その x 座標は正である。① 上に点 B を △OAB が正三角形となるようにとる。また, 辺 AB と ② の交点を P, 直線 OP と ① の交点のうち, 点 O とは異なる点を Q とする。このとき, 次の各問いに答えよ。

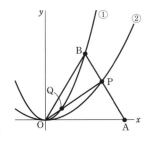

(1) 点 B の座標を求めよ。

(2) ∠APO＝90° となるとき, a の値を求めよ。

(3) OQ＝QP となるとき, 点 P の座標を求めよ。

[東京学芸大学附属高]

□ **208** 1辺の長さが a cm の正方形 ABCD がある。辺 AB を7等分する点のうち, 点 A に近い方から2番目, 4番目, 6番目の点をそれぞれ E, F, G とし, 辺 DC を7等分する点のうち, 点 D に近い方から1番目, 3番目, 5番目の点をそれぞれ H, I, J とする。また, 対角線 AC と線分 EH, EI, FI, FJ, GJ との交点をそれぞれ P, Q, R, S, T とするとき, 次の問いに答えよ。

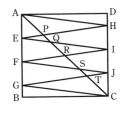

(1) △GTC の面積を求めよ。

(2) △GTC の周の長さを求めよ。

(3) △EPQ, △FRS, △GTC の面積の和を求めよ。

(4) △EPQ, △FRS, △GTC の周の長さの和を求めよ。

[慶応義塾高]

□ **209** M さんは, りんごとみかんを合わせて8個買い, 1つのかごに入れてもらう予定である。近所の A 店と B 店の価格を事前に調べたところ, 表のようになった。これを用いて合計金額を計算すると, A 店で買う方が B 店で買うより40円安くなることがわかり, A 店で買おうと考えた。

	りんご(1個)	みかん(1個)	かご代
A店	x 円	y 円	90 円
B店	$(x+20)$ 円	$(y+10)$ 円	無料

(1) M さんは, りんごとみかんをそれぞれ何個買う予定であったか。

(2) 実際に B 店まで行くと, B 店では, りんごは2割引きで売っていた。B 店でみかんの個数を1個増やし合計9個買っても, 予定通り A 店で買う場合と合計金額が等しくなることがわかった。そこで, B 店で予定よりみかんの個数を1個多く買うことにしたが, 誤ってりんごとみかんの個数を逆にしてしまったため, 初めの予定より11円安くなった。x と y の値を求めよ。

[お茶の水女子大学附属高]

□ **210** 右の図は, 1辺の長さが $\sqrt{2}$ の正三角形3面と, 3辺の長さが1, 1, $\sqrt{2}$ の直角二等辺三角形3面でできる六面体の展開図の一部である。

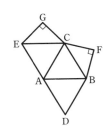

(1) 残り1面を右の図に記入せよ。

(2) この六面体の体積を求めよ。

(3) この六面体において, 2点 A, F 間の距離を求めよ。

[久留米大学附設高]

□211　次の (1), (2) に答えよ。

(1)　次の連立方程式を解け。

$$\begin{cases} \sqrt{3}\,x + \sqrt{5}\,y = \sqrt{7} \\ \dfrac{1}{\sqrt{3}}x + \dfrac{1}{\sqrt{5}}y = \dfrac{1}{\sqrt{7}} \end{cases}$$

〔開成高〕

(2)　1, 2, 3, 4, 5 の 5 つの数字を並べかえてできる 5 桁の整数を小さい順に並べたとき，34251 は何番目の整数か答えよ。

〔岡山白陵高〕

□212　直線 $y = \dfrac{4}{3}x + 6$ と y 軸との交点を A，直線

$y = \dfrac{4}{3}x + 6$ と放物線 $y = \dfrac{2}{9}x^2$ の交点のうち，

x 座標の小さい方を B，点 B から x 軸へ下ろした垂線と x 軸との交点を H とする。また ∠ABH の二等分線をひき，その直線上に ∠BAC＝90° となるような点 C をとる。

(1)　線分 AB の長さを求めよ。

(2)　三角形 ABC の面積を求めよ。

〔東大寺学園高〕

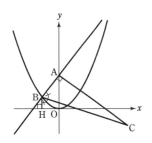

□213　右図のように，中心 O，半径 $\sqrt{2}+\sqrt{6}$ の円に内接する正八角形 ABCDEFGH と正六角形 APQERS がある。

(1)　△OAB の面積を求めよ。

(2)　線分 PC の長さを求めよ。

(3)　△BPC の面積を求めよ。

〔19 灘高〕

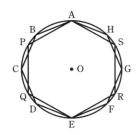

□214 右図のように，側面が等辺の長さが $\sqrt{5}$ の二等辺三角形であり，底面が1辺の長さが2の正方形である正四角錐 A-BCDE の中にある球 O が，正四角錐のすべての面に接している。

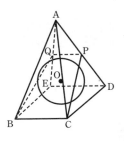

(1) 正四角錐 A-BCDE の体積は □ である。

(2) AO の長さは □ である。

ここで，3点 B，C，球の中心 O を通る平面で正四角錐を切るとき，切り口と辺 AD，AE の交点をそれぞれ P，Q とする。

(3) 四角形 BCPQ の4辺の長さの和は □ である。

(4) 四角錐 A-BCPQ の体積は □ である。

〔桐蔭学園高〕

難関

第13回

□215 正の整数 x に対して，1から x までの整数のうち，x との最大公約数が1であるものの個数を $f(x)$ とおく。たとえば，$f(5)$ について考えると，1から5までの整数のうち，5との最大公約数が1となるのは，1，2，3，4の4つであるから $f(5)=4$ となる。また，$f(6)$ について考えると，1から6までの整数のうち，6との最大公約数が1となるのは，1，5の2つであるから $f(6)=2$ となる。次の各問いに答えよ。

(1) $f(15)$，$f(16)$，$f(17)$ をそれぞれ求めよ。

(2) p，q を互いに異なる素数とするとき，

　(ア) $f(p)$ を p を用いて表せ。

　(イ) $f(pq)$ を p，q を用いて表せ。

　(ウ) $f(pq)$ を $f(p)$，$f(q)$ を用いて表せ。（ただし，その途中の過程も記述すること。）

〔渋谷教育学園幕張高〕

□ **216** 次の (1), (2) に答えよ。

(1) $\dfrac{(5\sqrt{2}-2\sqrt{3})(2\sqrt{6}+7)}{\sqrt{2}}-\dfrac{(3\sqrt{2}+2\sqrt{3})(5-\sqrt{6})}{\sqrt{3}}$ を計算せよ。

〔東京学芸大学附属高〕

(2) $x^2-y^2+2x-2y$ を因数分解すると $^{ア}\boxed{}$ である。

また，$x^2-y^2+2x-2y-40=0$ を満たす正の整数の組 (x, y) をすべて求めると $^{イ}\boxed{}$ である。

〔愛光高〕

□ **217** A, P, S の 3 種類の文字から無作為に 1 文字を選ぶことを繰り返し行い，選んだ文字を選んだ順番に左から右に向かって 1 列に並べていく。

(1) 文字を 6 個並べたとき，「PASS」という連続した文字の並びがふくまれる確率を求めよ。

(2) 文字を 9 個並べたとき，「PASS」という連続した文字の並びがふくまれる確率を求めよ。

〔22 灘高〕

□ **218** 「1+2×3+4=」と入力すると，計算結果が 11 となる電卓を使用する。

このとき，次の $\boxed{}$ にあてはまる数または数の組を求めよ。ただし，1 から 10 までの連続する自然数の和 $1+2+3+\cdots\cdots+10$ は，55 である。

(1) 11 から 20 までの連続する 10 個の自然数を小さい方から順に入力して和を計算しようとしたところ，自然数 n の次の「+」を「×」と押し間違えてしまい，計算結果が 364 となった。

このとき，$n=\boxed{}$ である。

(2) 自然数 m から $m+9$ までの連続する 10 個の自然数を小さい方から順に入力して和を計算しようとしたところ，自然数 n の次の「+」を「×」と押し間違えてしまい，計算結果が 94 となった。

このような自然数の組 (m, n) をすべて求めると，$\boxed{}$ である。

〔筑波大学附属高〕

219 右図のように鋭角三角形 ABC において，各頂点から対辺へ垂線 AP，BQ，CR を下ろすと，それらが 1 点 H で交わり，PH＝1，AQ＝2，QC＝4 となった。

次の問いに答えよ。

(1) 線分 AH の長さを求めよ。

(2) ∠QRC＝∠PRC であることを証明せよ。

(3) 面積比 △PQH：△QRH：△RPH を求めよ。

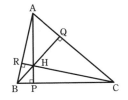

［ラ・サール高］

220 図のように，AB＝AE＝4，AD＝6 の直方体があり，辺 FG，対角線 AF の中点をそれぞれ P，Q とする。

このとき，あとの問いに答えよ。

(1) 線分 CQ の長さを求めよ。

(2) 点 A，B，C，F を頂点とする三角錐の体積を求めよ。

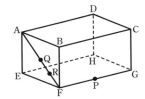

(3) 点 B から △ACF に下ろした垂線の足を I とするとき，BI の長さを求めよ。

(4) 対角線 AF 上に適当な点 R をとると，点 B，C，P，F，R を頂点とする立体の体積がもとの直方体の体積の $\frac{1}{12}$ になった。このとき，FR の長さを求めよ。

［立命館高］

(注意) 点 B から △ACF にひいた垂線と △ACF の交点を **垂線の足** ということがある。

解答 ➡ 別冊 p.131

□**221** 次の(1), (2)に答えよ。

(1) A, B 2 人が P 地を出発して Q 地へ向かい, Q 地に到着するとすぐ P 地へ引き返す。A は B より 15 分遅れて出発したが, Q 地より 2 km 手前の地点で追いつき, その 9 分後に Q 地に向かう B と再び出会った。その後, A が P 地に到着したとき, B は P 地より 4 km 手前の地点を P 地に向かっていた。A, B 2 人の速さは毎時何 km か。また, PQ 間は何 km か。　　　　　　　　　　　　　　　　　　　　　　　[ラ・サール高]

(2) 右の図のおうぎ形 OAB において, 点 C は弧 AB 上の点であり, OC と AB の交点を D とする。AD=3, BD=7, CD=1 のとき, OA の長さを求めよ。

[渋谷教育学園幕張高]

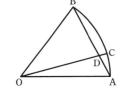

□**222** 右の図において, 点 O は円の中心であり
$\overarc{CD} : \overarc{DE} = m : 1$, ∠ADB=$x°$
のとき, 次の問いに答えよ。

(1) 次の角度を m と x のうち必要なものを用いて表せ。

∠EBD, ∠AOB, ∠CAD,
∠CFE, ∠ACE, ∠CEF

(2) △CEF が CE=CF の二等辺三角形で, m と x が正の整数であるとき, 考えられる m と x の値の組をすべて答えよ。

[慶応義塾女子高]

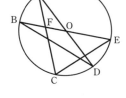

□**223** 右図のように, 円 O の外部の点 P からこの円にひいた 2 つの接線と円 O との接点を A, B とおく。P を通る直線が円 O と異なる 2 点 C, D で交わるとする。この直線は円 O の中心 O を通らないとする。2 直線 AB, CD の交点を E とおき, 線分 AB, CD の中点をそれぞれ M, N とおく。次の問いに答えよ。

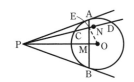

(1) PA²=PO×PM を証明せよ。

(2) PA²=PE×PN を証明せよ。

(3) PC=3, PD=7, OE=2 のとき円 O の半径を求めよ。

[13 灘高]

□ **224** 点 $A\left(-1,\ \dfrac{1}{3}\right)$ を通る放物線 $y=ax^2$ がある。

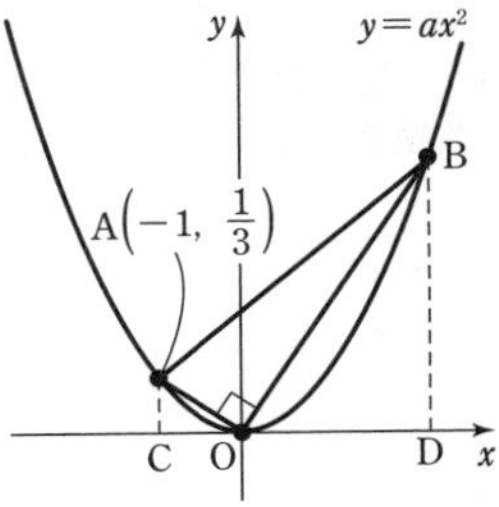

右の図のように，放物線上に点 B を
$\angle AOB=90°$ となるようにとる。このとき，次の
各問いに答えよ。

(1) a の値を求めよ。

次に，点 A，点 B からそれぞれ，x 軸に垂線 AC，
BD を下ろす。このとき，△OAC∽△BOD となる。

(2) 直線 OB の傾きを求めよ。

(3) 線分 AB の中点 M の座標を求めよ。

(4) y 軸の正の部分に $\angle OBA=\angle OEA$ となる点 E をとる。点 E の座標を
求めよ。

〔西大和学園高〕

□ **225** 図1は1辺の長さが4の正
八面体である。点 A, B, C,
D, E, F, G, H, I, J, K,
L は正八面体の各辺の中点
である。なお，正八面体に
おいて，同じ頂点をふくま
ない2つの面は平行である
ことが知られている。図1
の正八面体を，正方形

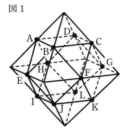
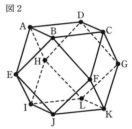

ABCD をふくむ平面，正方形 BEJF をふくむ平面，正方形 CFKG をふくむ平
面，正方形 DGLH をふくむ平面，正方形 AEIH をふくむ平面，正方形 IJKL を
ふくむ平面でそれぞれ切る。

このときできた正四角錐をそれぞれ取り去り，残った立体が図2である。図2
の立体について，次の各問いに答えよ。

(1) この立体の体積を求めよ。

(2) 辺 AB の中点を M，辺 LK の中点を N とするとき，線分 MN の長さを求
めよ。

(3) この立体を △LKG を下にして水平な面においたとき，この立体の高さを
求めよ。

〔東京学芸大学附属高〕

□ **226** 次の (1) ～ (3) に答えよ。

(1) $\dfrac{1}{1\times2}+\dfrac{1}{2\times3}+\dfrac{1}{3\times4}+\dfrac{1}{4\times5}+\dfrac{1}{5\times6}$ の値を求めると □ となる。

〔西武学園文理高〕

(2) 千の位の数が 3 である 4 桁の整数がある。千の位の数を一の位に移動し，残りの位の数をそのまま 1 桁ずつ左にずらしてできる数は，もとの数の 2 倍より 35 大きくなる。もとの 4 桁の整数を求めよ。

〔中央大学附属高〕

(3) a, b が $\begin{cases} 5ab+3a+3b-23=0 \\ ab+2a+2b-13=0 \end{cases}$ を満たすとき，$a+b$, ab, a^2+b^2 の値をそれぞれ求めよ。

〔ラ・サール高〕

□ **227** 2 つの放物線 $y=x^2$ …… ①，$y=kx^2$ …… ②がある。

ただし，k は $0<k<1$ を満たす定数である。

また，直線 ℓ は，①と 2 点 A，B で，②と 2 点 C，D で交わっている。A，B，C，D の x 座標をそれぞれ a, b, c, d とおくと，$a<b$, $c<d$ である。

さらに，△OAC と △OBD の面積の比は 1：6 である。ただし，O は原点である。

(1) △OAC と △OBD の面積の比が 1：6 であることより，d を a, b, c のみを用いて表せ。

(2) 直線 AB と直線 CD の傾きが等しいことより，$\dfrac{1}{k}$ を a, b, c のみを用いて表せ。

(3) $a=-1$, $b=2$ のとき，c, k の値をそれぞれ求めよ。

〔12 灘高〕

228 大小2つのさいころを同時に投げる。大きいさいころの出た目の数を a, 小さいさいころの出た目の数を b とする。このとき、次の確率を求めよ。

(1) a と b の和が7より小さくなる確率

(2) a^2 と b^2 の差の絶対値が、a と b の和に等しくなる確率

(3) a^2 が b の4倍以上になる確率

(4) x の2次方程式 $x^2 - ax + b = 0$ の解が有理数となる確率

〔お茶の水女子大学附属高〕

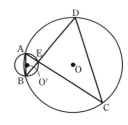

229 右の図のように、4点 A, B, C, D が円 O の周上にあり、AC と BD の交点を E とする。AB=6 cm, AC=CD=24 cm, BD=21 cm であるとき、次の □ にあてはまる数を求めよ。

(1) AE = □ cm である。

(2) 3点 A, B, E を通る円の中心 O′ と E を結ぶ直線が、CD と交わる点を F とするとき、EF = □ cm である。

(3) AD = □ cm である。

〔筑波大学附属高〕

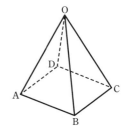

230 右の図のような、頂角が30°、底辺の長さが $2\sqrt{6}$ の合同な二等辺三角形4個を側面とする正四角錐 OABCD がある。

動点 P は A から側面の △OAB, △OBC, △OCD の上をこの順に通って D に達する。P が最短距離を動くとき、辺 OB, OC 上の通過点をそれぞれ L, M とする。

次の問いに答えよ。

(1) AL, OA, LM の長さをそれぞれ求めよ。

(2) 点 L から辺 AD に垂線 LH をひく。AH の長さを求めよ。

〔慶応義塾女子高〕

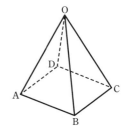

解答 ➡ 別冊 p.137

□ **231** 次の (1), (2) に答えよ。

(1) 右の表は，ある1週間における A 市の最高気温をまとめたものである。？となっている欄のデータは不明である。

	日	月	火	水	木	金	土
最高気温（度）	？	33	32	29	22	21	？

7日間の最高気温の平均は 27 度で，前半3日間の平均が後半4日間の平均よりも7度高いことがわかっているとき，7日間の最高気温の中央値は □ 度である。

〔筑波大学附属高〕

(2) 大小2つのさいころを同時に投げる。大きいさいころの出た目の数を x とし，小さいさいころの出た目の数を y として，点 P の座標を (x, y) とする。3点 O, A, B の座標をそれぞれ $(0, 0)$, $(7, 1)$, $(7, 8)$ とするとき，点 P が △OAB の内部にある確率を求めよ。ただし，△OAB の辺上は △OAB の内部にはふくめないものとする。

〔東京学芸大学附属高〕

□ **232** 座標平面上に放物線 $C : y = x^2$ がある。原点 O を通り，傾きが1である直線と C の O 以外の交点を A_1 とする。A_1 を通り傾きが -1 である直線と C の A_1 以外の交点を A_2，A_2 を通り傾きが1である直線と C の A_2 以外の交点を A_3，A_3 を通り傾きが -1 である直線と C の A_3 以外の交点を A_4，以下同じように A_5, A_6, A_7 …… と順に点をとる。このとき，次の問いに答えよ。

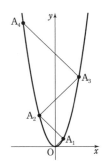

(1) A_2, A_3 の座標を求めよ。

(2) $OA_1 + A_1A_2 + A_2A_3 + A_3A_4 + \cdots\cdots + A_{17}A_{18}$ の値を求めよ。

(3) $OA_1{}^2 - A_1A_2{}^2 + A_2A_3{}^2 - A_3A_4{}^2 + \cdots\cdots + A_{n-2}A_{n-1}{}^2 - A_{n-1}A_n{}^2$ の値が -576 となるような自然数 n を求めよ。

〔市川高〕

□ **233** 円周上に 4 点 A, B, C, D があり，AC と BD の交点を E とする。DE＝1，BC＝$3\sqrt{2}$，AB＝AD である。

DC＝x，EC＝y として，次の問いに答えよ。

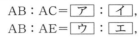

(1) 次の $\boxed{ア}$ ～ $\boxed{オ}$ にもっとも適切な数，または x を用いた式を入れよ。

$$AB : AC = \boxed{ア} : \boxed{イ},$$
$$AB : AE = \boxed{ウ} : \boxed{エ},$$
$$AE : AC = 1 : \boxed{オ}$$

(2) 点 E が線分 AC の中点であるとき，x，y の値を求めよ。

(3) (2)のとき，△ABC を直線 AC のまわりに 1 回転させた立体の体積を求めよ。ただし，円周率は π とする。

〔慶応義塾女子高〕

□ **234** 「分母，分子とも正の整数で，分母と分子が 1 以外の公約数をもたない分数のうち，1 より小さいもの」…… (*) について，次の問いに答えよ。

(1) (*)の中で，分母が 15 のもののうち，小さい方から 3 つ目の分数と大きい方から 3 つ目の分数の和を求めよ。

(2) (*)の中で，分母が 225 の分数の個数を求めよ。

(3) (*)の中で，分母が 225 の分数のすべての和を求めよ。

〔東大寺学園高〕

□ **235** 1 辺の長さが 1 の立方体 ABCD-EFGH がある。3 点 B, D, E を通る平面を P とし，平面 P と平行な平面 Q でこの立方体を切る。

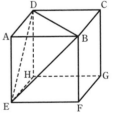

(1) 点 A と平面 P との距離を求めよ。

(2) 点 A と平面 Q との距離が $\dfrac{\sqrt{3}}{9}$ のとき，切り口の図形の面積を求めよ。

(3) 辺 BC 上に BI : IC＝1 : 3 となるように点 I をとる。平面 Q が点 I を通るとき，次のものを求めよ。

(ア) 点 A と平面 Q との距離

(イ) 平面 Q で分けられた 2 つの立体のうち，頂点 A をふくむ方の立体の体積

〔桐朋高〕

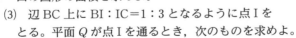

□236　次の(1)～(3)に答えよ。

(1)　$\dfrac{\dfrac{3}{4}+\dfrac{1}{20}}{\dfrac{7}{12}+\dfrac{1}{1+\dfrac{1}{2}}}$ を計算せよ。

〔お茶の水女子大学附属高〕

(2)　20^{21} は何桁の数か。なお，$2^{10}=1024$ である。

〔改 筑波大学附属駒場高〕

(3)　次の空欄にあてはまる数を入れよ。

2次方程式 $x^2-2x-1=0$ の解のうち，大きい方を a，小さい方を b とする。

このとき，$a=$ ⁷□，$b=$ ⁱ□ である。また，$a+b$ と ab が2次方程式 $x^2+cx+d=0$ の解のとき，$c=$ ⁿ□，$d=$ ェ□ である。

〔四天王寺高〕

□237　図のように半径3の2つの球 S_1，S_2 が，互いに外接するように平面 P 上に置いてある。半径1の球 S_3 が球 S_1，S_2 の少なくとも一方と接し，かつ平面 P とも接しながら動くとき，球 S_3 と平面 P の接点が描く曲線で囲まれる図形の面積を求めよ。

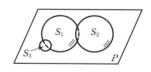

〔ラ・サール高〕

238 3個のさいころ A，B，C を同時に1回投げる。A の出た目の数を a，B の出た目の数を b，C の出た目の数を c とする。このとき，次の問いに答えよ。

(1) $\dfrac{3}{a}+\dfrac{2}{b}$ の値が整数となる確率を求めよ。

(2) $a+b+c$ が奇数になる確率を求めよ。

(3) $a<b<c$ となる確率を求めよ。

(4) $\sqrt{abc}$ が整数となる確率を求めよ。

［青雲高］

239 点 C(0，3) を中心とする半径 $\sqrt{6}$ の円が，放物線 $y=\dfrac{1}{2}x^2$ と異なる4点で交わっている。その4つの交点の中で x 座標が正である2つの点のうち，原点 O に近い方を P，遠い方を Q とする。また，PC を延長した直線と円の交点を R とし，円と y 軸の交点のうち原点 O に近い方を S とする。点 P の y 座標を a とおくとき，次の問いに答えよ。

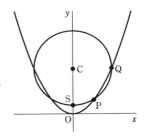

(1) 次の (ア) ～ (ウ) にもっとも適切な数や式を入れよ。
　点 P はこの放物線上にあるので，その x 座標を a で表すと ア[　] であり，CP^2 を a で表すと イ[　] となる。また，点 P は点 C を中心とする半径 $\sqrt{6}$ の円周上にあることから，$a=$ ウ[　] となる。

(2) おうぎ形 CSQ の面積を求めよ。ただし，円周率は π とする。

(3) △PRS の面積を求めよ。

［慶応義塾女子高］

240 右の図のように，1辺の長さが6の立方体の展開図があり，3点 A，B，C をとる。A は正方形の頂点で，B，C は正方形の1辺の中点である。これを組み立てて立方体を作り，3点 A，B，C を通る平面で立方体を切った。

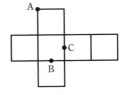

(1) 切り口の形は [　] 角形である。

(2) 切り口の周の長さは [　] である。

(3) 2つに分かれた立体のうち，小さい方の体積は [　] である。

［大阪星光学院高］

□ **241** 次の (1), (2) に答えよ。

(1) △ABC は ∠A＝120°, AB＝AC の二等辺三角形である。△ABC の内接円の面積を S_1, 外接円の面積を S_2 とするとき, $S_1 : S_2 =$ □ ：1 である。

〔大阪星光学院高〕

(2) x についての 2 次方程式 $x^2-(a^2-4a+5)x+5a(a-4)=0$ において, a が正の整数であるとき, 次の各問いに答えよ。

(ア) この 2 次方程式の解が 1 つになるような a の値を求めよ。

(イ) この 2 次方程式の 2 つの解の差の絶対値が 8 になるような a の値をすべて求めよ。

〔明治大学付属明治高〕

□ **242** 右の図の線分 AB を用いて, ∠CAB＝75°, AB＝AC を満たす点 C をすべて作図せよ。ただし, 作図に用いた線は消さずに残しておくこと。

〔お茶の水女子大学附属高〕

□ **243** AD∥BC, ∠ABC＝∠DCB である台形 ABCD に, 右図のように点 O を中心とする円が内接している。OA＝15 cm, OB＝20 cm のとき, この台形 ABCD の面積は □ cm² である。

〔12 灘高〕

□**244** 中心 O，半径 6 cm の球面 S 上に 2 点 A，B があり，線分 AB の長さが 6 cm のとき，次の ☐ にあてはまる数を求めよ。

(1) S 上に点 C を，△ABC の面積が最大となるようにとるとき，△ABC の面積は ☐ cm² である。

(2) S 上に点 D を，∠ADB＝60° となるようにとるとき，3 点 A，B，D を通る平面と点 O との距離は ☐ cm である。

(3) S 上に点 E を，∠AEB＝45°，∠AEO＝60° となるようにとるとき，四面体 OABE の体積は ☐ cm³ である。

〔筑波大学附属高〕

□**245** 正の整数 x，n に対し，次のような条件を考える。

　【条件】　$\dfrac{x}{n}$ を小数で表したとき，ちょうど小数第 3 位で終わる

ただし，「$\dfrac{x}{n}$ を小数で表したとき，ちょうど小数第 3 位で終わる」とは，「$\dfrac{x}{n} \times 1000$ が整数となり，かつ $\dfrac{x}{n} \times 100$ が整数とならない」ことである。

(1) $x=75$ のとき，上の【条件】を満たす n の個数を求めよ。

(2) 上の【条件】を満たす正の整数 n の個数が 20 個であるような 2 桁の正の整数 x を求めるために，以下の枠内のように考えた。

---

　　k，l を 0 以上の整数として，$x=2^k \times 5^l \times A$ と表されたとする。ただし，$2^0=5^0=1$ とし，A は 2，5 を約数に持たない正の整数である。

　　このとき，A の正の約数の個数を m とすると，$1000x$ の正の約数の個数は $\left(^{ア}\boxed{} \right) \times m$ となり，$100x$ の正の約数の個数は $\left(^{イ}\boxed{} \right) \times m$ となる。したがって，上の【条件】を満たす n の個数は $\left(^{ウ}\boxed{} \right) \times m$ と表される。<u>これが 20 に等しいことと，x が 2 桁の整数であることから m の値が 1 つに決まり</u>，k，l の間に関係式 $^{エ}\boxed{}$ が成り立つ。このとき，x の 2，5 以外の素因数は 1 つだけであることもわかり，この素因数を p とすると $x=2^k \times 5^l \times p$ となる。

　　以上を利用すると，x が 2 桁の正の整数であることから，$k=^{オ}\boxed{}$ または $k=^{カ}\boxed{}$ とわかり，求める数は $x=^{キ}\boxed{}$ となる。

---

① $^{ア}\boxed{}$ ～ $^{キ}\boxed{}$ に最も適切に当てはまる数または式を答えよ。ただし，$^{キ}\boxed{}$ については当てはまる正の整数をすべて答えること。

② 枠内の下線部について，m の値が 1 つに決まる理由を述べ，その m の値を答えよ。

〔開成高〕

□**246** 次の (1), (2) に答えよ。

(1) 正の数 a の小数部分を b とする。a, b が $a^2+b^2=44$ を満たすとき，a の値を求めよ。ただし，ある正の数 x に対して，$n \leqq x < n+1$ を満たす整数 n に対し，$x-n$ を x の小数部分という。

[西大和学園高]

(2) 2 つの関数 $y=ax-6$, $y=bx^2$ は x の変域が $-3 \leqq x \leqq 2$ のとき，y の変域が一致する。a, b の値の組を求めよ。

[ラ・サール高]

□**247** 古代ギリシャの偉人アルキメデスは，ひとつの円に対し，すべての辺が外側から接するような正 n 角形 …… ① と，すべての頂点が円周上にある正 n 角形 …… ② を考え，

（② の面積）<（円の面積）<（① の面積）

…… (*)

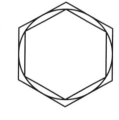

という関係から円周率 π の値に迫った。（右の図は $n=6$ の場合である。）正 n 角形は n が大きくなればなるほど，円に近づいていくので，アルキメデスは最終的に正九十六角形で先のような方法で，当時としては驚くべき正確さで円周率 π の値を求めようとした。

今，円の半径を 1 とし，アルキメデスにならって円周率 π の値について調べてみよう。

(1) $n=6$ のとき，(*) の関係式を用いて $2.595 < \pi < 3.46$ であることを証明せよ。ただし，$\sqrt{3}=1.73$ として計算せよ。

(2) $n=12$ のとき，(*) の関係式を用いて $3 < \pi < 3.24$ であることを証明せよ。ただし，$\sqrt{3}=1.73$ として計算せよ。

[大阪教育大学附属天王寺高]

248 座標平面において，△ABC の各頂点の座標を A$(0,\ 3\sqrt{3}\ )$，B$(-3,\ 0)$，C$(3,\ 0)$ とし，G$(0,\ \sqrt{3}\ )$ とする。このとき，点 P$(2,\ 0)$ を通り，△ABC の面積を 2 等分する直線 ℓ の式を求めよ。

さらに，直線 PG と辺 AB との交点を Q とするとき，△BPQ の面積 S を求めよ。

〔開成高〕

249 図のような側面がすべて長方形である三角柱 ABC-DEF があり，AB＝3，AC＝6，AD＝6，∠BAC＝90° とする。

AC の中点を G，BC を 1：2 に分ける点を H とし，G から DF にひいた垂線と DF との交点を I，H から EF にひいた垂線と EF との交点を J とする。次の問いに答えよ。

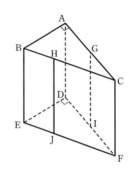

(1) 3 点 G，H，E を通る平面と DF との交点を K とするとき，DK の長さを求めよ。

(2) (1)のとき，四角錐 G-KEJI の体積を求めよ。

(3) 三角錐 G-HEJ の体積を求めよ。

〔東大寺学園高〕

250 右図の直方体 ABCD-EFGH において，四角形 ABCD は 1 辺の長さが 4 の正方形で，AE＝24 である。また，K，L，M はそれぞれ辺 AE，BF，DH の中点である。1 個のさいころを 3 回投げて，出た目の数を順に a，b，c とするとき，線分 KE 上に KP＝a となる点 P をとり，線分 LF 上に LQ＝b となる点 Q をとり，線分 MH 上に MR＝c となる点 R をとる。そして，3 点 P，Q，R を通る平面と直線 CG の交点を S とおく。

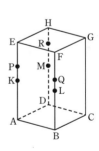

(1)の ☐ 内に適する数を記入し，(2)の問いに答えよ。

(1) 四角形 PQSR が長方形となる確率は ⁷☐，ひし形となる確率は ⁴☐ である。

(2) 線分 PS の長さを x とおく。

　(ア) x が整数であるとき，x のとりうる値をすべて求めよ。

　(イ) x が整数となる確率を求めよ。

〔13 灘高〕

分野別問題索引

・それぞれ問題を「数と式」,「関数」,「図形」,「データの活用」の 4 つの分野に分け,さらに,複数の項目に分けて掲載した。

学校別問題索引

・数字は問題番号を示す。「高等学校」は省略した。
・◎印は国立の高等学校，○印は公立の高等学校，無印は私立の高等学校である。

◇◆ 公式集 ◆◇

式の計算，平方根，2次方程式

■ 展開の公式

(1) $(x+a)(x+b)=x^2+(a+b)x+ab$

(2) $(x+a)^2=x^2+2ax+a^2$

$(x-a)^2=x^2-2ax+a^2$

(3) $(x+a)(x-a)=x^2-a^2$

■ 因数分解

(1) 共通因数でくくる。

$ma+mb=m(a+b)$

$ma+mb-mc=m(a+b-c)$

(2) 因数分解の公式を用いる。

$x^2+(a+b)x+ab=(x+a)(x+b)$

$x^2+2ax+a^2=(x+a)^2$

$x^2-2ax+a^2=(x-a)^2$ $x^2-a^2=(x+a)(x-a)$

■ 根号をふくむ式の計算

$a>0$, $b>0$, $k>0$ とする。

① 平方根の乗法・除法

$$\sqrt{a}\times\sqrt{b}=\sqrt{ab} \qquad \sqrt{k^2a}=k\sqrt{a} \qquad \frac{\sqrt{b}}{\sqrt{a}}=\sqrt{\frac{b}{a}} \qquad \sqrt{\frac{a}{k^2}}=\frac{\sqrt{a}}{k}$$

② 分母の有理化 $\dfrac{1}{\sqrt{a}}=\dfrac{1\times\sqrt{a}}{\sqrt{a}\times\sqrt{a}}=\dfrac{\sqrt{a}}{a}$

③ 根号をふくむ式の加法・減法 $m\sqrt{a}+n\sqrt{a}=(m+n)\sqrt{a}$

■ 2次方程式の解法

(1) $(x-a)(x-b)=0$ の解は $x=a,\ b$

(2) $x^2=k\ (k\geqq0)$ の解は $x=\pm\sqrt{k}$

(3) $(x+m)^2=k\ (k\geqq0)$ の解は $x=-m\pm\sqrt{k}$

(4) 解の公式 $ax^2+bx+c=0$ の解は $x=\dfrac{-b\pm\sqrt{b^2-4ac}}{2a}$

データの活用，確率

■ データの整理とその活用

① 範囲 （範囲）＝（最大の値）－（最小の値）

② 度数分布表 各階級の度数を表にしたもの。

③ （相対度数）＝$\dfrac{（その階級の度数）}{（度数の合計）}$

④ 四分位数 データを大きさの順に並べたとき，4等分する位置にくる値。

⑤ 箱ひげ図

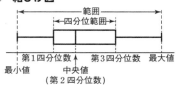

■ 確率

(1) 同様に確からしい どの場合が起こることも同じ程度に期待できること。

(2) 確率＝$\dfrac{ことがらAの起こる場合の数}{起こりうるすべての場合の数}$

(3) （Aの起こらない確率）＝1－（Aの起こる確率）

■ 関 数

■ 比例のグラフ

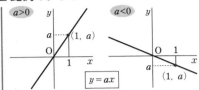

(1) 原点を通る直線
(2) $a>0$ のとき　右上がり
　　$a<0$ のとき　右下がり

■ 反比例のグラフ

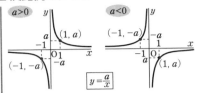

(1) 双曲線とよばれる曲線
(2) 原点について点対称
(3) $a>0$ のとき　x が増加するとき
　　y は減少する。
　　$a<0$ のとき　x が増加するとき
　　y も増加する。

■ 1次関数

① 1次関数 $y=ax+b$ の値の変化

(1) x の値が増加するとき，y の値は　$a>0$ ならば増加，$a<0$ ならば減少

(2) **(変化の割合)** $=\dfrac{(y \text{ の増加量})}{(x \text{ の増加量})}=a$ (一定)

② 1次関数 $y=ax+b$ のグラフ

(1) **傾き** a，**切片** b の直線
(2) **直線** $y=ax+b$ の傾き a は，
　　1次関数 $y=ax+b$ の
　　変化の割合 a に等しい。
(3) $a>0$ のとき　右上がりの直線
　　$a<0$ のとき　右下がりの直線

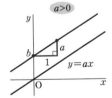
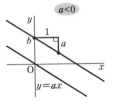

■ 関数 $y=ax^2$

① 関数 $y=ax^2$ のグラフ

(1) 原点を通る　　(2) y 軸について対称　　(3) 放物線

$a>0$ のとき
　　上に開く
　　$x<0$ で減少
　　$x>0$ で増加

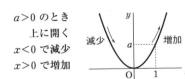

$a<0$ のとき
　　下に開く
　　$x<0$ で増加
　　$x>0$ で減少

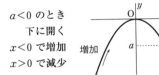

② 関数 $y=ax^2$ の変化の割合

$(\text{変化の割合})=\dfrac{(y \text{ の増加量})}{(x \text{ の増加量})}$

図　形

■ 作図

線分の垂直二等分線・中点

角の二等分線

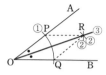

直線への垂線

■ 円

① **半径 r の円**　周の長さ $\ell=2\pi r$　面積 $S=\pi r^2$　　② 　円の接線は，接点を通る半径に垂直。

■ 立体の体積と表面積

① **角錐・円錐の体積**　$\dfrac{1}{3}\times$底面積$\times$高さ

② **半径 r，中心角 $a°$ のおうぎ形**　弧の長さ $\ell=2\pi r\times\dfrac{a}{360}$　　面積 $S=\pi r^2\times\dfrac{a}{360}=\dfrac{1}{2}\ell r$

③ **半径 r の球**　体積 $=\dfrac{4}{3}\pi r^3$　表面積 $=4\pi r^2$

■ 三角形の合同と相似

① **三角形の合同条件**　次のいずれかが成り立てば合同。

(1)　3 組の辺　　　　　(2)　2 組の辺とその間の角　　　(3)　1 組の辺とその両端の角

② **三角形の相似条件**

(1)　3 組の辺の比がすべて等しい。　　　　　　　$a:a'=b:b'=c:c'$

(2)　2 組の辺の比とその間の角がそれぞれ等しい。　$a:a'=c:c'$, $\angle B=\angle B'$

(3)　2 組の角がそれぞれ等しい。　　　　　　　　$\angle B=\angle B'$, $\angle C=\angle C'$

(1) 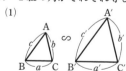　(2) 　(3)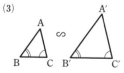

■ 三角形と四角形

① **二等辺三角形**　**定義**　2 辺が等しい三角形

　定理　(1)　$AB=AC$　ならば　$\angle B=\angle C$

　　　　　(2)　$AB=AC$，$\angle BAD=\angle CAD$

　　　　　　　ならば　$AD\perp BC$，$BD=CD$

　　　　　(3)　$\angle B=\angle C$　ならば　$AB=AC$

(1) 　(2)

② **正三角形**　**定義**　3 辺が等しい三角形

　定理　$\triangle ABC$ で，$AB=BC=CA \Longleftrightarrow \angle A=\angle B=\angle C$

③ 平行四辺形

定義 2組の対辺がそれぞれ平行な四角形

定理 (1) 2組の対辺はそれぞれ等しい。
(AB＝DC，AD＝BC)

(2) 2組の対角はそれぞれ等しい。
($\angle A＝\angle C$，$\angle B＝\angle D$)

(3) 対角線はそれぞれの中点で交わる。
(AO＝CO，BO＝DO)

④ いろいろな四角形

(1) **長方形**　　(2) **ひし形** 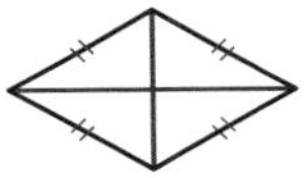　　(3) **正方形**

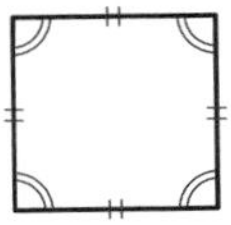

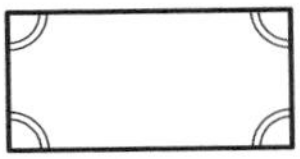

■ 平行線と線分の比

① △ABC の辺 AB，AC 上にそれぞれ点 D，E をとる。DE∥BC ならば

(1) AD：AB＝AE：AC＝DE：BC

(2) AD：DB＝AE：EC

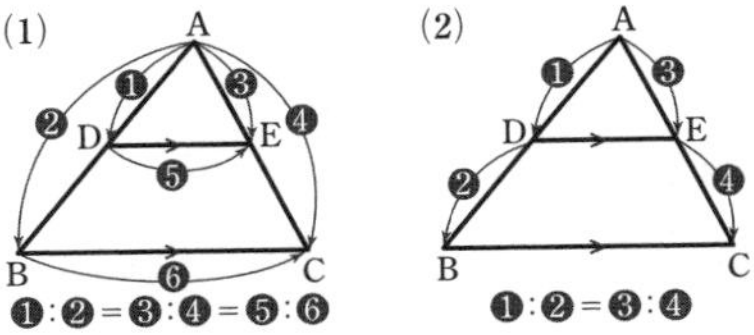

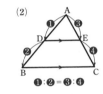

② 中点連結定理

△ABC の 2 辺 AB，AC の中点をそれぞれ M，N とすると

$$MN∥BC，\quad MN＝\frac{1}{2}BC$$

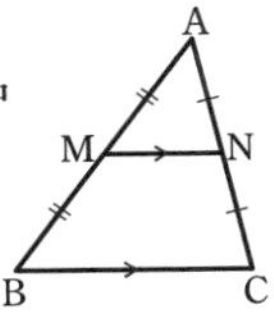

③ 角の二等分線と線分の比

△ABC において，
$\angle A$ の二等分線と辺 BC
の交点を D とすると

AB：AC＝BD：DC

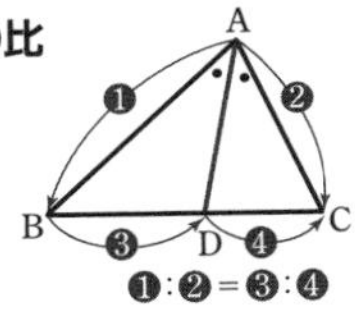

■ 円周角の定理

① 円周角の定理　右の図において

(1) $\angle APB＝\dfrac{1}{2}\angle AOB$　　(2) $\angle APB＝\angle AQB$

(3) 線分 AB が直径 ⟺ $\angle APB＝90°$

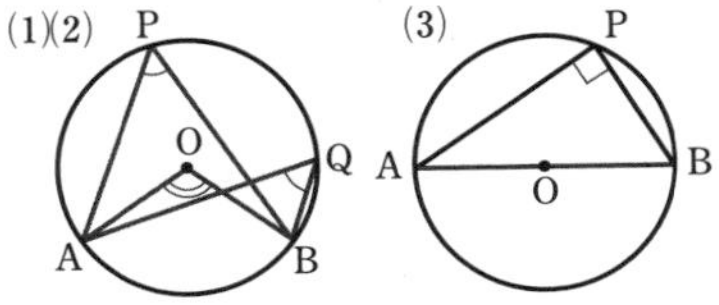

② 円周角の定理の逆

2 点 C，P が直線 AB について同じ側にあるとき，
$\angle APB＝\angle ACB$ ならば，4 点 A，B，C，P は 1 つの円周上にある。

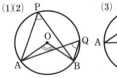

■ 三平方の定理

① 三平方の定理

直角三角形の直角をはさむ 2 辺の長さを a，b，斜辺の長さを c とすると，
$a^2＋b^2＝c^2$ が成り立つ。

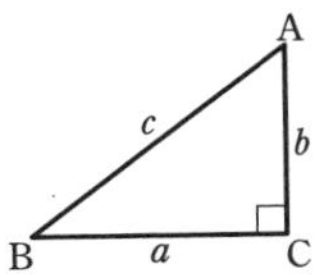

② 三平方の定理の逆

3 辺の長さが a，b，c である三角形において，$a^2＋b^2＝c^2$ が成り立つならば，その三角形は，長さ c の辺を斜辺とする直角三角形である。

111

●編著者

　チャート研究所

●表紙・カバーデザイン

　アーク・ビジュアル・ワークス（宮部周一郎）

●本文デザイン

　株式会社 加藤文明社

───────────

編集・制作　チャート研究所
発行者　　　　　星野 泰也

第 1 刷　2023年11月1日　発行

ISBN978-4-410-15552-9

チャート式® 難関校受験対策
ハイレベル中学数学問題集

発行所　**数研出版株式会社**

〒101-0052 東京都千代田区神田小川町2丁目3番地3
　　　　　〔振替〕00140-4-118431
〒604-0861 京都市中京区烏丸通竹屋町上る大倉町205番地
〔電話〕　代表　(075)231-0161
ホームページ　https://www.chart.co.jp
印刷　株式会社 加藤文明社
乱丁本・落丁本はお取り替えいたします　　230901

本書の一部または全部を許可なく複写・複製することおよび本書の解説書，問題集ならびにこれに類するものを無断で作成することを禁じます。

「チャート式」は，登録商標です。

Mathematics

チャート式

難関校受験対策

ハイレベル中学数学問題集

| 別冊解答編 |

数研出版
https://www.chart.co.jp

解答編

構成

❶ 答
問題の答（数値と図のみ）
を掲載しています。

❷ 問題番号，
問題内容の簡単なタイトル，
難易度（★ ～ ★★★★ の 4 段階）

❸ 考え方
問題のポイント
や解法の方針を
示しています。

❹ 解説
問題の解答例を
示しました。
特に重要な箇所
は赤字にし，最
終の答の数値な
どは太字にして
います。

知っておくと便利！
教科書ではあまり
扱わない知識や定
理などを紹介して
います。

問題の難易度について

★‥‥‥‥‥‥‥‥教科書本文の知識で解けるレベル

★★‥‥‥‥‥‥‥教科書の発展部分までの知識で解けるレベル

★★★‥‥‥‥‥国公立・有名私立高校入試問題の標準～やや難レベル

★★★★‥‥‥‥国公立・有名私立高校入試問題の難問レベル

標準コース

▶ 第1回 → 本冊 p.4～5

1

答 (1) -16 (2) $x=1,\ -2$

     (3) $\dfrac{2}{3}$ (4) $31°$

1 (1) 四則混合計算   ★☆☆☆

考え方

⚡ 先にやるのが（ ）と ×，÷

+ と − はあとまわし

解説

$$\{5-6\times\frac{3}{2}+(-2^4)\}-(-3)^4\times\frac{5}{9}+7^2$$

$$=(5-9-16)-81\times\frac{5}{9}+49$$

$$=-20-45+49=-16$$

1 (2) 2次方程式の解き方   ★☆☆☆

解説

$$x(x+9)+(2x-1)^2=11$$

整理すると $x^2+x-2=0$

$$(x-1)(x+2)=0$$

よって $x=1,\ -2$

1 (3) 確率   ★★☆☆

考え方

「少なくとも1つが～」の確率

→「どれも～でない」を考える

⚡（A でない確率）$=1-$（A である確率）

（少なくとも1人は勝つ確率）

$=1-$（1人も勝たない確率）

解説

3人の手の出し方は $3\times3\times3=27$（通り）

これらは同様に確からしい。

1人も勝たないとき，すなわち，あいこになるのは，3人とも同じ手を出すときと，3人とも異なる手を出すときである。

3人とも同じ手を出すのは   3通り

3人とも異なる手を出すのは

$$3\times2\times1=6\text{（通り）}$$

したがって，あいこになるのは

$3+6=9$（通り）

よって，求める確率は $1-\dfrac{9}{27}=\dfrac{2}{3}$

注意 同様に確からしい

どの場合が起こることも同じ程度に期待できるとき，各場合の起こることは**同様に確からしい**という。これ以降，「同様に確からしい」ことの確認は省略することがある。

1 (4) 円   ★★☆☆

考え方

⚡ 平行線には   同位角・錯角

二等辺三角形の性質（底角は等しい）と，円の接線はその円の半径に垂直であることに注意。

解説

線分 CA をひき，直線 ℓ 上に図のように点 D をとる。$\triangle$ABC，$\triangle$APC はともに二等辺三角形であるから

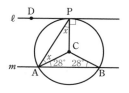

$$\angle\text{BAC}=\angle\text{ABC}=28°$$

$\angle$APC$=\angle x$ とすると

$$\angle\text{APC}=\angle\text{PAC}=\angle x$$

$\ell/\!/m$ より，錯角は等しいから

$$\angle\text{DPA}=\angle\text{PAB}=\angle x+28°$$

円の接線は，接点を通る半径に垂直であるから $\angle$CPD$=90°$

よって $(\angle x+28°)+\angle x=90°$

すなわち $\angle x=31°$

したがって $\angle$APC$=31°$

2 2次方程式の利用   ★★☆☆

答 cm

考え方

求める数量を x とおいて方程式をたてる

AP$=x$ とすると，CQ$=x$ で，$\triangle$PBQ の面積を x の式で表すことができる。x の範囲に注意。

解説

AP の長さを x cm とすると，CQ の長さも x cm である。よって

$$\triangle\text{PBQ}=\frac{1}{2}\times(3-x)\times(4-x)\ (\text{cm}^2)$$

これが 2 cm² になるとき
$$\frac{1}{2}(3-x)(4-x)=2$$

整理すると　　　$x^2-7x+8=0$

これを解くと　　$x=\dfrac{7\pm\sqrt{17}}{2}$

$0<x<3$ であるから　AP$=\dfrac{7-\sqrt{17}}{2}$ **(cm)**

3 放物線と直線，面積の比　★★★☆

<blockquote>
答 (1)　$a=-\dfrac{1}{4}$　　　(2)　$y=-x-3$

(3)　12　　(4)　$y=-3$
</blockquote>

考え方

(2)　まず，点 B の座標を求める。
　**高さが等しい三角形の面積比は，底辺の長さの
　比に等しいから，△OAC：△OBC＝3：1 より
　　　　　AC：BC＝3：1**

(4)　求める直線と線分 OA の交点を D として，点
　D の座標を文字で表す。

解説

(1)　点 A は関数 $y=ax^2$ のグラフ上にある
　から　　　　$-9=a\times6^2$

　よって　　　**$a=-\dfrac{1}{4}$**

(2)　△OAC：△OBC＝3：1 より
　　　　　AC：BC＝3：1
　点 A，B から x 軸にひいた垂線と x 軸と
　の交点を，それぞれ A′，B′ とすると
　　　　　AA′ // BB′
　よって，
　　OA′：OB′＝AC：BC
　であるから
　　　6：OB′＝3：1
　　　OB′＝2
　したがって，点 B の
　x 座標は　-2

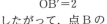

　点 B は関数 $y=-\dfrac{1}{4}x^2$ のグラフ上にあ

　るから，その y 座標は

　　　$y=-\dfrac{1}{4}\times(-2)^2=-1$

　よって，点 B の座標は　　$(-2,\ -1)$

直線 AB の傾きは $\dfrac{-9-(-1)}{6-(-2)}=-1$ で

あるから，直線 AB の式は $y=-x+b$ と
おける。
　直線 AB は点 A を通るから
　　$-9=-6+b$
　　$b=-3$
　よって，直線 AB の式は　　**$y=-x-3$**

(3)　点 C の座標は　$(0,\ -3)$

　△OAC$=\dfrac{1}{2}\times3\times6=9$,

　△OBC$=\dfrac{1}{2}\times3\times2=3$　であるから

　　△OAB＝△OAC＋△OBC
　　　　　$=9+3=$**12**

(4)　$\dfrac{1}{2}$△OAB$=\dfrac{1}{2}\times12=6$, △OBC$=3$

　であるから，点 C を通り △OAB の面積
　を 2 等分する直線は線分 OA と交わり，
　その交点を D とすると
　　　△OCD＝6-3＝3

　直線 OA の傾きは $\dfrac{-9}{6}=-\dfrac{3}{2}$ であるか

　ら，直線 OA の式は　　　$y=-\dfrac{3}{2}x$

　よって，点 D の座標は $\left(d,\ -\dfrac{3}{2}d\right)$ とお

　ける。
　△OCD＝3 より　　　$\dfrac{1}{2}\times3\times d=3$
　　　　　　　　　　　　　　$d=2$

　このとき，$-\dfrac{3}{2}d=-\dfrac{3}{2}\times2=-3$ である

　から，点 D の座標は　$(2,\ -3)$
　求める直線は 2 点 C，D を通るから，そ
　の式は　　　　　**$y=-3$**

4 連立方程式の利用　★★☆☆

<blockquote>
答 A：420 個，B：480 個
</blockquote>

考え方

A の個数を x, B の個数を y とおいて式をたてる。

解説

A を x 個，B を y 個仕入れたとする。
1 日目の売れた総数について

$$\frac{75}{100}x+\frac{30}{100}y=\frac{1}{2}(x+y)+9$$

$$15x+6y=10(x+y)+180$$

$$5x-4y=180 \quad\cdots\cdots ①$$

2日目の売れた総数について

$$\frac{25}{100}x+\frac{70}{100}y\times\frac{1}{2}=273$$

$$\frac{1}{4}x+\frac{7}{20}y=273$$

$$5x+7y=5460 \quad\cdots\cdots ②$$

②－① より $\quad 11y=5280$

$$y=480$$

$y=480$ を ① に代入すると

$$5x-1920=180$$

$$x=420$$

これらは問題に適している。

よって　　**A：420 個，B：480 個**

5 三平方の定理と空間図形 ★★★☆

答 (1) $2\sqrt{2}$ cm³ 　　(2) $3\sqrt{3}$ cm²

　　(3) $\dfrac{2\sqrt{6}}{3}$ cm

考え方

(1), (2) 直角三角形を見つけて 三平方の定理

(3) 底面と高さのとらえ方が違っても，三角錐の **体積は同じ**である。

解説

(1)　点 A から △OBC にひいた垂線を AH とする。

△OBC の高さは $6\times\dfrac{\sqrt{3}}{2}=3\sqrt{3}$ (cm) で，

点 H は △OBC の重心であるから

$$OH=3\sqrt{3}\times\frac{2}{3}=2\sqrt{3} \text{ (cm)}$$

よって，△AHO において，三平方の定理 により $\quad AH^2=6^2-(2\sqrt{3})^2=24$

AH>0 より $\quad AH=2\sqrt{6}$ (cm)

また，△ODE の面積は

$$\triangle ODE=\frac{1}{2}\times2\times2\times\frac{\sqrt{3}}{2}=\sqrt{3} \text{ (cm}^2)$$

したがって，三角錐 OADE の体積は

$$\frac{1}{3}\times\sqrt{3}\times2\sqrt{6}=2\sqrt{2} \text{ (cm}^3)$$

(2)　△ABO において，点 A から辺 BO に ひいた垂線を AF とすると

$$AF=3\sqrt{3} \text{ (cm)}, \quad FD=1 \text{ (cm)}$$

△AFD において，三平方の定理により

$$AD^2=(3\sqrt{3})^2+1^2=28$$

AD>0 より $\quad AD=2\sqrt{7}$ (cm)

同様にして $\quad AE=2\sqrt{7}$ (cm)

よって，△ADE において，点 A から辺 DE にひいた垂線を AG とすると

$$AG^2=(2\sqrt{7})^2-1^2=27$$

AG>0 より $\quad AG=3\sqrt{3}$ (cm)

したがって

$$\triangle ADE=\frac{1}{2}\times2\times3\sqrt{3}=3\sqrt{3} \text{ (cm}^2)$$

(3)　求める垂線の長さを h cm とすると， 三角錐 OADE の体積について

$$\frac{1}{3}\times3\sqrt{3}\times h=2\sqrt{2}$$

$$h=\frac{2\sqrt{6}}{3}$$

よって，求める垂線の長さは　　$\dfrac{2\sqrt{6}}{3}$ **cm**

知っておくと便利！

1辺が a の正三角形の面積は $\dfrac{\sqrt{3}}{4}a^2$

証明　図のように，頂点から対 辺に垂線をひくと，3つの角 が30°，60°，90°の直角三角形 ができる。 この3辺の長さの比は 1：2：$\sqrt{3}$ であるから，1辺 が a の正三角形の面積は

$$\frac{1}{2}\times a\times\frac{\sqrt{3}}{2}a=\frac{\sqrt{3}}{4}a^2$$

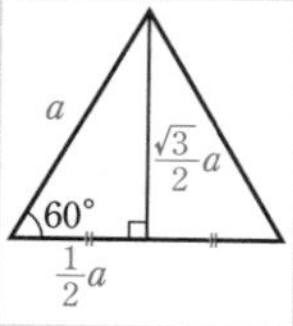

このことを利用すると，(1)で，1辺の長さが 2 cm の正三角形 ODE の面積は $\dfrac{\sqrt{3}}{4}\times2^2=\sqrt{3}$ (cm²) と求まる。

知っておくと便利！

1辺の長さが a である正四面 体について

高さは $\dfrac{\sqrt{6}}{3}a$

体積は $\dfrac{\sqrt{2}}{12}a^3$

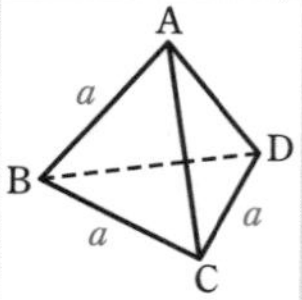

証明 辺 BC の中点を M と
し，頂点 A から底面 BCD へ垂線 AH をひく。

△BCD は正三角形であるから $DM = \dfrac{\sqrt{3}}{2}a$

点 H は △BCD の重心であるから

$$DH = \dfrac{2}{3}DM = \dfrac{\sqrt{3}}{3}a$$

△ADH において，三平方の定理により

$$AH = \sqrt{a^2 - \left(\dfrac{\sqrt{3}}{3}a\right)^2} = \dfrac{\sqrt{6}}{3}a$$

よって，立体の体積は

$$\dfrac{1}{3} \times \dfrac{\sqrt{3}}{4}a^2 \times \dfrac{\sqrt{6}}{3}a = \dfrac{\sqrt{2}}{12}a^3$$

(1)では，$OD : OB = 1 : 3$ より，

$△ODE = \dfrac{1}{9}△OBC$ であるから，上のことを利用

すると

$$(\text{三角錐 OADE}) = \dfrac{\sqrt{2}}{12} \times 6^3 \times \dfrac{1}{9} = 2\sqrt{2} \ (\text{cm}^3)$$

と求まる。この公式は検算に利用しよう。

▶ 第2回   → 本冊 p.6〜7

6

答 (1)　$x + 3y$　　(2)　$m = 90$
　(3)　$(x + y - 2)(x + y - 3)$
　(4)　$\dfrac{1}{2}\pi r^2$

6 (1) 等式の変形　★★★★

考え方

「□＝ 」の形にする
両辺に 2 をかけて，□ の係数を 1 にする。

解説

両辺に 2 をかけて

$$□ - \dfrac{11x + 10y}{3} = -\dfrac{y}{3} - \dfrac{8}{3}x$$

$$□ = -\dfrac{y}{3} - \dfrac{8}{3}x + \dfrac{11x + 10y}{3} = x + 3y$$

6 (2) 平方根の応用　★★★★

考え方

$\sqrt{\bigcirc}$ が整数ならば $\bigcirc$ は整数を 2 乗した数
270 を素因数分解して，$270 \times a = □^2$ となる a を求める。$□^2$ である数は，素因数分解したとき，すべての素因数の累乗の指数が偶数になる。

解説

270 を素因数分解すると　$270 = 2 \times 3^3 \times 5$
よって　　$m = 3\sqrt{2 \times 3 \times 5 \times a}$
a は正の整数であるから，$a = 2 \times 3 \times 5$ のとき，m が最小の整数となる。
$a = 2 \times 3 \times 5$ を代入すると
$$m = 3 \times (2 \times 3 \times 5) = 90$$

6 (3) 因数分解　★★★★

考え方

共通な式を 1 つの文字でおきかえる
$x^2 + 2xy + y^2 = (x + y)^2$，$-5x - 5y = -5(x + y)$
に注目する。

解説

$$x^2 + 2xy + y^2 - 5x - 5y + 6$$
$$= (x + y)^2 - 5(x + y) + 6$$
$x + y = M$ とおくと
$$(x + y)^2 - 5(x + y) + 6$$
$$= M^2 - 5M + 6 = (M - 2)(M - 3)$$
$$= (x + y - 2)(x + y - 3)$$

6 (4) 円　★★★★

考え方

求める面積は，おうぎ形の面積から，円の面積をひいたものである。

解説

円の中心を O とし，右
の図のように，A，B，
C をとる。
△OAB と △OAC に
おいて　　OA = OA
　　OB = OC
　　∠OBA = ∠OCA = 90°

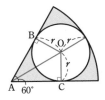

直角三角形の斜辺と他の 1 辺がそれぞれ等しいから　　△OAB ≡ △OAC
よって　　∠OAB = ∠OAC = 30°
△OAB は 3 つの角が 30°，60°，90° の直角三角形であるから　　OA = 2OB = 2r
よって，おうぎ形の半径は　　$3r$
したがって，求める面積は

$$\pi \times (3r)^2 \times \dfrac{60}{360} - \pi r^2 = \dfrac{1}{2}\pi r^2$$

7 データの活用 ★☆☆☆

答 ③

考え方

箱ひげ図　最小値，四分位数，最大値に注目
データの総数が 20 であるから，第 1 四分位数は低い方から 5 番目と 6 番目の得点の平均であり，第 3 四分位数は高い方から 5 番目と 6 番目の得点の平均である。

解説

① 中央値は等しいが，平均点は同じかどうかわからない。

② 数学のテストで，第 1 四分位数（約 54 点）以下の点数の生徒は多くても 5 人であるから，正しくない。

③ 英語のテストで，第 3 四分位数（約 84 点）以上の点数の生徒は少なくとも 5 人いるから，正しい。

④ どちらのテストも，最低点は 20 点台であるが，30 点台の生徒がいるかどうかわからない。

以上のことから，正しいものは　③

8 平行線と線分の比 ★★☆☆

答 (ア) 4　　(イ) 5　　(ウ) $\dfrac{40}{3}$

考え方

🧭 平行線と比　基本の図形を見つける

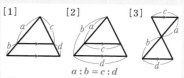

[1]　　　　[2]　　　　[3]

$a:b=c:d$

上のことを利用して求める。

解説

$\triangle AED$ と $\triangle CEB$ において，$AD /\!/ BC$ であるから　$AE:EC=AD:BC=$ ᵃ4 : ᵇ5
$\triangle ABC$ において，$FG /\!/ BC$ であるから
$$FE:BC=AE:AC=4:9$$
よって　　$FE=\dfrac{4}{9}BC=\dfrac{20}{3}$

同様に，$\triangle ACD$ において，$FG /\!/ AD$ であるから　$EG:AD=CE:CA=5:9$

よって　　$EG=\dfrac{5}{9}AD=\dfrac{20}{3}$

したがって　　$FG=FE+EG=$ ⁰$\dfrac{40}{3}$

9 放物線と直線 ★★☆☆

答 (1) $a=\dfrac{3}{4}$　　(2) $(2,\ 3)$

(3) $y=\dfrac{13}{2}x+14$

考え方

(1) 点 A は直線 $y=-\dfrac{3}{2}x+6$ 上にあり，放物線 $y=ax^2$ 上にもある。

(2) 放物線 $y=ax^2$ と直線 $y=mx+n$ の交点の x 座標は，2 次方程式 $ax^2=mx+n$ から求まる。

(3) 求める直線は，**平行四辺形 ADBC の対角線の交点を通る。**

解説

(1) 点 A は直線 $y=-\dfrac{3}{2}x+6$ 上にあるから
$$12=-\dfrac{3}{2}x+6\qquad よって\qquad x=-4$$
したがって，点 A の座標は　$(-4,\ 12)$
点 A は放物線 $y=ax^2$ 上にあるから
$$12=a\times(-4)^2\qquad よって\qquad \boldsymbol{a=\dfrac{3}{4}}$$

(2) 点 B の x 座標は $\dfrac{3}{4}x^2=-\dfrac{3}{2}x+6$ の解として表される。この方程式を整理すると　　$x^2+2x-8=0$
$$(x-2)(x+4)=0$$
よって　　$x=2,\ -4$
点 B の x 座標は正であるから　　$x=2$
y 座標は　　$y=-\dfrac{3}{2}\times2+6=3$
よって，点 B の座標は　　$(2,\ 3)$

(3) 平行四辺形の面積を 2 等分する直線は平行四辺形の対角線の交点を通る。
平行四辺形の対角線の交点は AB の中点で，その座標は $\left(\dfrac{(-4)+2}{2},\ \dfrac{12+3}{2}\right)$
すなわち　$\left(-1,\ \dfrac{15}{2}\right)$

また，点 A′ は x 軸に関して点 A と対称な点であるから，その座標は
$$(-4, \ -12)$$
したがって，求める直線は 2 点
$$\left(-1, \ \frac{15}{2}\right), \ (-4, \ -12) を通る。$$

この直線の傾きは
$$\frac{\frac{15}{2}-(-12)}{-1-(-4)}=\frac{13}{2}$$

よって，求める直線は $y=\dfrac{13}{2}x+b$ とおける。点 A′ はこの直線上にあるから
$$-12=\frac{13}{2}\times(-4)+b$$
$$b=14$$
よって，求める直線の式は
$$y=\frac{13}{2}x+14$$

10 連立方程式の利用　★★☆☆

📝 (1)　$x=-450y+1350$

　(2)　$\dfrac{9y+5}{10}$ %

　(3)　$x=225, \ y=2.5$

考え方
（食塩の重さ）=（食塩水の重さ）×（濃度）
（食塩水の濃度）(%)=$\dfrac{（食塩の重さ）}{（食塩水の重さ）}\times100$

(1), (3)　方程式をつくるために
　　　　等しい数量を見つける
食塩水と食塩の重さをそれぞれ表にまとめてもよい。

解説
(1)　容器 A と容器 B の食塩水を全部混ぜると，3 % の食塩水が $(x+900)$ g できるから，食塩の重さについて
$$x\times\frac{5}{100}+900\times\frac{y}{100}=(x+900)\times\frac{3}{100}$$
両辺に 100 をかけて
$$5x+900y=3(x+900)$$
$$2x=-900y+2700$$
よって　　$x=-450y+1350$　……　①

(2)　A の食塩水 100 g を B に移したとき，B の食塩水にふくまれる食塩の重さは

$$900\times\frac{y}{100}+100\times\frac{5}{100}=9y+5 \text{ (g)}$$
よって，B の食塩水の濃度は
$$\frac{9y+5}{900+100}\times100=\frac{9y+5}{10} \text{ (%)}$$

(3)　$\dfrac{9y+5}{10}$ % の食塩水 100 g にふくまれる食塩の重さは
$$100\times\frac{9y+5}{10}\times\frac{1}{100}=\frac{9y+5}{10} \text{ (g)}$$
5 % の食塩水 $(x-100)$g にふくまれる食塩の重さは
$$(x-100)\times\frac{5}{100}=\frac{x-100}{20} \text{ (g)}$$
B の食塩水 100 g を A に移したとき，4 % の食塩水が x g できるから，食塩の重さについて
$$\frac{x-100}{20}+\frac{9y+5}{10}=x\times\frac{4}{100}$$
両辺に 100 をかけて
$$5(x-100)+10(9y+5)=4x$$
整理すると　　$x=-90y+450$　……　②
①，②を解いて　　$x=225, \ y=2.5$

11

📝 (1)　14　　(2)　8　　(3)　$\dfrac{16}{5}$

　(4)　$\dfrac{5}{12}$

11　(1)　平方根の計算　★★★★

解説
$$\frac{2-\sqrt{3}}{2+\sqrt{3}}+\frac{2+\sqrt{3}}{2-\sqrt{3}}$$
$$=\frac{(2-\sqrt{3})^2+(2+\sqrt{3})^2}{(2+\sqrt{3})(2-\sqrt{3})}$$
$$=\frac{4-4\sqrt{3}+3+4+4\sqrt{3}+3}{4-3}$$
$$=14$$

11 (2) 平方根の応用 ★★★★

🕐 **式の値** 式を簡単にしてから数値を代入

そのまま代入して計算してもよいが, 式を変形してから代入した方が計算がらくになる。

解説

$$(3a-b)^2-(a-3b)^2$$
$$=\{(3a-b)+(a-3b)\}\{(3a-b)-(a-3b)\}$$
$$=(4a-4b)(2a+2b)=8(a-b)(a+b)$$
$$=8(a^2-b^2)=8\times(2-1)$$
$$=\mathbf{8}$$

11 (3) 1次関数の基礎 ★★★★

考え方

2点 $(1, -1)$, $(3, 9)$ と, 2点 $(1, -1)$, $(a, 10)$ からそれぞれ直線の傾きを求めて, それらが等しいことを利用する。

別解 2点 $(1, -1)$, $(3, 9)$ を通る直線の式を $y=bx+c$ とおき, b, c の連立方程式を解く。この直線が点 $(a, 10)$ を通ることを利用する。

解説

2点 $(1, -1)$, $(3, 9)$ を通る直線の傾きは

$$\frac{9-(-1)}{3-1}=5$$

2点 $(1, -1)$, $(a, 10)$ を通る直線の傾きも 5 であるから $\dfrac{10-(-1)}{a-1}=5$

$$11=5a-5$$

よって $a=\dfrac{\mathbf{16}}{\mathbf{5}}$

別解 2点 $(1, -1)$, $(3, 9)$ を通る直線の式を $y=bx+c$ とすると

$$\begin{cases} -1=b+c & \cdots\cdots ① \\ 9=3b+c & \cdots\cdots ② \end{cases}$$

①, ② を解くと $b=5$, $c=-6$

よって $y=5x-6$

この直線が点 $(a, 10)$ を通るから

$$10=5a-6$$ よって $a=\dfrac{\mathbf{16}}{\mathbf{5}}$

11 (4) 確率 ★★★★

考え方

確率 $\dfrac{\text{そのことがらが起こる場合}}{\text{すべての場合}}$

出た目の和が素数になる場合を書き出す。

解説

大小 2 個のさいころを投げるとき, 目の出方は全部で $6\times6=36$ (通り)

このうち, 出た目の和が素数になるような目の出方は, (大, 小) が

$(1, 1)$, $(1, 2)$, $(1, 4)$, $(1, 6)$,
$(2, 1)$, $(2, 3)$, $(2, 5)$,
$(3, 2)$, $(3, 4)$, $(4, 1)$, $(4, 3)$,
$(5, 2)$, $(5, 6)$, $(6, 1)$, $(6, 5)$

の 15 通りある。

よって, 求める確率は $\dfrac{15}{36}=\dfrac{\mathbf{5}}{\mathbf{12}}$

12 1次方程式の利用 ★★★★

答 (1) $60°$ (2) $50°$
(3) 2 時 40 分

考え方

(3) 2 時 x 分に, 長針と短針の間の角の大きさが $160°$ になるとして方程式をつくる。

解説

(1) $360°\times\dfrac{2}{12}=\mathbf{60°}$

(2) 長針は 1 分間に $\dfrac{360°}{60}=6°$ 進み, 短針は 1 分間に $\dfrac{30°}{60}=\left(\dfrac{1}{2}\right)°$ 進む。

よって, 20 分後, 長針と短針の間の角の大きさは

$$6°\times20-\left\{60°+\left(\dfrac{1}{2}\right)°\times20\right\}=\mathbf{50°}$$

(3) 2 時 x 分に, 長針と短針の間の角の大きさが $160°$ になるとすると

$$6\times x-\left(60+\dfrac{1}{2}\times x\right)=160$$

これを解くと $x=40$

よって **2 時 40 分**

13 三平方の定理と平面図形 ★★★★

答 (1) $2\ \text{cm}$ (2) $4\ \text{cm}$
(3) $\dfrac{65}{4}\pi\ \text{cm}^2$

考え方
(2) 三角形の相似を利用する。
(3) 円 O の半径を求めるために，中心 O から線分 BD に垂線 OI をひき，△OIB において三平方の定理を利用する。

解説
(1) $AC = 6+2 = 8 \, (cm)$

$AE = \dfrac{1}{2} AC = 4 \, (cm)$

よって $EH = AE - AH = \textbf{2 (cm)}$

(2) △DHC と △AHB において
円周角の定理により

$\angle CDH = \angle BAH, \quad \angle DCH = \angle ABH$

よって，△DHC∽△AHB であるから

$HD : HA = HC : HB$

$HD : 2 = 6 : 3$ から $HD = \textbf{4 (cm)}$

(3) 中心 O から線分 BD にひいた垂線と BD との交点を I とする。

$BI = DI$ より

$BI = \dfrac{1}{2} \times (3+4) = \dfrac{7}{2} \, (cm)$

四角形 OIHE は長方形であるから

$OI = EH = 2 \, (cm)$

△OIB において，三平方の定理により

$OB = \sqrt{\left(\dfrac{7}{2}\right)^2 + 2^2} = \dfrac{\sqrt{65}}{2} \, (cm)$

よって，円 O の面積は

$\pi \times \left(\dfrac{\sqrt{65}}{2}\right)^2 = \dfrac{\textbf{65}}{\textbf{4}}\boldsymbol{\pi} \, \textbf{(cm}^2\textbf{)}$

14 放物線と直線 ★★☆☆

答 (1) A(−1, 1), B(2, 4)
　(2) (−3, 9)　(3) (0, 6)

考え方
(3) 等積変形を利用する。
四角形 OBCA を △ABC と △ABO の2つに分けて考え，△ABO を等積変形し，四角形 OBCA の面積を1つの三角形の面積として考える。
△ABO＝△ABE となるような点 E を，直線 BC 上にとる。

解説
(1) 放物線 $y = x^2$ と直線 $y = x+2$ の交点の
x 座標は $x^2 = x+2$ の解で表される。

$x^2 - x - 2 = 0$ から $(x+1)(x-2) = 0$

よって $x = -1, 2$

x 座標の小さい方が A であるから，求める座標は $\textbf{A(−1, 1), B(2, 4)}$

(2) 直線 BC の傾きは −1 であるから，直線 BC の式は $y = -x + b$ とおける。
直線 BC は点 B を通るから

$4 = -2 + b$ すなわち $b = 6$

よって，直線 BC の式は $y = -x + 6$

放物線 $y = x^2$ と直線 BC の交点の x 座標は $x^2 = -x+6$ の解で表される。

$x^2 + x - 6 = 0$ から $(x+3)(x-2) = 0$

よって $x = -3, 2$

したがって，点 C の座標は $(\textbf{−3, 9})$

(3) 原点 O を通り，直線 AB に平行な直線と直線 BC との交点を E とすると

四角形 OBCA＝△ABC＋△ABO
　　　　　　＝△ABC＋△ABE＝△AEC

よって，点 A を通り四角形 OBCA の面積を2等分する直線 AD は，△AEC の面積を2等分する直線である。

したがって，求める点 D は線分 CE の中点である。

直線 OE の式は $y = x$ であるから，点 E の x 座標は $x = -x+6$ の解で表される。

これを解くと $x = 3$

よって E(3, 3)

したがって，点 D の座標は

$\left(\dfrac{-3+3}{2}, \dfrac{9+3}{2}\right)$ すなわち $(\textbf{0, 6})$

15 三平方の定理と空間図形 ★★★★

答 (1) 正六角形　(2) $27\sqrt{3} \, cm^2$
　(3) $81 \, cm^3$

(1) 多面体の切り口を考えるときは，次の性質を利用する。
① 切り口の辺は，必ず多面体の面上にある。
② 平行な2つの面の切り口は，平行である。
③ 切り口の線分またはその延長は，平行でなければその線分をふくむ面の交線上で交わる。

解説

(1) 辺 AE，辺 CG の中点をそれぞれ T，U とする。
4点 P，Q，R，S を通る平面は点 T，U を通るから，切り口の図形は**正六角形 PTQRUS** である。

(2) DP＝DS＝3 (cm) であるから
$$PS＝3×\sqrt{2}＝3\sqrt{2}\ (cm)$$
よって，切り口の図形は，1辺の長さが $3\sqrt{2}$ cm の正六角形である。
1辺の長さが $3\sqrt{2}$ cm の正三角形の面積は
$$\frac{1}{2}×3\sqrt{2}×\left(3\sqrt{2}×\frac{\sqrt{3}}{2}\right)=\frac{9\sqrt{3}}{2}\ (cm^2)$$
したがって，求める面積は
$$\frac{9\sqrt{3}}{2}×6＝\mathbf{27\sqrt{3}}\ \mathbf{(cm^2)}$$

(3) 立方体 ABCD-EFGH は，4点 P，Q，R，S を通る平面でちょうど半分に分けられる。
切り口の図形 PTQRUS は，立方体の対角線 BH と垂直に交わり，BH を2等分する。
$BH＝\sqrt{6^2+6^2+6^2}＝6\sqrt{3}$ であるから，
求める立体の体積は
$$\frac{1}{3}×27\sqrt{3}×(6\sqrt{3}÷2)＝\mathbf{81\ (cm^3)}$$

▶ **第4回**　→ 本冊 p.10〜11

16

答	(1)　9　　(2)　$\dfrac{-5x-y}{15}$
	(3)　$x＝3±\sqrt{5}$
	(4)　$a＝-3$，$b＝6$　　(5)　$31×41$

---

16 (1) 四則混合計算　★★★★

考え方

小数は分数になおして考える。また，累乗はすぐに計算せず，累乗の形のまま進めると計算がしやすい。

解説

$$(-2)^2÷\left(-\frac{2^4}{15}\right)×1.2-2^2×(-1.5)^3$$
$$=2^2×\left(-\frac{15}{2^4}\right)×\frac{6}{5}-2^2×\left(-\frac{3}{2}\right)^3$$
$$=-\frac{9}{2}-2^2×\left(-\frac{3^3}{2^3}\right)=-\frac{9}{2}+\frac{27}{2}$$
$$=9$$

知っておくと便利！

指数について，次の法則が成り立つ。
① $a^m×a^n=a^{m+n}$　　② $(a^m)^n=a^{mn}$
③ $(ab)^n=a^nb^n$
③において，b を $\dfrac{1}{b}$ とおきかえると
④ $\left(\dfrac{a}{b}\right)^n=\dfrac{a^n}{b^n}$

16 (2) 多項式の計算　★★★★

解説

$$\frac{2}{15}x+\frac{x-4y}{5}-\frac{2x-y}{3}+\frac{2}{5}y$$
$$=\frac{2x+3(x-4y)-5(2x-y)+6y}{15}$$
$$=\frac{2x+3x-12y-10x+5y+6y}{15}$$
$$=\frac{-5x-y}{15}$$

16 (3) 2次方程式の解き方　★★★★

考え方

展開して整理する。

解の公式 2次方程式 $ax^2+bx+c=0$ の解は
$$x=\frac{-b±\sqrt{b^2-4ac}}{2a}$$

解説

$$(2x-3)^2-4(3x-2)-1=0$$
整理すると　　$x^2-6x+4=0$
よって
$$x=\frac{-(-6)±\sqrt{(-6)^2-4×1×4}}{2×1}$$
$$=3±\sqrt{5}$$

(参考) $ax^2+2b'x+c=0$ の解の公式

$x=\dfrac{-b'\pm\sqrt{(b')^2-ac}}{a}$ を使うと

$x=-(-3)\pm\sqrt{(-3)^2-1\times4}=3\pm\sqrt{5}$

16 (4) 1次関数の基礎 ★★★★

考え方
1次関数の x の係数の符号に注意する。$a<0$ のとき, 関数 $y=ax+b$ のグラフは右下がりの直線になる。

解説
$a<0$ であるから, 関数 $y=ax+b$ のグラフは右下がりの直線である。

よって, $x=-2$ のとき $y=12$

$x=3$ のとき $y=-3$

これらを $y=ax+b$ に代入すると

$\begin{cases}12=-2a+b & \cdots\cdots ① \\ -3=3a+b & \cdots\cdots ②\end{cases}$

①, ② を解くと $a=-3$, $b=6$

16 (5) 式の計算の利用 ★★★★

解説
$1271=1296-25=36^2-5^2$
$\quad\quad\ =(36-5)(36+5)=31\times41$

17 平行四辺形 ★★★★

答
(1) 2組の対辺がそれぞれ平行である四角形

(2) 略

考え方
等辺の証明は 合同 か 二等辺三角形
まず, $\triangle ABC\equiv\triangle CDA$ を証明する。対角線 BD をひいて, $\triangle ABD\equiv\triangle CDB$ を証明してもよい。

解説
(1) 2組の対辺がそれぞれ平行である四角形を平行四辺形という。

(2) 平行四辺形 ABCD において, 対角線 AC をひく。

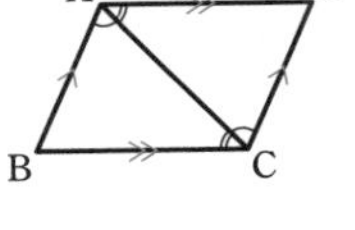

$\triangle ABC$ と $\triangle CDA$ において,

AB∥DC より, 錯角が等しいから

$\angle BAC=\angle DCA$ …… ①

AD∥BC より, 錯角が等しいから

$\angle ACB=\angle CAD$ …… ②

また $AC=CA$ …… ③

①, ②, ③ より, 1組の辺とその両端の角がそれぞれ等しいから

$\triangle ABC\equiv\triangle CDA$

よって $AB=DC$, $AD=BC$

したがって, 平行四辺形において, 2組の対辺の長さはそれぞれ等しい。

18 円 ★★★★

答 55°

考え方
中心角や円周角の大きさは弧の長さに比例する
中心角や円周角の性質を利用して $\angle COD$, $\angle OCA$ を求め, $\triangle OCP$ の内角と外角の性質を利用する。

解説
$\overset{\frown}{BC}:\overset{\frown}{CD}:\overset{\frown}{DE}=3:1:2$, $\angle DOE=44°$ より

$\angle COD=\dfrac{1}{2}\angle DOE=22°$

$\angle BOC=3\angle COD=66°$

円周角の定理により

$\angle BAC=\dfrac{1}{2}\angle BOC=33°$

$\triangle OCA$ は二等辺三角形であるから

$\angle OCA=\angle OAC=33°$

$\triangle OCP$ の内角と外角の関係により

$\angle CPD=\angle COD+\angle OCA$

$\quad\quad\quad\ =22°+33°=55°$

19 2次方程式の利用 ★★★★

答
(1) 800 m² (2) 5 m

考え方
道を平行移動しても畑の面積は変わらない。
道を端に移動させて畑を長方形で表す。

解説
(1) 右の図のように, 道を端によせて考える。

求める面積は

$(30-10)\times(50-10)=800$ (m²)

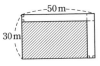

(2) 道の幅を x m とする。ただし，$0<x<30$ である。
畑の面積について

$$(30-x)\times(50-x)=30\times50\times\frac{3}{4}$$

整理すると　$x^2-80x+375=0$
$(x-5)(x-75)=0$
よって　$x=5,\ 75$
$0<x<30$ であるから　$x=5$
よって，求める道の幅は　**5 m**

20　1次関数と図形　★★☆☆

答 (1) 3　(2) $\frac{15}{2}$　(3) (ア) $\frac{15}{4}$　(イ) 20

考え方

(2) 直線 m と y 軸の交点を F とすると
△OBC＝△OBF－△OCF
(3) △OBC と △OCE は辺 OC を共有するから，OC∥EB ならば　△OBC＝△OCE
よって，点 B を通り，直線 OC と傾きが等しい直線 EB を考える。

解説

(1) 点 B は 2 直線 m，n の交点であるから，その x 座標は $-\frac{1}{3}x+5=\frac{1}{2}x$ の解で表される。これを解くと　$x=6$
よって，点 B の y 座標は

$$y=\frac{1}{2}\times6=\mathbf{3}$$

(2) 直線 m と y 軸の交点を F とすると
OF＝5
点 B の x 座標は 6 であるから

$$\triangle OBF=\frac{1}{2}\times5\times6=15$$

また　$\triangle OCF=\frac{1}{2}\times5\times3=\frac{15}{2}$

よって

$$\triangle OBC=\triangle OBF-\triangle OCF=\mathbf{\frac{15}{2}}$$

(3) △OBC＝△OCE となるのは，OC∥EB のときである。
$x=3$ を $y=-\frac{1}{3}x+5$ に代入すると

$$y=-\frac{1}{3}\times3+5=4$$

よって，点 C の座標は　(3, 4)
直線 OC の傾きは $\frac{4}{3}$ であるから，直線 EB の式は $y=\frac{4}{3}x+k$ とおける。
この直線は点 B(6, 3) を通るから

$$3=\frac{4}{3}\times6+k \quad すなわち \quad k=-5$$

よって，直線 EB の式は　$y=\frac{4}{3}x-5$
したがって，点 E の x 座標は
$0=\frac{4}{3}x-5$　から　$x=$ [ア] $\mathbf{\frac{15}{4}}$
直線 ℓ は 2 点 C(3, 4)，E$\left(\frac{15}{4},\ 0\right)$ を通るから

$$\begin{cases} 4=3a+b \\ 0=\frac{15}{4}a+b \end{cases}$$

これを解くと　$a=-\frac{16}{3}$，$b=20$
点 D の y 座標は，直線 ℓ の切片 b の値に等しいから　[イ] **20**

第5回

➡ 本冊 p.12～13

21

答 (1) $-\frac{9}{4}$　(2) $c=\frac{40}{9}$
(3) $x=2,\ y=3$　(4) $x=2,\ y=5$

21 (1) 式の値　★☆☆☆

考え方

条件式を整理して，$\frac{5x-8y}{4x+9y}$ を x か y の 1 文字についての式で表す。

解説

$7x+2y=-x-5y$ から　$8x=-7y$
よって

$$\frac{5x-8y}{4x+9y}=\frac{(5x-8y)\times8}{(4x+9y)\times8}=\frac{5\times8x-64y}{4\times8x+72y}$$
$$=\frac{5\times(-7y)-64y}{4\times(-7y)+72y}=\frac{-99y}{44y}$$

$$= -\frac{9}{4}$$

（参考）　$x=7k$ とおくと $y=-8k$ とおけて

$$\frac{5x-8y}{4x+9y}=\frac{35k+64k}{28k-72k}=-\frac{99k}{44k}=-\frac{9}{4}$$

21　(2)　比例と反比例の利用　★★★★

考え方

a が b に比例　→ $a=sb\ (s\neq0)$

b が c に反比例 → $b=\dfrac{t}{c}\ (t\neq0)$

1 組の a と b の値と，1 組の b と c の値が与えられているから，それぞれの式に代入する。

解説

a は b に比例するから　$a=sb$（s は定数），

b は c に反比例するから　$b=\dfrac{t}{c}$（t は定数）

と表すことができる。

$a=2$ のとき $b=3$ であるから　$s=\dfrac{a}{b}=\dfrac{2}{3}$

$b=4$ のとき $c=5$ であるから　$t=bc=20$

よって　　$a=\dfrac{2}{3}b,\ b=\dfrac{20}{c}$

したがって

$$a=\dfrac{2}{3}\times\dfrac{20}{c}\qquad\text{すなわち}\quad c=\dfrac{40}{3a}$$

$a=3$ のとき　　$c=\dfrac{40}{3\times3}=\dfrac{40}{9}$

21　(3)　連立方程式の解き方　★★★★

考え方

両辺を何倍かして，係数を整数にする

分数をふくむ場合…両辺に分母の最小公倍数をかける

小数をふくむ場合…両辺に 10 の累乗をかける

解説

$$\begin{cases} 2x+\dfrac{4y-5}{3}=\dfrac{19}{3} & \cdots\cdots ① \\[2mm] \dfrac{2x-5}{2}-0.2y=-1.1 & \cdots\cdots ② \end{cases}$$

① の両辺に 3 をかけて整理すると
$$3x+2y=12\quad\cdots\cdots③$$

② の両辺に 10 をかけて整理すると
$$10x-2y=14\quad\cdots\cdots④$$

③，④ を解くと　　$x=2,\ y=3$

21　(4)　データの活用　★★★★

考え方

用語の意味をしっかりつかむ

平均値　（データの値の合計）÷（データの個数）

中央値　データを大きさの順に並べたときの中央の値

解説

平均値が 3 冊であるから　$\dfrac{1+4+x+y}{4}=3$

よって　　$x+y=7$　……①

また，1 冊と 4 冊の平均値が 3 冊でないことから，2 番目と 3 番目のデータは x 冊と 4 冊である。

中央値が 3 冊であることから　$\dfrac{x+4}{2}=3$

よって　　$x=2$

これを ① に代入すると　　$y=5$

22　文字式の利用　★★★★

答　5.5 ％，理由：略

考え方

（食塩の重さ）＝（食塩水の重さ）×（濃度）

（濃度）(%)＝$\dfrac{（食塩の重さ）}{（食塩水の重さ）}\times100$

食塩水と食塩の重さを表にまとめてもよい。

解説

2 ％，3.2 ％，6.4 ％ の食塩水をそれぞれ x g，y g，z g 混ぜ合わせたら 4 ％ の食塩水が 300 g できるから，食塩水の重さについて
$$x+y+z=300\quad\cdots\cdots①$$

食塩の重さについて
$$x\times\frac{2}{100}+y\times\frac{3.2}{100}+z\times\frac{6.4}{100}=300\times\frac{4}{100}$$

整理すると
$$2x+3.2y+6.4z=1200\quad\cdots\cdots②$$

次に，3.5 ％，4.7 ％，7.9 ％ の食塩水をそれぞれ x g，y g，z g 混ぜ合わせたときの食塩の重さは
$$x\times\frac{3.5}{100}+y\times\frac{4.7}{100}+z\times\frac{7.9}{100}$$
$$=\frac{1}{100}(3.5x+4.7y+7.9z)$$
$$=\frac{1}{100}\{(2x+3.2y+6.4z)+1.5(x+y+z)\}$$

ここで，①，②を代入すると

$$\frac{1}{100}(1200+1.5\times300)$$

$$=\frac{1}{100}\times1650=16.5$$

よって，300 g の食塩水に 16.5 g の食塩が
ふくまれているから，求める濃度は

$$\frac{16.5}{300}\times100=\mathbf{5.5\,(\%)}$$

23 三平方の定理と平面図形 ★★★★

答 $\sqrt{2}$

考え方
正多角形の回転に関する問題では，三角形の合同
や相似が見つけられないか確認する。
→△PAC≡△QAB より，線分 BQ の長さを求めれ
ばよい。
頂点 A から直線 BQ に垂線 AH をひくと，
△ABH において三平方の定理を利用できる。

解説
△PAC と △QAB において

$\quad$ AC＝AB　……①
$\quad$ AP＝AQ　……②
$\quad$ ∠PAC＝60°－∠BAP　……③
$\quad$ ∠QAB＝60°－∠BAP　……④
③，④ より　　∠PAC＝∠QAB　……⑤
①，②，⑤ より，2 組の辺とその間の角がそ
れぞれ等しいから　　△PAC≡△QAB
よって　　CP＝BQ
頂点 A から直線 BQ に垂線
AH をひくと
$\quad$ ∠AQH＝180°－135°＝45°
したがって，△AQH は直角
二等辺三角形であるから

$$AH＝QH＝\frac{1}{\sqrt{2}}AQ＝\frac{\sqrt{2}}{2}$$

△ABH において，三平方の定理により

$$BH＝\sqrt{AB^2-AH^2}＝\frac{3\sqrt{2}}{2}$$

よって　　$CP＝BQ＝\dfrac{3\sqrt{2}}{2}-\dfrac{\sqrt{2}}{2}＝\sqrt{2}$

24 円 ★★★★

答 (1) 略　　(2) 略

考え方
(1) 4 点が 1 つの円周上にあることを示すには，**円
周角の定理の逆** を利用する。円周角の定理の逆
を利用できる等しい 1 組の角をさがす。
(2) 💡 平行線には　同位角・錯角
　BP∥AD となることを証明するには
　∠ADB＝∠PBQ（錯角）を示せばよい。

解説
(1) $\overset{\frown}{BC}$ に対する円周角であるから

$\qquad$ ∠BDC＝∠BAP　……①

　PQ∥CD より，同位角が等しいから

$\qquad$ ∠BDC＝∠BQP　……②

　①，② より　　∠BAP＝∠BQP

　よって，円周角の定理の逆により，4 点
　A，B，P，Q は同一円周上にある。

(2) $\overset{\frown}{AB}$ に対する円周角であるから

$\qquad$ ∠ADB＝∠ACB　……③

　AQ∥BC であるから

$\qquad$ ∠ACB＝∠PAQ　……④

　(1)より　　∠PAQ＝∠PBQ　……⑤

　③，④，⑤ より　　∠ADB＝∠PBQ

　したがって，錯角が等しいから

$\qquad$ BP∥AD

25 規則性 ★★★★

答 (1) 20　　(2) $4n+4$　　(3) 9

考え方
数の少ないものから順に考え，規則性を見抜く
n 番目のタイルの総数と白いタイルの枚数は，n を
用いて表すことができる。
(3) 5 番目以降では，白いタイルの枚数が黒いタイ
ルの枚数より多くなることに注意する。

解説
(1) 4 番目のタイルは全部で　$6^2＝36$（枚）
　4 番目の白いタイルは　$4^2＝16$（枚）
　よって，4 番目に必要な黒いタイルは
$\qquad$ $36-16＝\mathbf{20}$（枚）
(2) n 番目のタイルは全部で　$(n+2)^2$ 枚
　n 番目の白いタイルは　n^2 枚

よって，n 番目に必要な黒いタイルは
$$(n+2)^2 - n^2 = 4n+4 \text{（枚）}$$

(3) $n=5$ のとき

白いタイルは $5^2 = 25$（枚）

黒いタイルは $4 \times 5 + 4 = 24$（枚）

$n \geqq 5$ のとき，白いタイルの枚数の方が黒いタイルの枚数より多くなる。

よって $n^2 - (4n+4) = 41$

すなわち $n^2 - 4n - 45 = 0$
$$(n+5)(n-9) = 0$$

$n \geqq 5$ より $n = 9$

また，$1 \leqq n \leqq 4$ のとき，タイルの枚数の差は 41 枚にならない。

したがって，**9 番目**である。

第6回 → 本冊 p.14〜15

26

答 (1) $20 - 10\sqrt{5}$　　(2) 8　　(3) $54°$

26 (1) 平方根の応用 ★☆☆☆

考え方

$x^2 - 2xy + y^2$ と $-5x + 5y$ が $x-y$ で表されることを利用する。

解説

$$x^2 - 2xy + y^2 - 5x + 5y$$
$$= (x-y)^2 - 5(x-y)$$

ここで
$$x - y = (3+\sqrt{5}) - (3-\sqrt{5})$$
$$= 3 + \sqrt{5} - 3 + \sqrt{5} = 2\sqrt{5}$$

よって，求める式の値は
$$(2\sqrt{5})^2 - 5 \times 2\sqrt{5} = 20 - 10\sqrt{5}$$

26 (2) 式の計算の利用 ★☆☆☆

考え方

$a^2 - p^2$ を因数分解して $(a+p)(a-p) = 15$
$a+p$, $a-p$ が自然数であることを利用する。

解説

$a^2 - p^2 = 15$ より $(a+p)(a-p) = 15$

$a+p$, $a-p$ はともに自然数であり，

$a+p > a-p$ であるから
$$(a+p)(a-p) = 15 \times 1 = 5 \times 3$$

よって　　[1] $\begin{cases} a+p=15 & \cdots\cdots ① \\ a-p=1 & \cdots\cdots ② \end{cases}$

　　　　または

　　　　[2] $\begin{cases} a+p=5 & \cdots\cdots ③ \\ a-p=3 & \cdots\cdots ④ \end{cases}$

[1] ①，② を解くと $a=8$, $p=7$

[2] ③，④ を解くと $a=4$, $p=1$

p が素数となるのは [1] であるから，求める自然数 a は **8**

26 (3) 円 ★☆☆☆

考え方

次の性質を利用する。

① 円周角の大きさは弧の長さに比例する

② 半円の弧に対する円周角の大きさは $90°$

解説

右の図のように，E，F を定める。

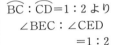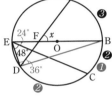

$\overarc{BC} : \overarc{CD} = 1 : 2$ より
$$\angle BEC : \angle CED = 1 : 2$$

よって
$$\angle BEC = \frac{1}{2} \angle CED$$
$$= \frac{1}{2} \times 48° = 24°$$

$\overarc{AB} : \overarc{BC} = 3 : 2$ より
$$\angle ADB : \angle BEC = 3 : 2$$

よって $\angle ADB = \frac{3}{2} \angle BEC = 36°$

また $\angle EDB = 90°$

よって
$$\angle EBD = 180° - (90° + 24° + 48°) = 18°$$

$\triangle FDB$ の内角と外角の性質により
$$\angle x = 36° + 18° = 54°$$

27 連立方程式の利用 ★☆☆☆

答 (1) $\begin{cases} 1.1(x-y) = 2750 \\ 1.1x - y = 2770 \end{cases}$

(2) $x = 2700$, $y = 200$

考え方

支払った金額と本来の金額に注目する。x, y は値段であるから，自然数であることを確認する。

解説

(1) 支払った金額について
$$(x-y)\times 1.1=2750$$
本来の金額について
$$1.1x-y=2750+20$$
よって，連立方程式は
$$\begin{cases} 1.1(x-y)=2750 & \cdots\cdots ① \\ 1.1x-y=2770 & \cdots\cdots ② \end{cases}$$

(2) ① から　　$x-y=2500$　$\cdots\cdots ③$
②，③ を解くと　　$x=2700, y=200$
これらは問題に適している。
よって　　**$x=2700, y=200$**

28 三平方の定理と平面図形 ★★★☆

答 $r=8-5\sqrt{2}$

考え方

2つの円の問題では，**中心を結ぶ**という考え方がよく利用される。
大きい円の中心を通り AD に平行な直線と，小さい円の中心を通り CD に平行な直線をひくことにより，直角二等辺三角形を作り出す。

解説

大きい円の中心を O，小さい円の中心を O′ とし，O を通り AD に平行な直線と，O′ を通り CD に平行な直線との交点を P とすると

$$\begin{aligned} OP=O'P &=5-(2+r) \\ &=3-r \,(\text{cm}) \end{aligned}$$
$$OO'=2+r \,(\text{cm})$$

△OPO′ は直角二等辺三角形であるから
$$2+r=\sqrt{2}\,(3-r)$$
$$r(\sqrt{2}+1)=3\sqrt{2}-2$$
よって
$$r=\frac{3\sqrt{2}-2}{\sqrt{2}+1}=\frac{(3\sqrt{2}-2)(\sqrt{2}-1)}{(\sqrt{2}+1)(\sqrt{2}-1)}$$
$$=\frac{6-3\sqrt{2}-2\sqrt{2}+2}{2-1}=8-5\sqrt{2}$$

29 規則性 ★★★☆

答 (1) 8　(2) (ア) 12　(イ) 14
(ウ) 15　(3) 89

考え方

(2) 5回の計算を逆にたどって考える。
(3) 計算を逆にたどると，1回の計算で偶数になるような元の自然数は奇数か偶数の2通りあり，奇数になるような元の自然数は偶数しかない。

解説

(1) 　規則2　規則1　規則2　規則1
$$25 \longrightarrow 26 \longrightarrow 13 \longrightarrow 14 \longrightarrow 7$$

　規則2　規則1　規則1　規則1
$$\longrightarrow 8 \longrightarrow 4 \longrightarrow 2 \longrightarrow 1$$

よって　　**8回**

(2) 5回の計算を逆にたどると，次のようになる。

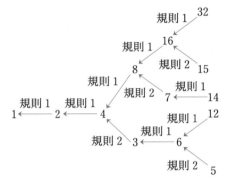

よって，5回の計算で1になる自然数は，小さい順に 5，ア **12**，イ **14**，ウ **15**，32 の5個ある。

(3) 偶数，奇数について，計算を逆にたどると，それぞれ次のようになる。

　　規則1（偶数）
（偶数）　　　　　　　規則1
　　規則2（奇数）　（奇数）◀─────（偶数）

10回の計算で1になる自然数のうち，偶数は34個あるから，この元になる自然数は　　　$34\times 2=68$（個）
同様に，奇数は21個あるから，この元になる自然数は　　21個
したがって，求める自然数は全部で
$$68+21=89 \,(\text{個})$$

(1) $a=-\dfrac{\sqrt{2}}{2}$

(2) $y=\dfrac{\sqrt{2}}{2}x-\sqrt{2}$　　(3) $\sqrt{3}\,\pi$

考え方

(1) $C(-2, 0)$, $D(1, 0)$ とすると
$\triangle OAC \infty \triangle BOD$ がいえる。相似な三角形の対応する辺の長さの比は等しいことを利用する。ただし, $a<0$ に注意。

(3) 直線 OA を軸として, $\triangle ABO$ を回転してできる立体は円錐である。

解説

(1) 座標が $(-2, 0)$, $(1, 0)$ である点を, それぞれ C, D とする。
$\triangle OAC$ と $\triangle BOD$ において
$$\angle OCA = \angle BDO = 90° \quad \cdots\cdots ①$$
また
$$\angle AOC + \angle BOD = 90°$$
$$\angle OBD + \angle BOD = 90°$$
よって　　$\angle AOC = \angle OBD$　……②
①, ② より 2 組の角がそれぞれ等しいから
$$\triangle OAC \infty \triangle BOD$$
よって　　OC : BD = CA : DO
A の y 座標は $4a$, B の y 座標は a であるから　　$2 : (-a) = (-4a) : 1$
$4a^2 = 2$ を解くと　　$a = \pm\dfrac{\sqrt{2}}{2}$

$a < 0$ であるから　　$a = -\dfrac{\sqrt{2}}{2}$

(2) A の座標は　　$(-2, -2\sqrt{2})$,
B の座標は　　$\left(1, -\dfrac{\sqrt{2}}{2}\right)$

直線 AB の式を $y = bx + c$ とおくと
$$-2\sqrt{2} = -2b + c \quad \cdots\cdots ③$$
$$-\dfrac{\sqrt{2}}{2} = b + c \quad \cdots\cdots ④$$
③, ④ を解くと
$$b = \dfrac{\sqrt{2}}{2}, \quad c = -\sqrt{2}$$
よって, 直線 AB の式は
$$y = \dfrac{\sqrt{2}}{2}x - \sqrt{2}$$

(3) $OA^2 = 2^2 + (2\sqrt{2})^2 = 12$ から
$$OA = 2\sqrt{3}$$
$OB^2 = 1^2 + \left(\dfrac{\sqrt{2}}{2}\right)^2 = \dfrac{3}{2}$ から
$$OB = \dfrac{\sqrt{6}}{2}$$
よって, 直線 OA を軸として, $\triangle ABO$ を回転してできる立体は, 底面の半径が $\dfrac{\sqrt{6}}{2}$, 高さが $2\sqrt{3}$ の円錐である。

したがって, 求める体積は
$$\dfrac{1}{3} \times \pi \times \left(\dfrac{\sqrt{6}}{2}\right)^2 \times 2\sqrt{3} = \sqrt{3}\,\pi$$

知っておくと便利！

2 直線 ℓ, m が垂直に交わるとき,
$$（傾きの積）=-1$$
が成り立つ。
(1)において, 直線 OA の傾きは $-2a$,
直線 OB の傾きは a であるから
$$-2a \times a = -1 \quad\text{よって}\quad a^2 = \dfrac{1}{2}$$
$a<0$ より　　$a = -\dfrac{1}{\sqrt{2}} = -\dfrac{\sqrt{2}}{2}$

第7回　　→ 本冊 p.16〜17

31

 (1) $a=-2$, $b=5$　　(2) 540

(3) 61°

31 (1) 連立方程式の解き方　　★★★★

考え方

⚡ 方程式の解　代入すると成り立つ

2 つの連立方程式の解が一致するから,
$\begin{cases} 3x+y=3 \\ x-2y=8 \end{cases}$ の解を $\begin{cases} ax+by=-19 \\ 2ax-by=7 \end{cases}$ に代入する。

解説

2 つの連立方程式の解が一致するから, 次の 2 つの連立方程式の解も一致する。
$$\begin{cases} 3x+y=3 & \cdots\cdots ① \\ x-2y=8 & \cdots\cdots ② \end{cases}$$
$$\begin{cases} ax+by=-19 & \cdots\cdots ③ \\ 2ax-by=7 & \cdots\cdots ④ \end{cases}$$
①, ② を解くと　　$x=2$, $y=-3$

これらを ③, ④ に代入すると

$$\begin{cases} 2a-3b=-19 & \cdots\cdots ⑤ \\ 4a+3b=7 & \cdots\cdots ⑥ \end{cases}$$

⑤, ⑥ を解くと $a=-2,\ b=5$

31 (2) 多角形の角 ★★★

考え方

図形の三角形の部分に注目し, 右の図の関係を用いる。

$$\angle a+\angle b=\angle c+\angle d$$

解説

右の図のように, 点 A, B, C, D, E, F, G, H を定める。
点 D と点 E を結ぶと, 三角形の外角について

$$\angle HFG+\angle HGF$$
$$=\angle HED+\angle HDE$$

よって, 求める 7 個の角の和は, 五角形 ABCDE の内角の和に等しいから

$$180°×(5-2)=540°$$

31 (3) 円 ★★★

考え方

次の性質を利用する。

① (円周角)$=\dfrac{1}{2}×$(中心角)

② 同じ長さの弧に対する円周角の大きさは等しい

円に内接する四角形の対角の和が 180° であることを利用してもよい。

解説

$\overparen{BC}$ において, 円周角の定理により

$$\angle BOC=2\angle BAC=116°$$

$\angle AOD=a$, $\angle AOE=b$ とすると

$$\angle DOE=a+b$$

$\overparen{AD}=\overparen{DB}$ より $\angle DOB=\angle AOD=a$

$\overparen{CE}=\overparen{EA}$ より $\angle COE=\angle AOE=b$

よって $2a+2b=360°-116°$
$$a+b=122°$$

すなわち $\angle DOE=122°$

$\overparen{DAE}$ において, 円周角の定理により

$$\angle DFE=\dfrac{1}{2}\angle DOE=61°$$

別解 $\angle AFD=c$, $\angle AFE=d$ とすると
$$\angle DFE=c+d$$

$\overparen{AD}=\overparen{DB}$ より $\angle BFD=\angle AFD=c$

$\overparen{CE}=\overparen{EA}$ より $\angle CFE=\angle AFE=d$

四角形 ABFC は円に内接するから

$$58°+(2c+2d)=180°$$
$$c+d=61°$$

すなわち $\angle DFE=61°$

32 平行線と線分の比 ★★★

答 (1) $2:5$ (2) $\dfrac{10\sqrt{3}}{7}$

考え方

(1) ひし形は平行四辺形であるから, 2 組の対辺がそれぞれ平行である。
右のような図形を見つけ, 平行線に交わる線分の比を考える。

(2) △AEG, △EGH について, 底辺をそれぞれ AG, GH とみると, 高さが等しい。
高さが等しい 2 つの三角形の面積比は底辺の長さの比に等しい。

解説

(1) 直線 EF と直線 CD の交点を I とする。

EA∥ID より

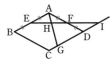

$$EA:ID$$
$$=AF:DF$$
$$=1:1$$

であるから

$$ID=EA=\dfrac{1}{2}AB=2$$

また, $CG:GD=1:3$ より

$$GD=\dfrac{3}{4}CD=3$$

よって $GI=GD+DI=5$
したがって

$$AH:HG=EA:GI=2:5$$

(2) $\angle BAD=120°$ より
$$\angle ABC=180°-120°=60°$$

よって, △ABC は正三角形となる。

E は辺 AB の中点であるから

$CE \perp AB$, $CE = \sqrt{3}$ $AE = 2\sqrt{3}$

よって

$$\triangle AEG = \frac{1}{2} \times AE \times CE = 2\sqrt{3}$$

(1) より

$$\triangle EGH = \frac{5}{2+5} \triangle AEG$$

$$= \frac{5}{7} \times 2\sqrt{3} = \frac{10\sqrt{3}}{7}$$

33 2次方程式の利用 ★★★★

答 (1) $S = t^2 - 4t + 16$　　(2) 2秒後

考え方

$S = ($長方形 ABCD の面積$)$
　　$- (\triangle BCP + \triangle PDQ + \triangle ABQ)$
線分 PC, DP, DQ, AQ の長さを t で表す。

解説

(1) $PC = t$, $DP = 4 - t$, $DQ = 2t$,
　　$AQ = 8 - 2t$ であるから

S
$= ($長方形 ABCD の面積$)$
　　$- (\triangle BCP + \triangle PDQ + \triangle ABQ)$
$= 4 \times 8$
　　$- \frac{1}{2}\{8 \times t + (4-t) \times 2t + (8-2t) \times 4\}$
$= 32 - (-t^2 + 4t + 16)$
$= \boldsymbol{t^2 - 4t + 16}$

(2) (1) より　　$t^2 - 4t + 16 = 12$
　　整理すると　　$(t-2)^2 = 0$
　　よって　$t = 2$　　したがって　**2秒後**

34 放物線と直線 ★★★★

答 6

考え方

点 A の座標を文字で表し，**正方形の対角線がそれ
ぞれの中点で交わる**ことを利用して，点 A，点 C
の座標を求める。同様に，点 A′ の座標を求める。

解説

点 A の座標を $\left(p, \dfrac{1}{3}p^2\right)$ とし，線分 OC と

AB の交点を D とする。
四角形 OACB は正方形であるから
$$OD = DA$$

よって　$\dfrac{1}{3}p^2 = p$

これを解くと　　　　$p = 0, 3$
$p > 0$ であるから　　$p = 3$
よって，点 A の座標は $(3, 3)$，点 C の座標
は $(0, 6)$ である。

次に，点 A′ の座標を $\left(q, \dfrac{1}{3}q^2\right)$ とし，線分

CC′ と A′B′ の交点を E とする。
四角形 CA′C′B′ は正方形であるから
$$CE = EA'$$

よって　$\dfrac{1}{3}q^2 - 6 = q$

整理すると　　$q^2 - 3q - 18 = 0$
　　　　　　　$(q-6)(q+3) = 0$
よって　$q = -3, 6$
$q > 0$ であるから　　$q = 6$
したがって，点 A′ の x 座標は　**6**

35 三平方の定理と空間図形 ★★★★

答 (1) 320 cm³　　(2) $\dfrac{128}{3}$ cm²

　　(3) $\dfrac{8}{3}$ cm

考え方

(3) ⏱ **立体の問題　平面上で考える**
球の半径を r として，台形 ABPE の面積を r を
用いて表す。

解説

(1) $PE = QH = 8 \times \dfrac{1}{1+3} = 2$ (cm)

この立体は，台形 ABPE を底面とし，高
さが EH の四角柱であるから

$$\left\{\frac{1}{2} \times (2+8) \times 8\right\} \times 8 = \boldsymbol{320 \ (cm^3)}$$

(2) AB // EP より
　　SE : SA = EP : AB
　　　　　　 $= 1 : 4$
よって，$SE = x$ (cm)
とすると
　　$x : (x+8) = 1 : 4$
これを解くと　$x = \dfrac{8}{3}$

よって

$$SA = SE + EA = \frac{8}{3} + 8 = \frac{32}{3} \text{ (cm)}$$

したがって

$$\triangle ASB = \frac{1}{2} \times 8 \times \frac{32}{3} = \frac{128}{3} \text{ (cm}^2\text{)}$$

(3) 平面 ABPE の
側からこの立体を
見ると，右の図の
ようになる。
球の中心を O と
し，半径を r cm
とする。

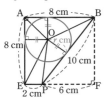

△BPF において，三平方の定理により

$$BP = \sqrt{6^2 + 8^2} = 10 \text{ (cm)}$$

（台形 ABPE）

$$= \triangle AOB + \triangle AOE + \triangle EOP + \triangle POB$$

であるから

$$\frac{1}{2} \times (2+8) \times 8$$

$$= \frac{1}{2} \times \{8 \times r + 8 \times r + 2 \times (8-r) + 10 \times r\}$$

すなわち　　　$40 = 12r + 8$

よって　　　$r = \frac{8}{3}$

したがって，球の半径は　$\frac{8}{3}$ cm

知っておくと便利！

右の図のように，△ABC の面
積を S，三角形の 3 つの辺に接
する円の半径を r とすると

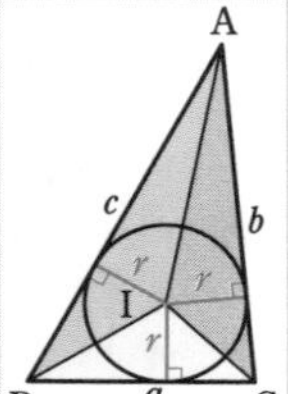

$$S = \triangle IBC + \triangle ICA + \triangle IAB$$

$$= \frac{1}{2}ar + \frac{1}{2}br + \frac{1}{2}cr$$

$$= \frac{1}{2}r(a+b+c)$$

よって，次の等式が成り立つ。

$$S = \frac{1}{2}r(a+b+c)$$

(3)で△ASB に注目し，線分 BS の長さを求め，
(2)の結果を用いると

$$\frac{128}{3} = \frac{1}{2}r\left(8 + \frac{32}{3} + \frac{40}{3}\right)$$ 　　　よって　$r = \frac{8}{3}$

36

| 答 | (1) | 18 | (2) | 16 個 | (3) | 52 |

36 (1)　四則混合計算　★★★

解説

$$-3^2 + 4 \div \left(-\frac{2}{3}\right) \div \left(-\frac{1}{3}\right) + (-3)^2$$

$$= -9 + 4 \times \left(-\frac{3}{2}\right) \times (-3) + 9$$

$$= -9 + 18 + 9 = 18$$

36 (2)　平方根の応用　★★★

考え方

小数第 1 位で四捨五入すると 8 になるような値の
範囲を不等式で表す。

解説

小数第 1 位で四捨五入すると 8 になるよう
な $\sqrt{n}$ の値の範囲　　$7.5 \leqq \sqrt{n} < 8.5$

$7.5^2 = 56.25,\ 8.5^2 = 72.25$ より，

$7.5 \leqq \sqrt{n} < 8.5$ を満たす n の値の範囲は

$$56.25 \leqq n < 72.25$$

n は自然数であるから　　$57 \leqq n \leqq 72$

よって　　$72 - 57 + 1 = 16$（個）

36 (3)　平行線と角　★★★

考え方

😀 平行線には　同位角・錯角

点 B を通り PQ，RS に平行な直線 ℓ をひく。また，
五角形の内角の和は $180° \times (5-2)$ であるから，正
五角形の 1 つの内角の大きさを求められる。

解説

五角形の内角の和は　　$180° \times (5-2) = 540°$

よって，正五角形の 1 つの内角の大きさは

$$540° \div 5 = 108°$$

点 B を通り PQ，RS に平行な直線 ℓ をひ
き，ℓ と辺 DE との交点を F とする。

∠BCD = 108° であるから

$$\angle BCR = 180° - (108° + 16°) = 56°$$

$\ell /\!/ RS$ より，錯角は等しいから

$$\angle FBC = \angle BCR = 56°$$

よって　　$\angle ABF = 108° - 56° = 52°$

$PQ /\!/ \ell$ より，錯角は等しいから

$$\angle PAB = \angle ABF = 52°$$

(参考) AB の延長
と RS の交点を F
として, △BFC
において ∠BFC
を求めてもよい。

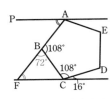

37 確率 ★★☆☆

答 (1) $\dfrac{1}{6}$　(2) $\dfrac{7}{36}$

考え方

(2) 2回のさいころの目の和が5または10になる
ときを考える。

解説

(1) さいころの目の出方は全部で　6通り
このうち, 点Pが頂点Aに止まるのは5
の目が出たときであるから　1通り
よって, 求める確率は　$\dfrac{1}{6}$

(2) 2回のさいころの目の出方は全部で
$6×6=36$(通り)
このうち, さいころを2回投げたあと,
点Pが頂点Aに止まるのは, 2回のさい
ころの目の和が5または10になるとき
で
(1回目, 2回目)が
(1, 4), (2, 3), (3, 2), (4, 1), (4, 6),
(5, 5), (6, 4) の7通り
したがって, 求める確率は　$\dfrac{7}{36}$

38 1次関数の利用 ★★★☆

答 (1) 15分後　(2) 7分後
(3) [図]

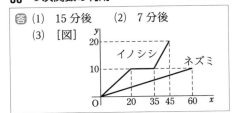

考え方

グラフから, 直線の式を読みとる

(1), (2) イノシシとネズミの様子を表す直線の式
をそれぞれ求めて, 交点を調べる。
(2)は, イノシシが出発してから35分後に山頂を
出発していることに注意。

解説

(1) イノシシの $0≦x≦20$ における速さは
$10÷20=\dfrac{1}{2}$ (km/分) であるから, イノ
シシの $0≦x≦20$ における直線の式は
$$y=\dfrac{1}{2}x$$
また, ネズミの速さは
$10÷60=\dfrac{1}{6}$ (km/分) であるから, ネズ
ミの直線の式は　$y=-\dfrac{1}{6}x+10$
イノシシとネズミが初めて出会うのは
$$\dfrac{1}{2}x=-\dfrac{1}{6}x+10$$
これを解くと　$x=15$
よって　**15分後**

(2) イノシシの $35≦x≦45$ における直線の
式を $y=ax+b$ とすると, 2点 $(35, 10)$,
$(45, 0)$ を通ることから
$$\begin{cases} 10=35a+b & \cdots\cdots ① \\ 0=45a+b & \cdots\cdots ② \end{cases}$$
①, ②を解くと　$a=-1$, $b=45$
すなわち　$y=-x+45$
イノシシがネズミを追い越すのは
$$-x+45=-\dfrac{1}{6}x+10$$
これを解くと　$x=42$
よって, イノシシは山頂を出発して
$42-35=$ **7(分後)** にネズミを追い越す。

(3) ネズミは60分間で10km移動した。
イノシシは, 初めの20分間で10km移
動し, 次に15分間山頂にいたから,
$20≦x≦35$ において移動距離は変化しな
い。
さらに, 10分間で10kmを移動した。
よって, グラフは下の図のようになる。

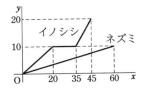

> 答 (1) $a=\dfrac{1}{2}$ (2) $\dfrac{21}{2}$

考え方

(2) 2つの三角形に分けて、底辺や高さは座標軸と平行な線分にとる。
$\triangle ABC$ の底辺の長さや高さは求めにくいから、右の図のように $\triangle ABD$ と $\triangle CBD$ の面積の和として求める。

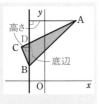

解説

(1) 点 A は，2 直線 $y=x+4$，$y=\dfrac{1}{2}x+6$ の交点であるから，その x 座標は

$x+4=\dfrac{1}{2}x+6$ の解で表される。

これを解くと $x=4$

$y=x+4$ に代入すると $y=8$

よって，点 A の座標は (4, 8)

点 A は放物線 $y=ax^2$ 上の点であるから

$8=a\times 4^2$ よって $\boldsymbol{a=\dfrac{1}{2}}$

(2) 点 B は，放物線 $y=\dfrac{1}{2}x^2$ と直線 $y=x+4$ の交点であるから，その x 座標は $\dfrac{1}{2}x^2=x+4$ の解で表される。

これを解くと $x=4,\ -2$

よって，点 B の x 座標は -2

y 座標は $-2+4=2$ であるから，点 B の座標は $(-2,\ 2)$

同様に，点 C は，放物線 $y=\dfrac{1}{2}x^2$ と直線 $y=\dfrac{1}{2}x+6$ の交点であるから，その x 座標は $\dfrac{1}{2}x^2=\dfrac{1}{2}x+6$ の解で表される。

これを解くと $x=4,\ -3$

x 座標は -3，y 座標は $-\dfrac{3}{2}+6=\dfrac{9}{2}$ で

あるから，点 C の座標は $\left(-3,\ \dfrac{9}{2}\right)$

点 B を通り，y 軸に平行な直線をひき，

直線 $y=\dfrac{1}{2}x+6$ との交点を D とすると，

点 D の y 座標は $\dfrac{1}{2}\times(-2)+6=5$ であ

るから   DB$=5-2=3$

よって

$\triangle ABC=\triangle ABD+\triangle CBD$

$=\dfrac{1}{2}\times 3\times\{4-(-2)\}$

$+\dfrac{1}{2}\times 3\times\{(-2)-(-3)\}$

$=9+\dfrac{3}{2}=\boldsymbol{\dfrac{21}{2}}$

40 面積の比   ★★★☆

> 答 (1) 4：1，求める過程 略
> (2) 1：15

考え方

(1) 🧭 平行線と比 基本の図形を見つける
点 E を通り，辺 AD に平行な直線をひいて考える。

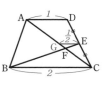

(2) 高さが等しい 2 つの三角形の面積比は底辺の長さの比に等しい。

解説

(1) 点 E を通り，辺 AD に平行な直線をひき，線分 AC との交点を G とする。

GE∥AD より

GE：AD=CE：CD=1：2

よって   GE$=\dfrac{1}{2}$AD

また，GE∥BC より

BF：FE=BC：GE=BC：$\dfrac{1}{2}$AD

AD：BC=1：2 より，BC=2AD であるから

BF：FE=2AD：$\dfrac{1}{2}$AD=**4：1**

(2) (1) より

$$\triangle \text{CEF} : \triangle \text{CEB} = \text{FE} : \text{BE} = 1 : 5$$

よって　　$\triangle \text{CEF} = \dfrac{1}{5}\triangle \text{CEB}$ ……①

CE＝DE より　　$\triangle \text{CEB} = \triangle \text{DEB}$

よって　　$\triangle \text{CEB} = \dfrac{1}{2}\triangle \text{BCD}$ ……②

$\triangle \text{BCD} : \triangle \text{ADB} = \text{BC} : \text{AD} = 2 : 1$ であるから

$$\triangle \text{BCD} = \dfrac{2}{3} \times (\text{台形 ABCD}) \quad \cdots\cdots ③$$

①，②，③より

$$\begin{aligned}
&\triangle \text{CEF}\\
&= \dfrac{1}{5} \times \dfrac{1}{2} \times \dfrac{2}{3} \times (\text{台形 ABCD})\\
&= \dfrac{1}{15} \times (\text{台形 ABCD})
\end{aligned}$$

したがって，求める面積の比は　　**1：15**

▶ 第9回　　→ 本冊 p.20～21

41

答 (1) $(x+3)(x-2y)$

(2) (ア) 8　　(イ) 1　　(3) $\dfrac{5}{12}$

(4) $x=80$　　(5) $a=24$，$b=-6$

41 (1) 因数分解　★★★★

考え方
展開して整理すると共通な式が現れる。

解説
(1) $(x-y)^2 - (y+3)^2 + 3x + 9$

$= x^2 - 2xy + y^2 - (y^2 + 6y + 9) + 3x + 9$

$= x^2 - 2xy + 3x - 6y$

$= x(x-2y) + 3(x-2y)$

$= \boldsymbol{(x+3)(x-2y)}$

41 (2) 2次方程式の利用　★★★★

考え方
⚡ **方程式の解　代入すると成り立つ**
与えられた2次方程式に $x=-6$ を代入すると，a についての1次方程式になるから，これを解いて a の値を求める。

解説
$x=-6$ が2次方程式
$(3x-2)(x+5) = -2x + a$ の解であるから
$$(-18-2) \times (-6+5) = 12 + a$$
これを解くと　　$a = {}^{\text{ア}}\,8$
このとき，2次方程式は
$$(3x-2)(x+5) = -2x + 8$$
整理すると　　$x^2 + 5x - 6 = 0$
$(x+6)(x-1) = 0$ から　　$x = -6,\ 1$
したがって，もう1つの解は　　$x = {}^{\text{イ}}\,1$

41 (3) 確率　★★★★

考え方
2個のさいころに関する確率　表を利用する

解説
2つのさいころの目の出方は全部で
$$6 \times 6 = 36 \text{(通り)}$$
大小2つのさいころの出た目の積は，右の表のようになる。
2つのさいころの出た目の積が4の倍数となるのは，右の表の○をつけた15通りある。

	小のさいころ					
大のさいころ	1	2	3	4	5	6
1	1	2	3	④	5	6
2	2	④	6	⑧	10	⑫
3	3	6	9	⑫	15	18
4	④	⑧	⑫	⑯	⑳	㉔
5	5	10	15	⑳	25	30
6	6	⑫	18	㉔	30	㊱

よって，求める確率は　　$\dfrac{15}{36} = \dfrac{5}{12}$

41 (4) 1次方程式の利用　★★★★

考え方
入れ替えた後の食塩の量について方程式をつくる。

解説
入れ替えた後の食塩の量について
$$200 \times \dfrac{10}{100} - x \times \dfrac{10}{100} + x \times \dfrac{5}{100}$$
$$= 200 \times \dfrac{8}{100}$$
両辺に20をかけると　　$400 - 2x + x = 320$
これを解くと　　$x = 80$

41 (5) 比例と反比例の基礎 ★★★★

$y=\dfrac{a}{x}$ の形ならば

　y は x に反比例
比例定数は a

$y=\dfrac{a}{x}$ のグラフは右の
図のようになり，x と
y の変域より，a の正
負がわかる。

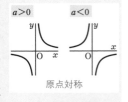

$a>0$　　$a<0$

原点対称

解説

x と y の変域より，$a>0$ であることがわかる。

よって，$x=-8$ のとき $y=-3$ であるから

$$-3=\frac{a}{-8}\qquad\text{すなわち}\qquad a=24$$

$x=-4$ のとき $y=b$ であるから

$$b=\frac{24}{-4}=-6$$

したがって　　$a=24$, $b=-6$

42 データの活用 ★★★★

答 (ウ)

考え方

ヒストグラムから，各階級の度数を読みとる
中央値は，得点の低い方から数えて 20 番目と 21
番目の平均値である。

解説

中央値は，得点の低い方から数えて 20 番目
と 21 番目の平均値である。

(ア) 得点の低い方から数えて 20 番目と 21
番目の生徒はともに 40 点以上 60 点未満
の階級に入るから，中央値は 40 点以上
60 点未満である。

(イ) 得点の低い方から数えて 20 番目の生
徒は 20 点以上 40 点未満の階級に入り，
21 番目の生徒は 60 点以上 80 点未満の階
級に入る。

このとき，20 番目と 21 番目の得点の平
均値のとる値の範囲を考えると

$$\frac{20+60}{2}=40\,(点),\quad\frac{40+80}{2}=60\,(点)$$

であるから，中央値は 40 点以上 60 点未
満である。

(ウ) 得点の低い方から数えて 20 番目と 21
番目の生徒はともに 60 点以上 80 点未満
の階級に入るから，中央値は 60 点以上
80 点未満である。

以上より，中央値が最も大きいテストは (ウ)

43 三平方の定理と座標平面 ★★★★

答 (1) $\dfrac{\sqrt{5}}{2}$　　(2) $\dfrac{5}{16}$

　(3) $\left(-\dfrac{1}{2},\ \dfrac{1}{4}\right)$　　(4) $1:4$

考え方

(3) △OAB の底辺を OB とみて，(2) の結果を利
用する。

(4) 2 つの三角形の底辺をともに OB とみる。底
辺の長さが等しい 2 つの三角形の面積比は，高
さの比に等しいから，点 C の x 座標を求めて考
える。

解説

(1) $\angle OAB=90°$ より，△OAB において，
三平方の定理により

$$AB=\sqrt{\left(\frac{5}{4}\right)^2-\left(\frac{\sqrt{5}}{4}\right)^2}=\frac{\sqrt{5}}{2}$$

(2) $\triangle OAB=\dfrac{1}{2}\times OA\times AB$

$$=\frac{1}{2}\times\frac{\sqrt{5}}{4}\times\frac{\sqrt{5}}{2}=\frac{5}{16}$$

(3) 点 A の座標を $(-t,\ t^2)$（ただし，
$t>0$）とする。
△OAB の面積について

$$\frac{1}{2}\times\frac{5}{4}\times t=\frac{5}{16}\qquad\text{よって}\qquad t=\frac{1}{2}$$

したがって，点 A の座標は

$$\left(-\frac{1}{2},\ \frac{1}{4}\right)$$

(4) 直線 AB の傾きは

$$\left(\frac{5}{4}-\frac{1}{4}\right)\div\left\{0-\left(-\frac{1}{2}\right)\right\}=2$$

よって，直線 OC の式は　　$y=2x$
点 C の x 座標は $x^2=2x$ の解で表される。

$x(x-2)=0$ から　　$x=0$, 2
よって，点Cの x 座標は　2
したがって
$$\triangle OAB : \triangle OBC$$
$$=(点 A の x 座標の絶対値)$$
$$: (点 C の x 座標)$$
$$=\frac{1}{2} : 2 = \mathbf{1:4}$$

44 三平方の定理と平面図形　★★★★

答 (1)　60°　　(2)　9 cm

(3)　$\dfrac{81\sqrt{3}}{4}$ cm²　　(4)　$\dfrac{9\sqrt{3}}{2}$ cm²

考え方
(2)　線分 AE，BD をひいて考える。
(3)　線分 PQ を △APQ の底辺とみる。線分 AE
　　と線分 PQ の交点を R とすると
　　　　　AR＝AE－ER
(4)　線分 QF を △AQF の底辺とみる。

解説
(1)　正六角形の1つの内角の大きさは
$$180° \times (6-2) \times \frac{1}{6} = 120°$$
点 P，Q はそれぞれ辺 CD，EF の中点で
あるから　　DE∥PQ
平行線の同位角は等しいから
　　∠FQP＝∠QED＝120°
よって　　∠PQE＝180°－∠FQP＝**60°**
(2)　線分 AE と線分 PQ の交点を R とす
る。二等辺三角形 FEA において
　　∠FEA
　　$=\dfrac{1}{2}(180°-120°)$
　　$=30°$
であるから，(1)
より
　　∠QRE＝90°
よって，△EQR は3つの角が 30°，60°，
90° の直角三角形であるから
$$RQ = \frac{1}{2}QE = \frac{3}{2}\ (cm)$$
線分 BD と線分 PQ の交点を S とすると，

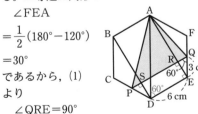

同様にして　　$PS = \dfrac{3}{2}$ (cm)
また，∠AED＝∠BDE＝90° より，四角
形 SDER は長方形であるから
　　　　RS＝DE＝6 (cm)
よって　　$PQ = \dfrac{3}{2} \times 2 + 6 = \mathbf{9}$ **(cm)**

(3)　(2) より，△ADE，△EQR はともに3
つの角が 30°，60°，90° の直角三角形であ
るから
$$AE = 6\sqrt{3}\ (cm),\quad ER = \frac{3\sqrt{3}}{2}\ (cm)$$
よって　　$AR = AE - ER = \dfrac{9\sqrt{3}}{2}$ (cm)
したがって
$$\triangle APQ = \frac{1}{2} \times PQ \times AR$$
$$= \frac{1}{2} \times 9 \times \frac{9\sqrt{3}}{2} = \frac{81\sqrt{3}}{4}\ \textbf{(cm²)}$$

(4)　△AQF において，底辺を QF とする
と，高さは
$$\frac{1}{2}BF = \frac{1}{2}AE = 3\sqrt{3}\ (cm)$$
よって　　$\triangle AQF = \dfrac{1}{2} \times 3 \times 3\sqrt{3}$
$$= \frac{9\sqrt{3}}{2}\ \textbf{(cm²)}$$

別解　(3)　辺 AB の中点を G とすると，
　　BA∥PQ であるから
　　　　　△APQ＝△GPQ
(2)と同様にすると　　GP＝GQ＝9 (cm)
よって，△GPQ は正三角形である。
したがって
　　　　△APQ＝△GPQ
$$= \frac{1}{2} \times 9 \times \left(9 \times \frac{\sqrt{3}}{2}\right)$$
$$= \frac{81\sqrt{3}}{4}\ \textbf{(cm²)}$$

(4)　線分 AD の中点を O とすると，
△OEF は1辺の長さが 6 cm の正三角形
である。
AD∥FE，FQ＝QE であるから

$$\triangle \text{AQF} = \frac{1}{2}\triangle \text{OEF}$$

$$= \frac{1}{2}\times\left\{\frac{1}{2}\times 6\times\left(6\times\frac{\sqrt{3}}{2}\right)\right\}$$

$$= \frac{9\sqrt{3}}{2}\ \textbf{(cm}^2\textbf{)}$$

(参考) 別解 では，知っておくと便利！
（→p.4）を用いることもできる。

45 体積の比　★★★☆

答 $1:5:6$

考え方
🕐 相似形
　　面積比は 2 乗の比　　体積比は 3 乗の比
三角柱 ABC-DEF の体積を V として，立体 X，Y，Z の体積をそれぞれ V で表す。

解説
三角柱 ABC-DEF の体積を V，立体 X の体積を V_1，立体 X を除いた立体を 2 つに分けた立体のうち E をふくむ方の体積を V_2，残りの立体の体積を V_3 と表す。
$\triangle \text{PBQ} \infty \triangle \text{ABC}$ であるから
$$\triangle \text{PBQ} : \triangle \text{ABC} = 1^2 : 2^2 = 1 : 4$$
よって　　$V_1 = V \times \dfrac{1}{4} \times \dfrac{1}{3} = \dfrac{1}{12}V$

したがって，立体 X を除いた体積は
$$V_2 + V_3 = V - \frac{1}{12}V = \frac{11}{12}V$$

線分 DP，EB，FQ を延長すると，次の図のように 1 点で交わる。この点を R とする。また，三角錐 R-DEF の体積を V_4 と表す。

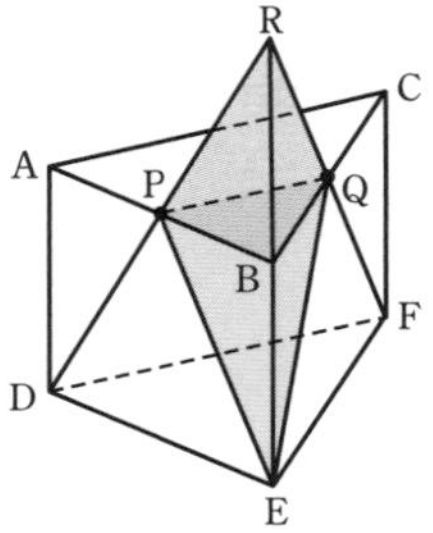

PB $= \dfrac{1}{2}$ DE,

PB // DE

BQ $= \dfrac{1}{2}$ EF,

BQ // EF

であるから
　　RB : RE = 1 : 2
よって，RB = BE であるから，三角錐
R-PBQ の体積は V_1 に等しい。
したがって　　$V_1 : V_4 = 1^3 : 2^3 = 1 : 8$

よって，体積 V_2，V_3 は
$$V_2 = V_4 - 2V_1 = 8V_1 - 2V_1 = 6V_1 = \frac{1}{2}V$$
$$V_3 = \frac{11}{12}V - \frac{1}{2}V = \frac{5}{12}V$$

したがって，Y，Z の体積はそれぞれ V_3，V_2 となるから，求める体積の比は
$$V_1 : V_3 : V_2 = \frac{1}{12}V : \frac{5}{12}V : \frac{6}{12}V$$
$$= 1 : 5 : 6$$

第 10 回　→ 本冊 p.22 ～ 23

46

答　(1) $\dfrac{16}{81}$　　(2) (ア) 8　(イ) 6

　　(3) $24\sqrt{7}$　　(4) $x = \dfrac{1 \pm \sqrt{17}}{2}$

　　(5) 6 通り

46 (1) 平方根の計算　★★☆☆

考え方
分母どうし，分子どうしをかけて，指数法則 $a^n b^n = (ab)^n$ を利用すると，和と差の積が平方の差になることが利用できる。
知っておくと便利！（→ p.10）参照

解説
$$\frac{(5\sqrt{2}+4\sqrt{3})^8}{(3\sqrt{2}-2\sqrt{3})^4}\times\frac{(5\sqrt{2}-4\sqrt{3})^8}{(3\sqrt{2}+2\sqrt{3})^4}$$
$$= \frac{\{(5\sqrt{2}+4\sqrt{3})(5\sqrt{2}-4\sqrt{3})\}^8}{\{(3\sqrt{2}-2\sqrt{3})(3\sqrt{2}+2\sqrt{3})\}^4}$$
$$= \frac{\{(5\sqrt{2})^2-(4\sqrt{3})^2\}^8}{\{(3\sqrt{2})^2-(2\sqrt{3})^2\}^4} = \frac{(50-48)^8}{(18-12)^4}$$
$$= \frac{2^8}{6^4} = \frac{16}{81}$$

46 (2) 連立方程式の解き方　★☆☆☆

解説
$$\begin{cases} \dfrac{x}{2} - \dfrac{y}{3} = 2 & \cdots\cdots ① \\[2mm] \dfrac{x+y}{2} - \dfrac{x-3y}{5} = 9 & \cdots\cdots ② \end{cases}$$

① から　　$3x - 2y = 12$　　$\cdots\cdots ③$

② から　　$3x + 11y = 90$　　$\cdots\cdots ④$

③，④ を解くと　　$x = {}^{7}8$，$y = {}^{7}6$

46 (3) 平方根の応用　★★★★

考え方

⚡ 式の値　式を簡単にしてから数値を代入

解説

$$x^3y-xy^3=xy(x^2-y^2)$$
$$=xy(x+y)(x-y)$$

ここで　$xy=(\sqrt{7}+2)(\sqrt{7}-2)=7-4=3$
$$x+y=(\sqrt{7}+2)+(\sqrt{7}-2)=2\sqrt{7}$$
$$x-y=(\sqrt{7}+2)-(\sqrt{7}-2)=4$$

よって　$x^3y-xy^3=3\times2\sqrt{7}\times4=\mathbf{24\sqrt{7}}$

46 (4) 2次方程式の利用　★★★★

考え方

⚡ 方程式の解　代入すると成り立つ

解説

$x=1$, $x=2$ が 2 次方程式 $x^2+ax+b=0$ の
解であるから

$$1+a+b=0 \quad \cdots\cdots ①$$
$$4+2a+b=0 \quad \cdots\cdots ②$$

①, ② を解くと　$a=-3$, $b=2$

よって, 2 次方程式
$x^2+(a+b)x+(2a+b)=0$ は
$$x^2-x-4=0$$

したがって

$$x=\frac{-(-1)\pm\sqrt{(-1)^2-4\times1\times(-4)}}{2\times1}$$

$$=\frac{1\pm\sqrt{17}}{2}$$

46 (5) 場合の数　★★★★

解説

1 段上がることを 1, 2 段上がることを 2 と
表すと, 4 歩で 6 段を登るのは
(1 歩目, 2 歩目, 3 歩目, 4 歩目)が
$(1, 1, 2, 2)$, $(1, 2, 1, 2)$, $(1, 2, 2, 1)$,
$(2, 1, 1, 2)$, $(2, 1, 2, 1)$, $(2, 2, 1, 1)$
の **6 通り**。

47 円　★★★★

答 50°

考え方

円に内接する四角形の対角の和が 180° であること
と, 2 直線が平行ならば同位角が等しいことを利用
する。

解説

四角形 CDHG は円に内接するから
$$∠CGH+∠CDH=180°$$

∠CGH＝115° であるから
$$∠CDH=180°-115°=65°$$

AB∥DE より
$$∠CAB=∠CDH=65°$$

AC∥FG より
$$∠ACB=∠FGB=180°-115°=65°$$

よって　$∠x=180°-(65°+65°)=\mathbf{50°}$

48 三平方の定理と平面図形　★★★★

答 (1)　5 cm　　(2)　$\dfrac{24}{5}$ cm²

考え方

(1) △ABD において, 三平方の定理を利用するた
めに, 辺 AD の長さを求める。頂点 D から辺
BC に垂線 DH をひくと, 辺 AD の長さは線分
BH の長さに等しい。

(2) 四角形 AEFD を △AED と △EFD に分けて
考え, 2 つの三角形の面積をそれぞれ △ABD を
用いて表す。

解説

(1)　頂点 D から辺 BC に垂線 DH をひく。
△DHC において, 三平方の定理により
$$CH=\sqrt{5^2-4^2}=3 \text{ (cm)}$$
よって　$BH=BC-CH=3 \text{ (cm)}$
AD＝BH＝3 (cm) であるから, △ABD
において, 三平方の定理により
$$BD=\sqrt{4^2+3^2}=\mathbf{5 \text{ (cm)}}$$

(2)　AE : EB＝1 : 1 であるから
$$△AED=△EBD=\frac{1}{2}△ABD$$

直線 DH と線分 EC の交点を G とする。
EB∥GH であるから
$$EB : GH=BC : HC=2 : 1$$
よって, GH＝1 (cm) であるから
$$DG=4-1=3 \text{ (cm)}$$
EB∥DG であるから
$$DF : FB=DG : EB=3 : 2$$
よって
$$△EFD=\frac{3}{3+2}△EBD=\frac{3}{10}△ABD$$

したがって，四角形 AEFD の面積は
$$\triangle \text{AED} + \triangle \text{EFD}$$
$$= \frac{4}{5}\triangle \text{ABD} = \frac{4}{5} \times \frac{1}{2} \times 4 \times 3$$
$$= \frac{24}{5} \ (\text{cm}^2)$$

知っておくと便利！

次のような 3 辺が整数比となる直角三角形はよく
出てくるので，おさえておくとよい。

(1)の △ABD の辺の比は 3：4：5 である。

49　三平方の定理と空間図形　★★★☆

答 (1)　18　　(2)　7：17

考え方

(1)　切り口は等脚台形 AIJH である。

(2)　⚡ **相似形　体積比は 3 乗の比**
　　線分 AI の延長と線分 HJ の延長の交点を K と
すると，三角錐 K-AEH と三角錐 K-IFJ は相似
であり，できる立体のひとつは三角錐 K-AEH
から三角錐 K-IFJ を除いたものである。

解説

(1)　切り口は等脚台形 AIJH である。
$$\text{AH} = \sqrt{2}\,\text{AD} = 4\sqrt{2},$$
$$\text{IJ} = \sqrt{2}\,\text{FJ} = 2\sqrt{2}$$

△ABI において，三平方の定理により
$$\text{AI} = \sqrt{\text{AB}^2 + \text{BI}^2} = 2\sqrt{5}$$

点 I から線分 AH
にひいた垂線と
AH の交点を L
とすると
$$\text{AL}$$
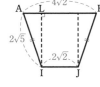
$$= (4\sqrt{2} - 2\sqrt{2}) \div 2$$
$$= \sqrt{2}$$

△AIL において，三平方の定理により
$$\text{IL} = \sqrt{\text{AI}^2 - \text{AL}^2} = 3\sqrt{2}$$

よって，切り口の台形 AIJH の面積は
$$\frac{1}{2} \times (2\sqrt{2} + 4\sqrt{2}) \times 3\sqrt{2} = \boldsymbol{18}$$

(2)　線分 AI の延長
と線分 HJ の延長
の交点を K とす
る。

AE∥IF，
AE＝2IF より
　　KE＝2KF，
　　KA＝2KI
同様に
　　KH＝2KJ
よって，三角錐 K-AEH∽ 三角錐 K-IFJ
で，相似比は 2：1 である。
KE＝2KF＝2FE＝8 であるから，三角錐
K-AEH の体積は
$$\frac{1}{3} \times \left(\frac{1}{2} \times 4 \times 4\right) \times 8 = \frac{64}{3}$$

三角錐 K-AEH と三角錐 K-IFJ の体積
の比は　　$2^3 : 1^3 = 8 : 1$
よって，立体 AEH-IFJ の体積は
$$\frac{64}{3} \times \frac{7}{8} = \frac{56}{3}$$

立方体から立体 AEH-IFJ を除いた立体
の体積は
$$4^3 - \frac{56}{3} = \frac{136}{3}$$

したがって，求める体積の比は
$$\frac{56}{3} : \frac{136}{3} = \boldsymbol{7 : 17}$$

50　放物線と直線　★★★☆

答 (1)　$a = \dfrac{1}{2}$　　(2)　$y = -x + 4$

(3)　$\dfrac{4}{5}$

考え方

(3)　AB が一定であるから，△APB の周の長さが
最小になるのは，AP＋PB が最小になるときで
ある。

解説

(1)　点 A は関数 $y = ax^2$ のグラフ上にある
から　　　　$8 = a \times (-4)^2$

よって　　$\boldsymbol{a = \dfrac{1}{2}}$

(2) 点 B は関数 $y=\dfrac{1}{2}x^2$ のグラフ上にあるから，点 B の座標は　(2, 2)

直線 AB の傾きは $\dfrac{2-8}{2-(-4)}=-1$ であるから，直線 AB の式は $y=-x+b$ とおける。

点 B を通るから　$2=-2+b$

よって　$b=4$

求める直線 AB の式は　$\boldsymbol{y=-x+4}$

(3) AB が一定であるから，△APB の周の長さが最小になるのは，AP+PB が最小になるときである。

x 軸について，
点 B と対称な点を
B′ とすると，
B′ の座標は
(2, −2) である。

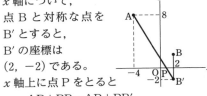

x 軸上に点 P をとると

　　$\mathrm{AP+PB=AP+PB'}$

よって，3 点 A，P，B′ が一直線上にあるとき，AP+PB は最小になる。

直線 AB′ の傾きは $\dfrac{-2-8}{2-(-4)}=-\dfrac{5}{3}$ であるから，直線 AB′ の式を

$y=-\dfrac{5}{3}x+c$ とおく。点 A を通るから

$8=\dfrac{20}{3}+c$　　　よって　$c=\dfrac{4}{3}$

点 P の x 座標は $0=-\dfrac{5}{3}x+\dfrac{4}{3}$ を解いて　　　$x=\dfrac{4}{5}$

▶ **第 11 回**　→ 本冊 p.24〜25

51

答 (1)　-2　　(2)　$\dfrac{2x^2}{3y^2}$

(3)　$x=-1\pm\sqrt{7}$　　(4)　1530 人

(5)　$x=2800$

51 (1)　**四則混合計算**　★★★★

解説

$$6\div\dfrac{3^2}{-2}+\left\{1-5\times\left(-\dfrac{1}{3}\right)^2\right\}\div\left(-\dfrac{2}{3}\right)$$

$$=-6\times\dfrac{2}{9}-\left(1-\dfrac{5}{9}\right)\times\dfrac{3}{2}=-\dfrac{4}{3}-\dfrac{2}{3}$$

$$=-2$$

51 (2)　**単項式の乗法，除法**　★★★★

解説

$$(-xy^2)^3\div\left\{(-x^2y^3)^2\div\left(-\dfrac{2}{3}xy^2\right)\right\}$$

$$\div\left(-\dfrac{y^2}{x}\right)^2$$

$$=(-x^3y^6)\times\left(-\dfrac{2xy^2}{x^4y^6\times3}\right)\times\dfrac{x^2}{y^4}$$

$$=\dfrac{x^3y^6\times2xy^2\times x^2}{x^4y^6\times3\times y^4}=\dfrac{2x^2}{3y^2}$$

51 (3)　**2 次方程式の解き方**　★★★★

解説

$$2(x-1)^2=(x-3)^2-1$$

整理すると　　$x^2+2x-6=0$

よって　　$x=\dfrac{-2\pm\sqrt{2^2-4\times1\times(-6)}}{2\times1}$

　　　　　　$=-1\pm\sqrt{7}$

別解　$x=\dfrac{-1\pm\sqrt{1^2-1\times(-6)}}{1}$

　　　　$=-1\pm\sqrt{7}$

51 (4)　**連立方程式の利用**　★★★★

解説

8 月の大人の利用者数を x 人，子どもの利用者数を y 人とすると

$$\begin{cases} x+y=4250 & \cdots\cdots ① \\ \dfrac{2}{100}x-\dfrac{8}{100}y=-190 & \cdots\cdots ② \end{cases}$$

②×50 から　　$x-4y=-9500$ ……③

①，③ を解くと　　$x=1500,\ y=2750$

よって，9 月の大人の利用者数は

　　$1500\times(1+0.02)=\boldsymbol{1530}$（人）

51 (5)　**標本調査**　★★★★

考え方

（母集団における比率）＝（標本における比率）
と考える。

29

（続き）

$2 = \dfrac{7}{5} \times (-2) + c$ よって $c = \dfrac{24}{5}$

したがって，求める直線の式は

$$y = \dfrac{7}{5}x + \dfrac{24}{5}$$

解説

1万個のビー玉のうち，印のついたビー玉の割合は $\dfrac{125}{10000} = \dfrac{1}{80}$

取り出した x 個のビー玉のうち，印のついたビー玉は 35 個であるから

$x \times \dfrac{1}{80} = 35$ よって $\boldsymbol{x = 2800}$

52 放物線と直線 ★★☆☆

答 (1) $a = \dfrac{1}{4}$ (2) $y = x + 8$

(3) $(8, 16)$ (4) $y = \dfrac{7}{5}x + \dfrac{24}{5}$

考え方

(2) 正方形の対角線は長さが等しく垂直に交わる。このことを利用する。

(4) △OAP の底辺を OA とみて考える。

解説

(1) 点 A は放物線 $y = ax^2$ 上にあるから

$4 = a \times (-4)^2$ よって $\boldsymbol{a = \dfrac{1}{4}}$

(2) 正方形の対角線 OB が y 軸上にあるから，線分 AC と x 軸は平行である。

∠BAC = 45° より，直線 AB の傾きは 1 であるから，直線 AB の式は $y = x + b$ とおける。点 A を通るから

$4 = -4 + b$ よって $b = 8$

求める直線 AB の式は $\boldsymbol{y = x + 8}$

(3) 点 P の x 座標は $\dfrac{1}{4}x^2 = x + 8$ の解で表される。

これを解くと $x = -4, 8$

点 P の x 座標は -4 ではないから

$x = 8$

よって，点 P の座標は $\boldsymbol{(8, 16)}$

(4) 求める直線は線分 OA の中点 M$(-2, 2)$ を通る。

直線 PM の傾きは $\dfrac{16-2}{8-(-2)} = \dfrac{7}{5}$ であるから，直線 PM の式は $y = \dfrac{7}{5}x + c$ とおける。

53 三平方の定理と平面図形 ★☆☆☆

答 4

考え方

相似な三角形を利用して，辺 AC の長さを求め，△ABC において三平方の定理を利用する。

解説

△ADE と △ACB において

∠EAD = ∠BAC

∠ADE = ∠ACB = 90°

2 組の角がそれぞれ等しいから

△ADE ∽ △ACB

よって AD : AC = DE : CB

すなわち $\sqrt{5} : AC = \sqrt{3} : \sqrt{6}$

よって AC = $\sqrt{10}$

△ABC において，三平方の定理により

AB = $\sqrt{(\sqrt{6})^2 + (\sqrt{10})^2} = \boldsymbol{4}$

54 三平方の定理と空間図形 ★★★☆

答 (1) AF = $2\sqrt{6}$，AM = $3\sqrt{3}$

(2) 9 (3) $\dfrac{4\sqrt{3}}{3}$

考え方

(2) 垂線をひいて 2 つの直角三角形をつくる

点 M から線分 AF に垂線 MI をひくと

△AFM = $\dfrac{1}{2}$AF × MI

FI = x とし，△AIM と △FIM において，それぞれ三平方の定理を利用し，MI^2 を 2 通りの式で表す。

(3) 三角錐 ABFM の底面と高さを，2 通りにとらえる。

解説

(1) △ABF は AB = BF の直角二等辺三角形であるから AF = $\sqrt{2}$ AB = $2\sqrt{6}$

∠ACM = 90° より，△ACM において，三平方の定理により

$$AM^2 = AC^2 + CM^2 = AF^2 + CM^2$$
$$= (2\sqrt{6})^2 + \left(\frac{2\sqrt{3}}{2}\right)^2 = 27$$

AM＞0 であるから　　**AM＝$3\sqrt{3}$**

(2)　点 M から線分 AF に垂線 MI をひく。

FI＝x とすると　　　AI＝$2\sqrt{6}-x$

△AIM において，三平方の定理により
$$MI^2 = AM^2 - AI^2$$
$$= (3\sqrt{3})^2 - (2\sqrt{6}-x)^2$$
$$= 3 + 4\sqrt{6}\,x - x^2 \quad \cdots\cdots ①$$

△FIM において，三平方の定理により
$$MI^2 = FM^2 - FI^2$$
$$= (FG^2 + MG^2) - FI^2$$
$$= \left\{(2\sqrt{3})^2 + \left(\frac{2\sqrt{3}}{2}\right)^2\right\} - x^2$$
$$= 15 - x^2 \quad \cdots\cdots ②$$

①，② から　　$3 + 4\sqrt{6}\,x - x^2 = 15 - x^2$

これを解くと　　$x = \dfrac{\sqrt{6}}{2}$

よって　　$MI^2 = 15 - \left(\dfrac{\sqrt{6}}{2}\right)^2 = \dfrac{27}{2}$

MI＞0 であるから　　MI＝$\dfrac{3\sqrt{6}}{2}$

したがって
$$\triangle AFM = \frac{1}{2} \times AF \times MI$$
$$= \frac{1}{2} \times 2\sqrt{6} \times \frac{3\sqrt{6}}{2} = 9$$

(3)　三角錐 ABFM の底面を △ABF とすると，高さは BC であるから，その体積は
$$\frac{1}{3} \times \left(\frac{1}{2} \times 2\sqrt{3} \times 2\sqrt{3}\right) \times 2\sqrt{3} = 4\sqrt{3}$$

点 B から △AFM にひいた垂線を BJ とすると，三角錐 ABFM の体積について
$$\frac{1}{3} \times 9 \times BJ = 4\sqrt{3}$$

よって　　BJ＝$\dfrac{4\sqrt{3}}{3}$

したがって，求める垂線の長さは
$$\frac{4\sqrt{3}}{3}$$

知っておくと便利！

三角形の3辺の長さがわかっているとき，ある頂点からその対辺に垂線をひくことで，(2)のようにして，高さと面積を求めることができる。

55　確率　★★☆☆

答　(1)　$\dfrac{4}{9}$　　　(2)　$\dfrac{4}{9}$　　　(3)　$\dfrac{34}{81}$

考え方

(2)と(3)の取り出し方の違いに注意する。

解説

(1)　袋 A，B からそれぞれ1個ずつ球を取り出すとき，その取り出し方は全部で
$$3 \times 3 = 9 （通り）$$
A から取り出した球の数字よりも，B から取り出した球の数字の方が大きくなるのは，次の樹形図のように4通りある。

よって，求める確率は　$\dfrac{4}{9}$

(2)　袋 A，B からそれぞれ2個ずつ球を取り出すとき，その取り出し方は3通りずつあるから，取り出し方は全部で
$$3 \times 3 = 9 （通り）$$
A から取り出した2個の球の数字の和よりも，B から取り出した2個の球の数字の和の方が大きくなるのは，次の樹形図のように4通りある。

$$0+2 \left\langle\begin{array}{l} 1+2 \\ 1+3 \\ 2+3 \end{array}\right. \qquad 0+4 \longrightarrow 2+3$$

よって，求める確率は　$\dfrac{4}{9}$

(3)　袋 A の2個の球の取り出し方は
$$3 \times 3 = 9 （通り）$$
袋 B の2個の球の取り出し方も同様に9通りあるから，合計4個の取り出し方は，全部で　$9 \times 9 = 81 （通り）$
A から取り出した2個の球の数字の和は

31

$0+0=0$, $0+2=2$, $0+4=4$,
$2+0=2$, $2+2=4$, $2+4=6$,
$4+0=4$, $4+2=6$, $4+4=8$

B から取り出した 2 個の球の数字の和は
$1+1=2$, $1+2=3$, $1+3=4$,
$2+1=3$, $2+2=4$, $2+3=5$,
$3+1=4$, $3+2=5$, $3+3=6$

よって，A から取り出した 2 個の球の数字の和よりも，B から取り出した 2 個の球の数字の和の方が大きくなるのは，次の 3 つの場合がある。

[1] A の和が 0 のとき　9 通り
[2] A の和が 2 となるのは 2 通りあり，
このとき B の和は 8 通りあるから
$$2 \times 8 = 16 \,(通り)$$
[3] A の和が 4 となるのは 3 通りあり，
このとき B の和は 3 通りあるから
$$3 \times 3 = 9 \,(通り)$$

A の和が 6 または 8 となるとき，B の和がこれよりも大きくなることはない。

よって，求める確率は
$$\frac{9+16+9}{81} = \frac{34}{81}$$

▶ 第 12 回　　　　→ 本冊 p.26～27

56

答 (1) 6　　(2) 42　　(3) 180 m
　　(4) 32°

56 (1) 式の計算の利用　★★★★

解説

$$\frac{(x-1)(y+1)+1}{xy} = \frac{xy+x-y-1+1}{xy}$$

$$= 1 + \frac{1}{y} - \frac{1}{x} = 1 - \left(\frac{1}{x} - \frac{1}{y}\right)$$

$$= 1 - (-5) = 6$$

56 (2) 素因数分解　★★★★

考え方

最大の x の値は，126 と 420 の最大公約数であるから，126 と 420 を素数の積で表して考える。
整数の問題では積の形に表すと，見通しがよくなることが多い。

解説

最大の x の値は，126 と 420 の最大公約数である。

$$126 = 2 \times 3^2 \times 7, \quad 420 = 2^2 \times 3 \times 5 \times 7$$

であるから

$$x = 2 \times 3 \times 7 = 42$$

56 (3) 連立方程式の利用　★★★★

考え方

列車の長さを x m，列車の速さを秒速 y m として，これらの関係を方程式に表す。

解説

列車の長さを x m，列車の速さを秒速 y m とすると

$$540 + x = 30y \quad \cdots\cdots ①$$
$$1860 - x = 70y \quad \cdots\cdots ②$$

①，② を解くと　　$x = 180$，$y = 24$

したがって，列車の長さは **180 m** である。

56 (4) 円　★★★★

考え方

$\angle CED = \angle BED$ であるから，$\triangle DBE$ の内角の和が 180° であることを利用して求める。

解説

円周角の定理により
$$\angle BDC = \angle BAC = 54°$$

$\overparen{BC} = \overparen{CD}$ であるから
$$\angle CBD = \angle BAC = 54°$$

よって，$\triangle DBE$ において
$$\angle CED = \angle BED$$
$$= 180° - (54° + 54° + 40°) = 32°$$

57 2 次方程式の利用　★★★★

答 (1) 21 cm²　　(2) 2 秒後
　　(3) $(12 - 2\sqrt{2}\,)$ 秒後

考え方

(2) $\triangle PQD = 20$ より $\frac{1}{2} \times PD \times AQ = 20$ であるから，A を出発してから x 秒後の線分 AQ，PD の長さを x で表し，x を求める。

(3) $\frac{1}{2} \times PD \times DQ = \frac{1}{9} \times 6 \times 12$ であるから，A を出発してから y 秒後の線分 DQ，PD の長さを y で表し，y を求める。

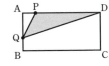

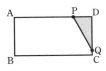

解説

(1) 5秒後の点Pは辺AD上の
AP=5（cm）の位置，点Qは辺BC上の
BQ=4（cm）の位置にある。よって

$$\triangle PQD = \frac{1}{2} \times (12-5) \times 6 = \mathbf{21\ (cm^2)}$$

(2) Aを出発してか
らx秒後とすると
AP=x（cm），
AQ=$2x$（cm），
PD=$12-x$（cm）であるから

$$\triangle PQD = \frac{1}{2} \times (12-x) \times 2x$$
$$= 12x - x^2\ (cm^2)$$

△PQDの面積が20 cm²となるとき
$$12x - x^2 = 20$$

これを解くと　　　　　　$x = 2,\ 10$
$0 \leqq x \leqq 3$であるから　　$x = 2$
よって　　**2秒後**

(3) Aを出発してか
らy秒後に△PQD
の面積が長方形
ABCDの面積の
$\frac{1}{9}$になるとする。

CQ=$2y-18$（cm）であるから
$$DQ = -2y + 24\ (cm)$$
また　　PD=$12-y$（cm）
よって
$$\triangle PQD = \frac{1}{2} \times (12-y) \times (-2y+24)$$
$$= (12-y)^2\ (cm^2)$$

したがって　$(12-y)^2 = \frac{1}{9} \times 6 \times 12$

整理すると　　$y^2 - 24y + 136 = 0$
これを解くと　　$y = 12 \pm 2\sqrt{2}$
$9 \leqq y \leqq 12$であるから　　$y = 12 - 2\sqrt{2}$
よって　　**$(12-2\sqrt{2}\,)$秒後**

58 確率　　　　★★☆☆

答 (1) $\dfrac{5}{12}$　　(2) $\dfrac{1}{6}$　　(3) $\dfrac{4}{9}$

考え方

(3) 直線ℓが線分ABを通るような傾き$\dfrac{b}{a}$の値
の範囲を考える。

解説

大小2つのさいころを同時に1回投げると
き，目の出方は全部で　　$6 \times 6 = 36$（通り）

(1) bがaよりも大きくなるような目の出
方は　　$5+4+3+2+1 = 15$（通り）
よって，求める確率は　　$\dfrac{15}{36} = \dfrac{5}{12}$

(2) 直線ℓが点Cを通るとき
$$3 = \frac{b}{a} \times 3\quad \text{すなわち}\quad a = b$$
$a = b$となるような目の出方は6通りあ
るから，求める確率は
$$\frac{6}{36} = \frac{1}{6}$$

(3) 直線ℓが点Aを通るとき
$$2 = \frac{b}{a} \times 3\quad \text{すなわち}\quad \frac{b}{a} = \frac{2}{3}$$
直線ℓが点Bを通るとき
$$3 = \frac{b}{a} \times 2\quad \text{すなわち}\quad \frac{b}{a} = \frac{3}{2}$$
よって，$\dfrac{2}{3} \leqq \dfrac{b}{a} \leqq \dfrac{3}{2}$のとき，直線$\ell$が
線分ABを通る。
$\dfrac{2}{3} \leqq \dfrac{b}{a} \leqq \dfrac{3}{2}$となるような目の出方は次
の樹形図のようになり，全部で16通りあ
る。

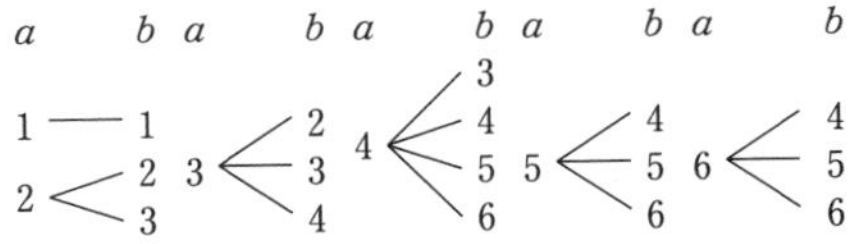

a	b	a	b	a	b	a	b	a	b
1	1	2	2	4	3		4	6	4
2	2	3	3		4	5	5		5
	3		4		5		6		
					6				

したがって，求める確率は　　$\dfrac{16}{36} = \dfrac{4}{9}$

59 放物線と直線　　★★☆☆

答 (1) $(3,\ 9a)$　　(2) $a = \dfrac{3}{4}$

(3) $y = \dfrac{15}{4}x$

考え方

(1) x 座標が与えられている点 A から順に，点
A→点 B→点 C の座標を a を用いて表す。

(3) 求める直線は長方形 ABCD の対角線の交点
を通る。対角線はそれぞれの中点で交わるから，
線分 AC の中点の座標を求めればよい。

解説

(1) 点 A は①のグラフ上にあるから，点
A の座標は　　　$(-1,\ a)$

　　AB＝4 であるから，点 B の x 座標は
　　　　$-1+4=3$

　　よって，点 B の座標は　　　$(3,\ a)$

　　点 C は①のグラフ上にあり，x 座標が 3
　　であるから，点 C の座標は　　$(3,\ 9a)$

(2) AB：BC＝2：3 から
　　　　$4:(9a-a)=2:3$

　　よって　$16a=12$　　すなわち　$a=\dfrac{3}{4}$

(3) 線分 AC の中点を M とすると，M を
　通る直線は長方形 ABCD の面積を 2 等
　分する。

　(2)のとき，A，C の座標はそれぞれ

　$\left(-1,\ \dfrac{3}{4}\right)$, $\left(3,\ \dfrac{27}{4}\right)$ であるから，M の座

　標は　　$\left(1,\ \dfrac{15}{4}\right)$

　よって，求める直線の式は　　$y=\dfrac{15}{4}x$

60　相似の応用　★★☆☆

答	(1)	(ア) $\dfrac{8}{3}$	(イ) $\dfrac{4}{3}$	(2) $\dfrac{14}{3}$
	(3) $\dfrac{36}{23}$			

考え方

(2) △ABH≡△CBI を利用する。
　または，△ABH と △ACH において，それぞれ
　三平方の定理を利用して考えてもよい。

(3) 点 D から辺 BC に垂線 BG をひくと
　DG∥AH より　BG：BH＝BD：BA
　EH∥DG より　CE：CD＝CH：CG

解説

(1) △CAD と △BAC において
　　　∠CAD＝∠BAC

よって，△CAD∽△BAC であるから
　　AD：AC＝AC：AB

AD：4＝4：6 から　　AD＝$\overset{ア}{\dfrac{8}{3}}$

△CAD は CA＝CD の二等辺三角形であ
るから，点 I は線分 AD の中点である。

したがって　　AI＝$\dfrac{8}{3}\div2=\overset{イ}{\dfrac{4}{3}}$

(2) △ABH と △CBI において
　　　∠AHB＝∠CIB＝90°
　　　∠ABH＝∠CBI
　　　AB＝CB

よって，△ABH≡△CBI であるから
　　　BH＝BI

BI＝$6-\dfrac{4}{3}=\dfrac{14}{3}$ であるから　BH＝$\dfrac{14}{3}$

(3) 点 D から辺 BC に垂線 DG をひく。

DG∥AH から　　BG：BH＝BD：BA

BG：$\dfrac{14}{3}=\dfrac{10}{3}:6$ から　　BG＝$\dfrac{70}{27}$

よって　　CG＝$6-\dfrac{70}{27}=\dfrac{92}{27}$

また　　CH＝$6-\dfrac{14}{3}=\dfrac{4}{3}$

EH∥DG から　　CE：CD＝CH：CG

CE：4＝$\dfrac{4}{3}:\dfrac{92}{27}$ より　CE：4＝9：23

したがって　　CE＝$\dfrac{36}{23}$

別解 (2) BH＝x とする。
　△ABH において，三平方の定理により
　　　　$AH^2=AB^2-BH^2=6^2-x^2$
　△ACH において，三平方の定理により
　　　　$AH^2=AC^2-CH^2=4^2-(6-x)^2$
　よって　　$6^2-x^2=4^2-(6-x)^2$

これを解くと　　$x=\dfrac{14}{3}$

すなわち　　BH＝$\dfrac{14}{3}$

61

答 (1) $n=7$　　(2) $(x-2y)(5x-2y)$

　　(3) $x=\dfrac{-3\pm\sqrt{57}}{2}$　　(4) $30°$

　　(5) 186 人

61 (1) 平方根の応用　★★★★

考え方
$\sqrt{\bigcirc}$ が整数ならば　○ は整数を2乗した数

解説
108 を素因数分解すると　$108=2^2\times3^3$
よって　$\sqrt{108(10-n)}=6\sqrt{3(10-n)}$
$\sqrt{3(10-n)}$ が整数になるのは，k を0以上の整数として，$10-n=3k^2$ と表されるときである。
$k=0$ のとき　$n=10$
$k=1$ のとき　$n=7$
k が2以上の整数のとき，n は負の数となり，問題に適さない。
よって　　　　$n=7$

61 (2) 因数分解　★★★★

解説
$(x-2y)^2-8xy+4x^2$
$=(x-2y)^2+4x(x-2y)$
$=(x-2y)\{(x-2y)+4x\}$
$=(x-2y)(5x-2y)$

61 (3) 2次方程式の解き方　★★★★

解説
$\dfrac{1}{2}(x-2)(x+3)=\dfrac{1}{3}(x^2-3)$

整理すると　$x^2+3x-12=0$

よって　　$x=\dfrac{-3\pm\sqrt{3^2-4\times1\times(-12)}}{2\times1}$

$=\dfrac{-3\pm\sqrt{57}}{2}$

61 (4) 円　★★★★

解説
AC と BD の交点を E，直線 AB と DC の交点を F とする。

円周角の定理により
　　$\angle BDF=\angle BAC=\angle x$
△BDF の内角と外角の性質により
　　$\angle ABD=\angle BFD+\angle BDF$
　　　　$=20°+\angle x$
△ABE の内角と外角の性質により
　　$\angle x+(20°+\angle x)=80°$
よって　　$\angle x=30°$

知っておくと便利!
円周角の定理により
　　$\angle BDC=\angle x$
であるから，右の図の性質を用いると
　　$20°+2\angle x=80°$
よって　　$\angle x=30°$

61 (5) 1次方程式の利用　★★★★

解説
男子中学生を $2a$ 人，男子高校生を $5a$ 人とすると，女子高校生の人数は
　　$2a+14+4=2a+18$（人）
中学生の総人数と高校生の総人数の比について　　$(2a+14):(5a+2a+18)=1:3$
$7a+18=6a+42$ から　　　$a=24$
よって，高校生の総人数は
　　$7\times24+18=186$（人）

62 平行線と線分の比　★★★★

答 $\dfrac{49}{8}$

考え方
辺 DC の長さを求めればよい。三角形と線分の比の定理から線分 GC の長さ，△CFG の面積から線分 FC の長さを求めると，線分 DF と線分 FC の長さの比を利用して求めることができる。

解説
四角形 ABCD は長方形であるから
　　BC=AD=4
DE∥BC で，DE:BC=3:4 から
　　DF:FC=3:4
BD∥GF であるから
　　BG:GC=DF:FC=3:4
BC=4 であるから　　GC=$4\times\dfrac{4}{3+4}=\dfrac{16}{7}$

△CFG の面積について

$$\frac{1}{2} \times \frac{16}{7} \times FC = 4 \qquad \text{よって} \quad FC = \frac{7}{2}$$

DF：FC＝3：4 であるから

$$DC = FC \times \frac{3+4}{4} = \frac{7}{2} \times \frac{7}{4} = \frac{49}{8}$$

したがって $\quad AB = DC = \dfrac{49}{8}$

63 1次関数と図形　★★☆☆

答 (1) $6 \leqq k \leqq 12$　　(2) $\dfrac{7}{2}$

　　(3) $k = 7,\ 8$

考え方

(1) 直線① が点 B を通るとき，k は最小となり，直線① が点 A を通るとき，k は最大となる。

(2), (3)

　⚠ 面積の計算　大きくつくって余分をけずる
　△PQR＝△OAB－△BPR－△OQR－△APQ

解説

(1) 直線① が点 B を通るとき，k は最小となり $\quad k = 6$
　直線① が点 A を通るとき，k は最大となり，このとき
$$0 = -2 \times 6 + k \qquad \text{よって} \quad k = 12$$
　したがって，求める k の値の範囲は
$$\boldsymbol{6 \leqq k \leqq 12}$$

(2) 直線 AB の式は $\quad y = -x + 6$
　点 P の座標は $\begin{cases} y = -x + 6 \\ y = -2x + 10 \end{cases}$ の解から
　　$(4,\ 2)$
　点 Q の座標は $y = -2x + 10$ から $\quad (5,\ 0)$
　点 R の座標は $\quad (0,\ 3)$
　よって
$$\triangle PQR$$
$$= \triangle OAB - \triangle BPR - \triangle OQR - \triangle APQ$$
$$= 18 - 6 - \frac{15}{2} - 1$$
$$= \frac{7}{2}$$

(3) 点 P の座標は $\begin{cases} y = -x + 6 \\ y = -2x + k \end{cases}$ の解から
　　$(k - 6,\ 12 - k)$

点 Q の座標は $y = -2x + k$ から

$$\left(\frac{k}{2},\ 0\right)$$

よって
$$\triangle PQR$$
$$= \triangle OAB - \triangle BPR - \triangle OQR - \triangle APQ$$
$$= 18 - \frac{1}{2} \times 3 \times (k - 6)$$
$$\quad - \frac{1}{2} \times 3 \times \frac{k}{2} - \frac{1}{2} \times \left(6 - \frac{k}{2}\right) \times (12 - k)$$
$$= -\frac{1}{4}k^2 + \frac{15}{4}k - 9$$

△PQR＝5 のとき
$$-\frac{1}{4}k^2 + \frac{15}{4}k - 9 = 5$$

整理すると $\quad k^2 - 15k + 56 = 0$
$$(k - 7)(k - 8) = 0$$
よって $\quad \boldsymbol{k = 7,\ 8}$

64 三平方の定理と座標平面　★★★☆

答 (1) $A(-1,\ 1)$，$B(3,\ 9)$　　(2) 16

　　(3) $\dfrac{8\sqrt{5}}{5}$　　(4) $\dfrac{256\sqrt{5}}{15}\pi$

考え方

(3) △ABC の底辺を AB，高さを CD ととらえて，(2)を利用する。

(4) 底面の半径が CD で，高さが BD と AD の円錐を合わせた立体ができる。

解説

(1) 点 A，B の x 座標は $x^2 = 2x + 3$ の解で表される。
　$(x + 1)(x - 3) = 0$ から $\quad x = -1,\ 3$
　図より，点 A の x 座標は -1，点 B の x 座標は 3 である。
　よって　点 A の座標は $\boldsymbol{(-1,\ 1)}$，
　　　　　点 B の座標は $\boldsymbol{(3,\ 9)}$

(2) 点 C の座標は $(3,\ 1)$ である。
　よって
$$\triangle ABC = \frac{1}{2} \times \{3 - (-1)\} \times (9 - 1) = \boldsymbol{16}$$

(3) △ABC において，三平方の定理により

$$AB=\sqrt{\{3-(-1)\}^2+(9-1)^2}$$
$$=\sqrt{80}=4\sqrt{5}$$

$\triangle ABC$ の面積について

$$\frac{1}{2}\times4\sqrt{5}\times CD=16$$

よって $\quad CD=\dfrac{8\sqrt{5}}{5}$

(4) 底面の半径が CD で，高さが BD と AD の円錐を合わせた立体ができる。

よって，求める体積は

$$\frac{1}{3}\times\pi\times\left(\frac{8\sqrt{5}}{5}\right)^2\times(BD+AD)$$

$$=\frac{1}{3}\pi\times\frac{64}{5}\times4\sqrt{5}=\frac{256\sqrt{5}}{15}\pi$$

65 三平方の定理と平面図形 ★★★☆

答 (1) $2r$ (2) 2 cm (3) $75°$
(4) $(108+72\sqrt{3})$ cm²

考え方

 円の接線 半径に垂直

(1) $30°$，$60°$，$90°$ の直角三角形を見つける。
(2) (1) と同様に，直角三角形を見つける。また，BP＋PD＋DQ＝BQ であることを利用する。
(3) $\angle DEF=\angle QEF+\angle QED$
(4) 辺 AB と辺 AC の長さがわかればよい。円 Q と辺 AB の接点を I として，AB＝AI＋BI と考える。

解説

(1) $\triangle ABC$ において $\quad \angle ABC=60°$
円 P と辺 BC の接点を H とすると
$$\angle PHB=90°$$
点 P は $\angle ABC$ の二等分線上にあるから
$$\angle PBH=30°$$
よって，$\triangle PBH$ は 3 つの角が $30°$，$60°$，$90°$ の直角三角形であるから
$$BP=2PH=\boldsymbol{2r}$$

(2) (1) と同様に，$\triangle QBE$ は 3 つの角が $30°$，$60°$，$90°$ の直角三角形であるから
$$BQ=2QE=12 \text{ (cm)}$$
BP＋PD＋DQ＝BQ であるから
$$2r+r+6=12 \quad \text{すなわち} \quad r=2$$
よって，円 P の半径は $\quad\boldsymbol{2}$ **cm**

(3) $\triangle CFE$ は CE＝CF の二等辺三角形で

あるから $\quad \angle CEF=75°$
$\angle QEC=90°$ であるから
$$\angle QEF=90°-75°=15°$$
また，QD＝QE，$\angle DQE=60°$ より，
$\triangle QDE$ は正三角形であるから
$$\angle QED=60°$$
したがって
$$\angle DEF=\angle QEF+\angle QED=\boldsymbol{75°}$$

(4) 円 Q と辺 AB の接点を I とする。
四角形 AIQF は正方形であるから
$$AI=QI=6 \text{ (cm)}$$
$\triangle QIB$ は 3 つの角が $30°$，$60°$，$90°$ の直角三角形であるから $\quad BI=6\sqrt{3}$ (cm)
すなわち $\quad AB=6+6\sqrt{3}$ (cm)
$\triangle ABC$ は 3 つの角が $30°$，$60°$，$90°$ の直角三角形であるから
$$AC=\sqrt{3}\,AB=18+6\sqrt{3} \text{ (cm)}$$
よって
$$\triangle ABC=\frac{1}{2}\times AB\times AC$$
$$=\frac{1}{2}(6+6\sqrt{3})(18+6\sqrt{3})$$
$$=\boldsymbol{108+72\sqrt{3}} \text{ (cm}^2\text{)}$$

▶ 第14回 → 本冊 p.30〜31

66

答 (1) 6 (2) 9 (3) $40°$

66 (1) 四則混合計算 ★★★☆

解説

$$(3.5^2-1.5^2)\times0.5-\left(0.6-\frac{6}{5}\right)\div\frac{3}{5}$$
$$=\left(\frac{49}{4}-\frac{9}{4}\right)\times\frac{1}{2}-\left(\frac{3}{5}-\frac{6}{5}\right)\div\frac{3}{5}$$
$$=10\times\frac{1}{2}-\left(-\frac{3}{5}\right)\times\frac{5}{3}=\boldsymbol{6}$$

66 (2) 2次方程式の利用 ★★★☆

考え方

等しい数量を見つけて ＝ で結ぶ
まず，「連続する 3 つの正の奇数」を文字で表す。

解説

連続する 3 つの正の奇数は，真ん中の奇数を n とすると，小さい数から順に $n-2$, n, $n+2$ と表されるから

$$(n-2)(n+2)=9n-4$$

整理すると $n^2-9n=0$

よって $n=0$, 9

n は正の奇数であるから，求める真ん中の数は **9**

66 (3) 多角形の角 ★☆☆☆

解説

右の図のように
点 A, B, C, D, E
を定める。
四角形 ABCD にお
いて

$$\angle ECD+\angle EDC$$
$$=360°-(105°+60°+30°+25°)=140°$$

よって，△CDE において
$$\angle x=180°-140°=\mathbf{40°}$$

67 三平方の定理と平面図形 ★★★☆

答 (1) △ACE，合同条件：2 組の辺とその間の角がそれぞれ等しい

(2) 相似条件：2 組の角がそれぞれ等しい，AF の長さ：$\dfrac{49}{8}$ cm

(3) 5 cm

考え方

(3) 点 A から辺 BC に垂線 AH をひく。
△AHD において，三平方の定理を利用して線分 HD の長さを求め，BD＝BH＋HD より線分 BD の長さを求める。

解説

(1) △ABD と △ACE において，正三角形 △ABC，△ADE の辺であるから
$$AB=AC \quad \cdots\cdots ①$$
$$AD=AE \quad \cdots\cdots ②$$
また，$\angle BAC=\angle DAE=60°$ であるから
$$\angle BAD=60°-\angle DAC \quad \cdots\cdots ③$$
$$\angle CAE=60°-\angle DAC \quad \cdots\cdots ④$$
③，④ から $\angle BAD=\angle CAE \quad \cdots\cdots ⑤$

①，②，⑤ より，2 組の辺とその間の角がそれぞれ等しいから
$$△ABD \equiv \mathbf{△ACE}$$

(2) △AEF と △ABD において
⑤ から $\angle EAF=\angle BAD \quad \cdots\cdots ⑥$
正三角形の角であるから
$$\angle AEF=\angle ABD \quad \cdots\cdots ⑦$$
⑥，⑦ より，2 組の角がそれぞれ等しいから $△AEF \backsim △ABD$
よって $AE:AB=AF:AD$
$7:8=AF:7$ から $AF=\dfrac{49}{8}$ **(cm)**

(3) 点 A から辺 BC に垂線 AH をひく。
△ABH は，3 つの角が 30°，60°，90° の直角三角形であるから

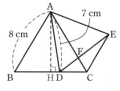

$$AH=AB\times\dfrac{\sqrt{3}}{2}=4\sqrt{3} \text{ (cm)},$$
$$BH=AB\times\dfrac{1}{2}=4 \text{ (cm)}$$

△AHD において，三平方の定理により
$$HD=\sqrt{AD^2-AH^2}$$
$$=\sqrt{7^2-(4\sqrt{3})^2}=1 \text{ (cm)}$$
よって $BD=BH+HD=\mathbf{5}$ **(cm)**

68 面積の比 ★★☆☆

答 (1) 5:3 (2) $\dfrac{3}{16}S$ (3) $\dfrac{1}{8}S$

(4) 3:3:2

考え方

(1), (2) AD∥BC より
$$AG:GE=AD:BE=DG:GB$$

(4) BG:GH:HD
$$=△ABG:△AGH:△AHD$$

解説

(1) AD∥BC より
$$AG:GE=AD:BE$$
$$=(3+2):3=\mathbf{5:3}$$

(2) (1) と同様に DG:GB=5:3

よって　　$\triangle ABG=\dfrac{3}{5+3}\triangle ABD$

$\qquad\qquad =\dfrac{3}{8}\times\dfrac{1}{2}S=\dfrac{3}{16}S$

(3)　$BH:HD=AB:DF$

$\qquad\qquad =(1+2):1=3:1$

よって　　$\triangle AHD=\dfrac{1}{3+1}\triangle ABD$

$\qquad\qquad =\dfrac{1}{4}\times\dfrac{1}{2}S=\dfrac{1}{8}S$

(4)　$\triangle AGH=\triangle ABD-\triangle ABG-\triangle AHD$

$\qquad\qquad =\dfrac{1}{2}S-\dfrac{3}{16}S-\dfrac{1}{8}S=\dfrac{3}{16}S$

よって　　$BG:GH:HD$

$\qquad =\triangle ABG:\triangle AGH:\triangle AHD$

$\qquad =\dfrac{3}{16}S:\dfrac{3}{16}S:\dfrac{1}{8}S=\boldsymbol{3:3:2}$

69　確率　★★☆☆

答　(1)　$\dfrac{2}{9}$　　(2)　$\dfrac{11}{18}$　　(3)　$\dfrac{2}{3}$

考え方

(2), (3)　2個のさいころを区別して考え，2個のさいころの出た目を $(a,\ b)$ のように表す。a の値がそれぞれの場合について，具体的に石の並び方を考え，その状態で条件を満たす b の値を考える。

解説

(1)　2個のさいころの目の出方は，全部で
$\qquad\qquad 6\times6=36\ (通り)$

2個のさいころを A，B とし，出た目を $(a,\ b)$ と表す。

両端が黒色となるのは，$a,\ b$ がともに1でなく，どちらか一方だけが6の場合であるから
$\qquad (6,\ 2),\ (6,\ 3),\ (6,\ 4),\ (6,\ 5),$
$\qquad (2,\ 6),\ (3,\ 6),\ (4,\ 6),\ (5,\ 6)$
の8通りある。

よって，求める確率は　　$\dfrac{8}{36}=\boldsymbol{\dfrac{2}{9}}$

(2)　a と同じ番号の石を裏返すと，次のようになる。

	1	2	3	4	5	6
$a=1$ のとき	○	○	●	○	●	○
$a=2$ のとき	●	●	○	○	○	○
$a=3$ のとき	●	●	●	○	●	○
$a=4$ のとき	●	○	●	●	●	○
$a=5$ のとき	○	○	○	○	●	○
$a=6$ のとき	●	○	●	○	●	●

a の値がそれぞれの場合について，黒色が2個以上連続して並ぶときの b の値を考える。

$a=1$ のとき，b は 2，4，6 の3通り

$a=2$ のとき，b は 1，3，4，5，6 の5通り

$a=3$ のとき，b は 2，4，6 の3通り

$a=4$ のとき，b は 1，2，3，5，6 の5通り

$a=5$ のとき，b は 2，4 の2通り

$a=6$ のとき，b は 1，2，3，4 の4通り

よって，全部で
$\qquad 3+5+3+5+2+4=22\ (通り)$

したがって，求める確率は　　$\dfrac{22}{36}=\boldsymbol{\dfrac{11}{18}}$

(3)　(2)と同様に，a の値がそれぞれの場合について，黒色が3個，白色が3個となるときの b の値を考える。

$a=1$ のとき，b は 1，2，4，6 の4通り

$a=2$ のとき，b は 1，2，3，5 の4通り

$a=3$ のとき，b は 2，3，4，6 の4通り

$a=4$ のとき，b は 1，3，4，5 の4通り

$a=5$ のとき，b は 2，4，5，6 の4通り

$a=6$ のとき，b は 1，3，5，6 の4通り

よって，全部で　　$4\times6=24\ (通り)$

したがって，求める確率は　　$\dfrac{24}{36}=\boldsymbol{\dfrac{2}{3}}$

70　放物線と直線　★★☆☆

答　(1)　$a=1$，傾き -1　　(2)　$y=5x+6$
　　(3)　$(2,\ 4)$

考え方

(3)　$\triangle CBD=\triangle PDO$ ならば $\triangle CBO=\triangle PBO$ である。$\triangle CBO$，$\triangle PBO$ の底辺を BO とすると，高さは等しいから　$OB/\!/PC$

直線 PC の傾きは直線 OB の傾きに等しく，点 P は直線 PC と放物線の交点である。

解説

(1) 点 B は放物線 $y = ax^2$ 上にあるから

$1 = a \times (-1)^2$ よって **$a = 1$**

直線 OB の傾きは $\dfrac{1}{-1} = -1$

(2) 直線 AB の傾きは $\dfrac{36-1}{6-(-1)} = 5$ であるから，直線 AB の式を $y = 5x + b$ とおく。

直線 AB は点 B を通るから

$1 = -5 + b$ よって $b = 6$

直線 AB の式は **$y = 5x + 6$**

(3) △CBD＝△PDO のとき

△CBD＋△DBO＝△PDO＋△DBO

すなわち △CBO＝△PBO

△CBO，△PBO の底辺を BO とすると，高さは等しいから OB∥PC

直線 OB の傾きは -1，点 C の座標は，(2)より (0, 6) であるから，直線 PC の式は $y = -x + 6$

点 P の x 座標は $x^2 = -x + 6$ の解で表される。

これを解くと $x = 2,\ -3$

点 P は放物線上の点 O と点 A の間にあるから，点 P の x 座標の範囲は

$0 < x < 6$ よって $x = 2$

したがって，点 P の座標は **(2, 4)**

第15回 → 本冊 p.32～33

71

答 (1) $3\sqrt{2}$ (2) $x = 2,\ 3$
   (3) 5.5 点 (4) シュークリーム
   1230 個，プリン 1640 個

71 (1) 平方根の計算 ★★★★
解説

$\dfrac{(2\sqrt{2} - \sqrt{3})^2}{\sqrt{2}} - \dfrac{3\sqrt{2} - 12}{\sqrt{3}} + \dfrac{6 - 5\sqrt{3}}{\sqrt{6}}$

$= \dfrac{11 - 4\sqrt{6}}{\sqrt{2}} - \dfrac{3\sqrt{2} - 12}{\sqrt{3}} + \dfrac{6 - 5\sqrt{3}}{\sqrt{6}}$

$= \dfrac{11\sqrt{2} - 8\sqrt{3}}{2} - \dfrac{3\sqrt{6} - 12\sqrt{3}}{3}$

$\quad + \dfrac{6\sqrt{6} - 15\sqrt{2}}{6} = 3\sqrt{2}$

71 (2) 2次方程式の解き方 ★★★★
解説

$x - 1 = A$ とおくと $A^2 - 3A + 2 = 0$

$(A-1)(A-2) = 0$ から $A = 1,\ 2$

よって $x - 1 = 1$ または $x - 1 = 2$

したがって **$x = 2,\ 3$**

71 (3) データの活用 ★★★★

考え方
用語の意味をしっかりつかむ
平均値　（データの値の合計）÷（データの個数）
範囲　　（最大の値）－（最小の値）
中央値　データを大きさの順に並べたときの
　　　　中央の値

解説

G，H の得点をそれぞれ g，h とする。

平均値は 6.0 点であるから

$9 + 5 + 9 + 6 + 3 + 9 + g + h + 4 + 2$

$= 6 \times 10$

整理すると $g + h = 13$（点）

G，H 以外の人の得点を低い順に並べると

$2,\ 3,\ 4,\ 5,\ 6,\ 9,\ 9,\ 9$

範囲は 8 点であるから

$h = 1$ または $g = 10$

$h = 1$ のとき，$g = 12$ となり，問題に適さない。

よって $g = 10$，$h = 3$

これらは，問題に適している。

このとき，中央値は $\dfrac{5+6}{2} = 5.5$（点）

71 (4) 連立方程式の利用 ★★★★

考え方
求める数量を x，y として，連立方程式をつくる

解説

先月のシュークリームとプリンの売り上げ個数をそれぞれ x 個，y 個とする。

プリンの増加個数はシュークリームの増加個数の 2 倍であるから

$\dfrac{15}{100}y = \dfrac{10}{100}x \times 2$

よって $4x = 3y$ …… ①

また，今月の売り上げ個数の合計は3239個
であるから

$$\frac{110}{100}x+\frac{115}{100}y=3239$$

よって　　$22x+23y=64780$　……②

①，②を解くと　　$x=1230,\ y=1640$

よって，先月のシュークリームの売り上げ
個数は**1230個**，プリンの売り上げ個数は
1640個である。

72 三平方の定理と空間図形 ★★☆☆

答 (1)　$3\sqrt{2}$ cm　　(2)　$12\sqrt{5}$ cm³

考え方
(2)　まず，切り取った二等辺三角形の辺の長さを
求めることにより，正四角錐の側面の二等辺三
角形の辺の長さを求める。次に，正四角錐の高
さを求める。

解説
(1)　底面の正方形の対角線の長さは

$$10-2\times2=6\ (\text{cm})$$

よって，底面の正方形の1辺の長さは

$$6\times\frac{1}{\sqrt{2}}=3\sqrt{2}\ (\textbf{cm})$$

(2)　切り取った二
等辺三角形の1
つを，右の図の
ように△PQRとし，辺QRの中点をS
とすると，∠PSQ=90°より，三平方の定
理から

$$PQ=\sqrt{PS^2+QS^2}=\sqrt{29}\ (\text{cm})$$

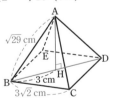

右の図のよう
に，正四角錐の
頂点をA，B，
C，D，Eと定
め，点Aから
底面に垂線
AHをひく。点Hは線分BDの中点であ
るから，(1)より

$$BH=\frac{1}{2}BD=3\ (\text{cm})$$

△ABHにおいて，三平方の定理により

$$AH=\sqrt{AB^2-BH^2}=\sqrt{20}=2\sqrt{5}\ (\text{cm})$$

よって，求める体積は

$$\frac{1}{3}\times(3\sqrt{2})^2\times2\sqrt{5}=\textbf{12}\sqrt{\textbf{5}}\ (\textbf{cm}^3)$$

73 確率 ★★☆☆

答 (1)　$\dfrac{5}{36}$　　(2)　$\dfrac{1}{9}$　　(3)　$\dfrac{13}{18}$

考え方
(3)　三角形ができる場合の数が多いから，三角形
ができない場合の数を考える。三角形ができな
いのは，点Dまたは点Hに止まる場合である。

解説
2つのさいころの目の出方は，全部で

$$6\times6=36\ (\text{通り})$$

また，大きいさいころの出た目の数をa，
小さいさいころの出た目の数をbとし，2
つのさいころの目の出方を$(a,\ b)$と表す。

(1)　点Aで止まるのは，2つのさいころの
目の和が8の場合であるから

　　$(2,\ 6),\ (3,\ 5),\ (4,\ 4),\ (5,\ 3),\ (6,\ 2)$

の5通りある。

よって，求める確率は　$\dfrac{5}{36}$

(2)　点Dで止まるのは，2つのさいころの
目の和が3または11の場合であるから

　　$(1,\ 2),\ (2,\ 1),\ (5,\ 6),\ (6,\ 5)$

の4通りある。

よって，求める確率は　$\dfrac{4}{36}=\dfrac{1}{9}$

(3)　三角形ができないのは，点Dまたは点
Hに止まる場合である。

点Hに止まるのは，2つのさいころの目
の和が7の場合であるから

　　$(1,\ 6),\ (2,\ 5),\ (3,\ 4),\ (4,\ 3),\ (5,\ 2),$
　　$(6,\ 1)$

の6通りある。

よって，(2)の場合と合わせて，点Dまた
は点Hに止まる場合は10通りあるから，
三角形ができる確率は

$$1-\frac{10}{36}=\frac{\textbf{13}}{\textbf{18}}$$

74 面積の比 ★★★☆

考え方
(1) AP:DP=△ABP:△PBD
(2) BD:CD=△ABD:△ACD
(3) ⚠ 相似形　面積比は2乗の比
△ADC∽△PDE を利用する。

解説
(1) △ABP:△CAP=2:3 より
△PBD:△PCD=2:3 であるから

$$\triangle PBD = \frac{2}{2+3}\triangle BCP = \frac{2}{5}\triangle BCP$$

よって

$$\triangle ABP : \triangle PBD$$

$$= \triangle ABP : \frac{2}{5}\triangle BCP$$

$$= \triangle ABP : \frac{2}{5}\left(\frac{1}{2}\triangle ABP\right) = 5:1$$

したがって

$$AP:DP = \triangle ABP : \triangle PBD = \mathbf{5:1}$$

(2) $BD:CD = \triangle ABD : \triangle ACD$
$= \triangle ABP : \triangle CAP = \mathbf{2:3}$

(3) AC∥PE から
∠DAC=∠DPE
∠DCA=∠DEP
よって
△ADC∽△PDE
相似比は6:1であ
るから，面積比は
$6^2:1^2=36:1$
したがって

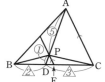

$$\triangle ABC = \frac{5}{3}\triangle ADC$$

$$= \frac{5}{3}\times 36\triangle PDE$$

$$= 60\triangle PDE$$

すなわち　△PDE:△ABC=**1:60**

75 規則性 ★★★☆

考え方
(1)㋐ 上から n 段目の右端の数を n を用いて表し，
2021 との大小関係を考える。
㋑ 上から n 段目の中央の数は，**左端の数と右
端の数の平均**である。上から n 段目の左端の
数を n を用いて表す。
(2) 図1と図2を比較して規則性を見つけ，(1)㋑
の結果を利用する。

解説
(1) ㋐ 上から n 段目の右端の数は n^2 と
表される。
$44^2=1936,\ 45^2=2025$ であるから，
$2021-1936=85$
より，2021 は**上から45段目の左から
85番目**にある。
㋑ 上から n 段目の中央の数は，左端の
数と右端の数の平均である。
左端の数は $(n-1)^2+1$，右端の数は
n^2 と表されるから，中央の数は

$$\frac{(n-1)^2+1+n^2}{2} = \mathbf{n^2-n+1}$$

(2) 図1と図2の同じ位置の値を比較する
と，図1の値を2倍して1をひいた数が
図2の値となることがわかる。
よって，図2の上から n 段目の中央の数
は　$2(n^2-n+1)-1=\mathbf{2n^2-2n+1}$

発展コース

▶ **第1回**　　　⇒ 本冊 p.34〜35

76

答 (1) $(x+1)(3y+1)$

(2) $x=1$, $y=\dfrac{3}{5}$

(3) (ア) $\angle x=40°$, $\angle y=60°$

(イ) $110°$

(4) $3+\sqrt{6}+\sqrt{3}+\sqrt{2}$

76 (1) **因数分解**　　★★★★

解説

$3xy+x+3y+1 = x(3y+1)+(3y+1)$
$\qquad\qquad\qquad = (x+1)(3y+1)$

76 (2) **連立方程式の解き方**　　★★★★

解説

$$\begin{cases} \dfrac{1-2x}{5}=3y-2 & \cdots\cdots ① \\ 0.5(x-y+3)-0.2(x-7.5)=3 & \cdots\cdots ② \end{cases}$$

① から　　$2x+15y=11$　　$\cdots\cdots$ ③

② から　　$y=\dfrac{3}{5}x$　　$\cdots\cdots$ ④

③, ④ を解くと　　$x=1$, $y=\dfrac{3}{5}$

76 (3) **円**　　★★★★

考え方

(ア) 平行線の性質と円周角の定理を利用する。

(イ) 五角形 ABCDE の内角の和を考える。
△OAB, △OBC, △OCD, △ODE はいずれも
二等辺三角形であるから, 2つの底角の大きさは
等しい。

解説

(ア) $\angle DBC=\angle DAC=20°$

平行線の錯角は等しいから
$\qquad \angle ACB=\angle DAC=20°$

三角形の内角と外角の性質により
$\qquad \angle x=\angle DBC+\angle ACB=40°$

$\angle ACD=\angle ABD=\angle y$ から
$\qquad \angle x+80°+\angle y=180°$

したがって　　$\angle y=60°$

(イ) △OAB, △OBC, △OCD, △ODE は
いずれも二等辺三角形であるから
$\qquad \angle OAB+\angle OCB=\angle OBA+\angle OBC$
$\qquad\qquad\qquad\qquad =100°$
$\qquad \angle OED+\angle OCD=\angle ODE+\angle ODC$
$\qquad\qquad\qquad\qquad =\angle x$

$\angle AOE=60°$ から
$\qquad \angle OAE+\angle OEA=120°$

五角形の内角の和は　　$180°\times3=540°$

よって　　$100°\times2+2\angle x+120°=540°$

すなわち　　$2\angle x=220°$

したがって　　$\angle x=110°$

(**参考**) (イ)では, 円に内接する四角形
BCDE の対角の和が $180°$ であることを
利用して求めてもよい。

76 (4) **平方根の応用**　　★★★★

考え方

(数)＝(整数部分)＋(小数部分) であるから

(小数部分)＝(数)－(整数部分)

まず $\sqrt{2}$, $\sqrt{3}$, $\sqrt{6}$ の整数部分を考える。

解説

$1<\sqrt{2}<2$, $1<\sqrt{3}<2$, $2<\sqrt{6}<3$ から,
$\sqrt{2}$, $\sqrt{3}$, $\sqrt{6}$ の整数部分はそれぞれ

$\qquad\qquad 1, \ 1, \ 2$

よって

$\qquad a=\sqrt{2}-1$, $b=\sqrt{3}-1$, $c=\sqrt{6}-2$

したがって

$\dfrac{(b+2)(c+4)}{a+1}$

$= \dfrac{\{(\sqrt{3}-1)+2\}\{(\sqrt{6}-2)+4\}}{(\sqrt{2}-1)+1}$

$= \dfrac{(\sqrt{3}+1)(\sqrt{6}+2)}{\sqrt{2}}$

$= (\sqrt{3}+1)(\sqrt{3}+\sqrt{2})$

$= 3+\sqrt{6}+\sqrt{3}+\sqrt{2}$

77 **確率**　　★★★★

答 (1) $\dfrac{5}{9}$　　(2) $\dfrac{23}{36}$

考え方

起こりうるすべての場合と, そのことがらが起こ
る場合をそれぞれ書き出す。

解説

目の出方は全部で　　6×6＝36（通り）

(1) ab の値が 3 の倍数になるのは

$a=1$，2，4，5 のとき，b の値は 3 または 6 であるから　　4×2＝8（通り）

$a=3$，6 のとき，b の値は何でもよいから
2×6＝12（通り）

よって，全部で　　8＋12＝20（通り）

したがって，求める確率は　　$\dfrac{20}{36}=\dfrac{5}{9}$

(2) a^2+b^2 の値が 25 未満になるのは

$a=1$ のとき　　$b=1$，2，3，4 の 4 通り

$a=2$ のとき　　$b=1$，2，3，4 の 4 通り

$a=3$ のとき　　$b=1$，2，3　　の 3 通り

$a=4$ のとき　　$b=1$，2　　　の 2 通り

よって，全部で
4＋4＋3＋2＝13（通り）

したがって，求める確率は　　$1-\dfrac{13}{36}=\dfrac{23}{36}$

78　直角三角形の合同　　★★★☆

答 略

考え方

△ABC と △DEF の 3 辺のうち 2 辺がそれぞれ等しいから，AC＝DF または ∠ABC＝∠DEF がいえればよい。

そこで，点 B から直線 AC に垂線 BG，点 E から直線 DF に垂線 EH をひき，△BCG≡△EFH，△ABG≡△DEH を示すことで AC＝DF を示す。

解説

点 B から直線 AC に垂線 BG をひき，点 E から直線 DF に垂線 EH をひく。

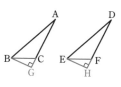

△BCG と △EFH において

仮定から　　　BC＝EF　　……①

∠BGC＝∠EHF＝90°　　……②

∠BCG＝180°－∠ACB　　……③

∠EFH＝180°－∠DFE　　……④

仮定の ∠ACB＝∠DFE と，③，④ より
∠BCG＝∠EFH　　……⑤

①，②，⑤ より，直角三角形の斜辺と 1 つ

の鋭角がそれぞれ等しいから
△BCG≡△EFH

よって　　　BG＝EH　　……⑥
CG＝FH　　……⑦

△ABG と △DEH において

仮定から　　AB＝DE　　……⑧

②，⑥，⑧ より，直角三角形の斜辺と他の 1 辺がそれぞれ等しいから
△ABG≡△DEH

よって　　　AG＝DH　　……⑨

⑦，⑨ より　　　AC＝DF　　……⑩

△ABC と △DEF において

①，⑧，⑩ より，3 組の辺がそれぞれ等しいから　　　△ABC≡△DEF

79　三平方の定理と座標平面　　★★★☆

答 (1)　$-\dfrac{4}{5}$　　(2)　$a=\dfrac{5}{8}$

考え方

(1) BD∥CE，AB：BC＝1：24 であるから
AD：AE＝1：25

(2) △OAB において，三平方の定理を利用することを考える。

解説

(1) D の x 座標を b，E の x 座標を c とすると，B と C の座標はそれぞれ $(b,\ ab^2)$，$(c,\ ac^2)$ となる。

AB：BC＝1：24 であるから
AD：AE＝1：25

すなわち　　$(b+1):(c+1)=1:25$

よって　　　$c=25b+24$　　……①

また，BD：CE＝1：25 であるから
$ab^2:ac^2=1:25$

よって　　　$c^2=25b^2$　　……②

① を ② に代入すると
$(25b+24)^2=25b^2$

整理すると　　　$25b^2+50b+24=0$

これを解くと　　　$b=-\dfrac{6}{5},\ -\dfrac{4}{5}$

$-1<b$ であるから　　　$b=-\dfrac{4}{5}$

よって，D の x 座標は　　　$-\dfrac{4}{5}$

(2) O, E, C, B が1つの円周上にあり, ∠OEC＝90° であるから, OC は直径であり, ∠CBO＝90° である。

すなわち ∠OBA＝90°

(1) より B の座標は $\left(-\dfrac{4}{5},\ \dfrac{16}{25}a\right)$

三平方の定理により $AB^2+BO^2=AO^2$

よって

$$\left(\dfrac{1}{5}\right)^2+\left(\dfrac{16}{25}a\right)^2+\left(\dfrac{4}{5}\right)^2+\left(\dfrac{16}{25}a\right)^2=1^2$$

これを解くと $a=\pm\dfrac{5}{8}$

$a>0$ であるから $\boldsymbol{a=\dfrac{5}{8}}$

(参考) (2)では, ∠OEC＝90° であるから, 直線 OB と直線 BC が垂直に交わる。よって, 知っておくと便利！ (→p.17) を用いて求めることもできる。

80 三平方の定理と空間図形 ★★★★

答 (1) $2\sqrt{17}$ cm²   (2) $\dfrac{12\sqrt{17}}{17}$ cm

考え方

(2) 三角錐 A-EPQ の体積を, 底面を △EPQ にした場合と底面を △APQ にした場合の2通りで表す。

解説

(1) △CPQ は直角二等辺三角形であるから $PQ=\sqrt{2}\,CP=2\sqrt{2}$ (cm)

また $AP=AQ=\sqrt{2^2+4^2}=2\sqrt{5}$ (cm)

$EP=EQ=\sqrt{4^2+(2\sqrt{5})^2}=6$ (cm)

点 E から線分 PQ に垂線 EI をひくと

$EI=\sqrt{6^2-(\sqrt{2})^2}=\sqrt{34}$ (cm)

よって

$$\triangle EPQ=\dfrac{1}{2}\times2\sqrt{2}\times\sqrt{34}$$
$$=2\sqrt{17}\ \textbf{(cm}^2\textbf{)}$$

(2) △APQ

$$=4\times4-\dfrac{1}{2}\times2\times2-\left(\dfrac{1}{2}\times2\times4\right)\times2$$
$$=6\ (cm^2)$$

求める長さを h cm とすると, 三角錐 A-EPQ の体積について

$$\dfrac{1}{3}\times\triangle EPQ\times h=\dfrac{1}{3}\times\triangle APQ\times AE$$

よって, $\dfrac{1}{3}\times2\sqrt{17}\times h=\dfrac{1}{3}\times6\times4$ から

$h=\dfrac{12\sqrt{17}}{17}$ すなわち $\dfrac{12\sqrt{17}}{17}$ **cm**

第2回 → 本冊 p.36～37

81

答 (1) 11   (2) $a=-2,\ -\dfrac{1}{2},\ \dfrac{1}{2}$

(3) $20\sqrt{3}$ (4) $\dfrac{2}{3}$

81 (1) 式の計算の利用 ★★★★

考え方

A を 13 でわった商を a とし, B を 13 でわった商を b とすると,

（わられる数）＝（わる数）×（商）＋（余り）

であるから, $A=13a+7,\ B=13b+9$ と表せる。余りはわる数より小さくなることに注意。

解説

$A,\ B$ を 13 でわった商をそれぞれ $a,\ b$ とすると $A=13a+7,\ B=13b+9$

よって $AB=(13a+7)(13b+9)$
$$=13(13ab+9a+7b+4)+11$$

したがって, 求める余りは **11**

81 (2) 1次関数の利用 ★★★★

考え方

3直線が三角形を作らないのは, 3直線のうち2直線の傾きが等しい場合と, 3直線が1点で交わる場合である。

解説

3直線が三角形を作らないのは次のような場合である。

[1] 3直線のうち2直線の傾きが等しい

[2] 3直線が1点で交わる

[1] のとき

3直線の傾きは $-2,\ \dfrac{1}{2},\ a$ であるから

$$a=-2,\ \dfrac{1}{2}$$

[2] のとき

2直線 $y=-2x-3$, $y=\dfrac{1}{2}x+2$ の交点の

座標は，連立方程式 $\begin{cases} y=-2x-3 \\ y=\dfrac{1}{2}x+2 \end{cases}$ の解で

表される。

これを解くと　　$x=-2$, $y=1$

よって　　　$(-2, 1)$

$y=ax$ がこの点を通ればよいから

　　　$1=-2a$　　　よって　　$a=-\dfrac{1}{2}$

したがって　　$\boldsymbol{a=-2, -\dfrac{1}{2}, \dfrac{1}{2}}$

81 (3)　2次方程式の利用　★★★☆

解説

$x^2-10x+22=0$ を解くと

$$x=\dfrac{-(-10)\pm\sqrt{(-10)^2-4\times1\times22}}{2\times1}$$

$$=5\pm\sqrt{3}$$

$a<b$ から　　$a=5-\sqrt{3}$, $b=5+\sqrt{3}$

$b+a=(5+\sqrt{3})+(5-\sqrt{3})=10$

$b-a=(5+\sqrt{3})-(5-\sqrt{3})=2\sqrt{3}$

よって　　$b^2-a^2=(b+a)(b-a)$

　　　　　　　　　$=10\times2\sqrt{3}=20\sqrt{3}$

81 (4)　関数 $y=ax^2$ の基礎　★★★☆

解説

関数 $y=ax^2$ の y の変域が $0\leqq y\leqq6$ である

から　　　$a>0$

x の変域が $-3\leqq x\leqq\dfrac{1}{2}$ であるから，

$x=-3$ のとき $y=6$ である。

　　　$6=a\times(-3)^2$　　　よって　　$a=\dfrac{2}{3}$

82　三平方の定理と平面図形　★★★☆

答 (1)　$2\sqrt{3}$　　　(2)　$4\sqrt{3}-\dfrac{11}{6}\pi$

考え方

(1)　点 A から線分 BE に垂線 AF をひき，
　　△ABF において三平方の定理を利用する。

(2)　台形 ABED の面積から，2つのおうぎ形の面
　　積をひけばよい。

解説

(1)　右の図のように，
　　点 A から線分 BE
　　に垂線 AF をひく
　　と

　　　　$EF=DA=1$

　　　　$BF=2$, $AB=4$

　　△ABF において，三平方の定理により

　　　　$AF=\sqrt{4^2-2^2}=2\sqrt{3}$

　　四角形 ADEF は長方形であるから

　　　　$DE=AF=2\sqrt{3}$

(2)　$AB:BF:AF=4:2:2\sqrt{3}$

　　　　　　　　　　　$=2:1:\sqrt{3}$

　　から　　　$\angle ABF=60°$, $\angle BAF=30°$

　　よって　　　$\angle DAB=90°+30°=120°$

　　求める面積は

　　　　（台形 ABED）－（おうぎ形 ACD）

　　　　　　　－（おうぎ形 BCE）

　　　　$=\dfrac{1}{2}\times(1+3)\times2\sqrt{3}-\pi\times1^2\times\dfrac{120}{360}$

　　　　　　　$-\pi\times3^2\times\dfrac{60}{360}$

　　　　$=4\sqrt{3}-\dfrac{11}{6}\pi$

83　平行線と線分の比　★★★☆

答 (1)　$1:10$　　　(2)　$1:6$

考え方

(1)　DH∥BE となる点 H を辺 AC 上にとると
　　　　$AH:HE=AD:DB$,
　　　　$DF:FC=HE:EC$

(2)　DI∥AG となる点 I を辺 BC 上にとると
　　　　$BI:IG=BD:DA$,
　　　　$IG:GC=DF:FC$

解説

(1)　点 D を通り
　　BE に平行な直
　　線と AC の交点
　　を H とする。
　　DH∥BE より
　　　　$AH:HE$
　　　　$=AD:DB$
　　　　$=3:2$　……①
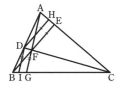

DF：FC＝HE：EC ……②

AE：EC＝1：4と①より

AH：HE：EC＝3：2：20

よって，②より

DF：FC＝2：20＝**1：10**

(2) 点Dを通りAGに平行な直線とBC
の交点をIとする。DI∥AGより

BI：IG＝BD：DA＝2：3

IG：GC＝DF：FC＝1：10

よって　　BI：IG：GC＝2：3：30

したがって　BG：GC＝5：30＝**1：6**

知っておくと便利！

下の図1，図2において，

$$\frac{BP}{PC} \times \frac{CQ}{QA} \times \frac{AR}{RB} = 1$$

が成り立つ。図1の場合をチェバの定理，図2の
場合をメネラウスの定理という。

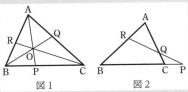

図1　　　図2

(1) △ADCと直線EBにメネラウスの定理を用
いると，$\dfrac{CE}{EA} \times \dfrac{AB}{BD} \times \dfrac{DF}{FC} = 1$ が成り立つから

$$\frac{4}{1} \times \frac{3+2}{2} \times \frac{DF}{FC} = 1 \qquad \frac{DF}{FC} = \frac{1}{10}$$

よって　DF：FC＝**1：10**

(2) △ABCにチェバの定理を用いると，

$\dfrac{AD}{DB} \times \dfrac{BG}{GC} \times \dfrac{CE}{EA} = 1$ が成り立つから

$$\frac{3}{2} \times \frac{BG}{GC} \times \frac{4}{1} = 1 \qquad \frac{BG}{GC} = \frac{1}{6}$$

よって　BG：GC＝**1：6**

84　三平方の定理と座標平面　　★★★

答 (1) $b = -\dfrac{1}{2}$　　(2) $(2, 2)$

　　(3) $\dfrac{5\sqrt{5}}{2}$　　(4) $\dfrac{6\sqrt{5}}{5}$

考え方

(2) 点Aの座標を求めることにより，a の値を求
めて考える。

(4) △OABの面積を2通りで表す。

発展

第2回

解説

(1) C(6, 0) は直線 $y = bx + 3$ 上にあるか
ら

$$0 = 6b + 3 \qquad \text{よって} \quad b = -\frac{1}{2}$$

(2) (1)から，直線 AB の式は

$$y = -\frac{1}{2}x + 3$$

点Aの x 座標は -3 であるから

$$A\left(-3, \frac{9}{2}\right)$$

点Aは放物線 $y = ax^2$ 上にあるから

$$\frac{9}{2} = a \times (-3)^2 \qquad \text{よって} \quad a = \frac{1}{2}$$

したがって，放物線の式は　　　$y = \dfrac{1}{2}x^2$

点Bの x 座標は $\dfrac{1}{2}x^2 = -\dfrac{1}{2}x + 3$ の解

で表される。

これを解くと　　$x = -3, 2$

点Bの x 座標は -3 ではないから

$$x = 2$$

したがって，点Bの座標は　　**(2, 2)**

(3) 点Aを通り y 軸に平行な直線と，点B
を通り x 軸に平行な直線の交点をDと
すると

$$BD = 2 - (-3) = 5, \quad AD = \frac{9}{2} - 2 = \frac{5}{2}$$

△ABDにおいて，三平方の定理により

$$AB = \sqrt{5^2 + \left(\frac{5}{2}\right)^2} = \sqrt{\frac{125}{4}} = \frac{5\sqrt{5}}{2}$$

(4) 直線 AB と y 軸の交点をEとすると

$$\triangle OAB = \triangle OEA + \triangle OEB$$

$$= \frac{1}{2} \times 3 \times 3 + \frac{1}{2} \times 3 \times 2$$

$$= \frac{15}{2}$$

また，$\triangle OAB = \dfrac{1}{2} \times AB \times OH$ から

$$\frac{15}{2} = \frac{1}{2} \times \frac{5\sqrt{5}}{2} \times OH$$

したがって　　$OH = \dfrac{6\sqrt{5}}{5}$

85 三平方の定理と空間図形 ★★★☆

答 (1) 3 cm　(2) $\dfrac{63\sqrt{3}}{2}$ cm²

(3) $\dfrac{225}{2}$ cm³

考え方

直線 PQ と HE, HG との交点をそれぞれ T, U とする。
(1) RE：DH＝ET：HT より求める。
(2) △DTU の面積から △RTP と △SQU の面積をひけばよい。
(3) 三角錐 D-HTU の体積から, 三角錐 R-ETP と三角錐 S-GQU の体積をひけばよい。

解説

(1) 直線 PQ と HE, HG との交点をそれぞれ T, U とする。

EP＝FP,
ET∥FQ から
ET＝FQ
　＝3 (cm)
よって
HT＝6＋3
　＝9 (cm)

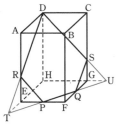

△DTH において, RE∥DH から
　RE：DH＝ET：HT
　RE：9＝3：9
したがって　RE＝**3 (cm)**

(2) (1)と同様に考えて　HU＝9 (cm)
DT, TU, UD はいずれも直角をはさむ2つの辺の長さが9 cm の直角二等辺三角形の斜辺であるから
　DT＝TU＝UD＝$9\sqrt{2}$ (cm)
△DTU は正三角形であるから
$$\triangle DTU=\frac{1}{2}\times 9\sqrt{2}\times\left(9\sqrt{2}\times\frac{\sqrt{3}}{2}\right)$$
$$=\frac{81\sqrt{3}}{2}\ (\text{cm}^2)$$
また　RP＝$\sqrt{3^2+3^2}=3\sqrt{2}$ (cm)
RP∥DU から　　△RTP∽△DTU
相似比は RP：DU＝$3\sqrt{2}$：$9\sqrt{2}$＝1：3
であるから, 面積比は
　△RTP：△DTU＝1^2：3^2＝1：9

よって　　$\triangle RTP=\dfrac{9\sqrt{3}}{2}$ (cm²)

同様に　　$\triangle SQU=\dfrac{9\sqrt{3}}{2}$ (cm²)

したがって, 五角形 DRPQS の面積は
$$\frac{81\sqrt{3}}{2}-\frac{9\sqrt{3}}{2}\times 2=\frac{63\sqrt{3}}{2}\ (\textbf{cm}^2)$$

(3) 三角錐 D-HTU の体積は
$$\frac{1}{3}\times\left(\frac{1}{2}\times 9\times 9\right)\times 9=\frac{243}{2}\ (\text{cm}^3)$$
三角錐 R-ETP, S-GQU の体積はともに
$$\frac{1}{3}\times\left(\frac{1}{2}\times 3\times 3\right)\times 3=\frac{9}{2}\ (\text{cm}^3)$$
よって, 求める体積は
$$\frac{243}{2}-\frac{9}{2}\times 2=\frac{225}{2}\ (\textbf{cm}^3)$$

(参考) (2)において, △RTP, △SQU の面積は, 1辺の長さが $3\sqrt{2}$ cm の正三角形であることから求めることもできる。また, 正三角形の面積は, (→p.4) を用いて求めてもよい。

■ **第3回**　→ 本冊 p.38～39

86

答 (1) 8　(2) $a=1,\ b=-2$
(3) (ア) 100　(イ) 200
(4) (ア) 4　(イ) 30

86 (1) 平方根の計算 ★★★☆

考え方

$\sqrt{2}+1=A$, $\sqrt{2}-1=B$ とおいて, 式を整理する。

解説

$\sqrt{2}+1=A$, $\sqrt{2}-1=B$ とおくと
$(\sqrt{3}+\sqrt{2}+1)(\sqrt{3}-\sqrt{2}+1)$
$\quad\times(\sqrt{3}+\sqrt{2}-1)(-\sqrt{3}+\sqrt{2}+1)$
$=(\sqrt{3}+A)(\sqrt{3}-B)(\sqrt{3}+B)(-\sqrt{3}+A)$
$=(A+\sqrt{3})(A-\sqrt{3})(\sqrt{3}+B)(\sqrt{3}-B)$
$=(A^2-3)(3-B^2)$
ここで　$A^2=3+2\sqrt{2}$, $B^2=3-2\sqrt{2}$

よって　　$(A^2-3)(3-B^2)$
$$=(3+2\sqrt{2}-3)(3-3+2\sqrt{2})$$
$$=2\sqrt{2}\times2\sqrt{2}=8$$

86 (2)　2次方程式の解き方　★★★★

考え方

$x^2+2x-8=0$ の 2 つの解をそれぞれ $\dfrac{1}{2}$ 倍したものが $x^2+ax+b=0$ の 2 つの解であると考える。

解説

$x^2+2x-8=0$ を解くと，$(x+4)(x-2)=0$
から　　　　$x=-4,\ 2$
よって，2 次方程式 $x^2+ax+b=0$ の 2 つの
解は -2 と 1 である。
$x=-2$，$x=1$ を 2 次方程式 $x^2+ax+b=0$
にそれぞれ代入すると
$$\begin{cases}4-2a+b=0\\1+a+b=0\end{cases}$$
これを解くと　　　$a=1,\ b=-2$

知っておくと便利！

2 次方程式 $x^2+ax+b=0$ …… $(*)$ の 2 つの解が
p，q のとき，$(*)$ は
$$(x-p)(x-q)=0$$
すなわち　$x^2-(p+q)x+pq=0$
と表せるので，
　　2 つの解の和　$p+q=-a$
　　2 つの解の積　$pq=b$
がそれぞれ成り立つ。
よって，$(*)$ の 2 つの解が -2，1 のとき
　　$a=-(-2+1)=1$，　$b=-2\times1=-2$
と求めることができる。

86 (3)　連立方程式の利用　★★★★

解説

2 月 7 日の大人の入館者数を x 人，子どもの入館者数を y 人とすると
$$\begin{cases}x+y=300 & \cdots\cdots① \\ 500\times1.1x+200\times0.8y=87000 & \cdots\cdots②\end{cases}$$
② から　　　$55x+16y=8700$ …… ③
①，③ を解くと　　$x=100,\ y=200$
これは問題に適する。
よって，求める入館者数は
　　大人 ^{ア}100 人，子ども ^{イ}200 人

86 (4)　場合の数　★★★★

解説

1 辺の長さが 1 マス分～4 マス分の ^{ア}4 種類
の正方形がある。
1 辺の長さが 1 マス分の正方形は全部で
　　　$4\times4=16$（個）
同様に，
2 マス分の正方形は　　　$3\times3=9$（個）
3 マス分の正方形は　　　$2\times2=4$（個）
4 マス分の正方形は　　　1 個
よって，正方形は全部で
　　　$16+9+4+1=^{イ}30$（個）

87　確率　★★★★

答 (1) 9 通り　　(2) $\dfrac{1}{6}$　　(3) $\dfrac{1}{9}$

解説

(1)　文字の列が AA となるのは，1 回目に
　　1，2，3 のいずれか，2 回目に 1，2，3 の
　　いずれかの目が出る場合であるから
　　$(1,\ 1)$，$(1,\ 2)$，$(1,\ 3)$，$(2,\ 1)$，$(2,\ 2)$，
　　$(2,\ 3)$，$(3,\ 1)$，$(3,\ 2)$，$(3,\ 3)$
　　の 9 通り。

(2)　目の出方は全部で　　$6\times6=36$（通り）
　　文字の列が AB となるのは
　　$(1,\ 4)$，$(1,\ 5)$，$(2,\ 4)$，$(2,\ 5)$，$(3,\ 4)$，
　　$(3,\ 5)$ の 6 通り。
　　よって，求める確率は　　$\dfrac{6}{36}=\dfrac{1}{6}$

(3)　文字の列が B となるのは
　　$(6,\ 4)$，$(6,\ 5)$，$(4,\ 6)$，$(5,\ 6)$ の 4 通り。
　　よって，求める確率は　　$\dfrac{4}{36}=\dfrac{1}{9}$

88　放物線と直線　★★★★

答 (1) $a=\dfrac{1}{4}$，$b=\dfrac{9}{4}$　　(2) $\left(5,\ \dfrac{25}{4}\right)$

(3) $\left(3,\ \dfrac{9}{4}\right)$　　(4) $y=\dfrac{5}{4}x$

考え方

(1)　点 B は点 A と y 軸に対して対称である。
(3)　点 E の y 座標は点 C の y 座標と等しい。
(4)　四角形 AECB が平行四辺形であることに注目すると，求める直線は線分 AC の中点を通る。

(1) 点 A は放物線 ① 上にあるから

$$\frac{1}{4}=a\times 1^2 \quad \text{よって} \quad a=\frac{1}{4}$$

点 B は点 A と y 軸に関して対称であるから，点 B の座標は $\left(-1,\ \frac{1}{4}\right)$

$\text{AB}=1-(-1)=2$ であるから $\text{AC}=2$

よって，点 C の y 座標は $\frac{1}{4}+2=\frac{9}{4}$

すなわち，点 C の座標は $\left(1,\ \frac{9}{4}\right)$

点 C は放物線 ② 上にあるから

$$\frac{9}{4}=b\times 1^2 \quad \text{したがって} \quad b=\frac{9}{4}$$

(2) 直線 BC の傾きは 1 であるから，直線 BC の式は $y=x+c$ とおける。

点 B は直線 BC 上にあるから

$$\frac{1}{4}=-1+c \quad \text{よって} \quad c=\frac{5}{4}$$

したがって，直線 BC の式は $y=x+\frac{5}{4}$

点 D の x 座標は $\frac{1}{4}x^2=x+\frac{5}{4}$ の解で表される。

$x^2-4x-5=0$ から $(x+1)(x-5)=0$

よって $x=-1,\ 5$

点 D の x 座標は -1 でないから

$$x=5$$

したがって，点 D の座標は $\left(5,\ \frac{25}{4}\right)$

(3) 点 E の x 座標は $\frac{1}{4}x^2=\frac{9}{4}$ の解で表される。

これを解くと $x=\pm 3$

$x>0$ であるから $x=3$

よって，点 E の座標は $\left(3,\ \frac{9}{4}\right)$

(4) $\text{AB}\ /\!/\ \text{EC}$，$\text{AB}=\text{EC}$ であるから，四角形 AECB は平行四辺形である。

よって，求める直線は平行四辺形 AECB の対角線の交点を通る。

この交点を M とすると，M は 2 点

$\text{A}\left(1,\ \frac{1}{4}\right)$，$\text{C}\left(1,\ \frac{9}{4}\right)$ を結ぶ線分 AC の

中点であるから，その座標は $\left(1,\ \frac{5}{4}\right)$

直線 DM の傾きは $\dfrac{\frac{25}{4}-\frac{5}{4}}{5-1}=\dfrac{5}{4}$ である

から，その式を $y=\frac{5}{4}x+d$ とおく。

点 M を通るから $\frac{5}{4}=\frac{5}{4}\times 1+d$

よって $d=0$

したがって，求める直線の式は

$$y=\frac{5}{4}x$$

89 三平方の定理と平面図形 ★★★

答 (1) 3 (2) $\dfrac{12\sqrt{2}}{5}$

考え方

相似な三角形を見つける

直接求めるのが難しい場合，求めたいものをふくむ三角形の相似が利用できないか考える。

(1) 線分 OG の長さがわかればよいから，それをふくむ △OGC と相似な三角形を探す。

(2) 線分 BF をふくむ △GBF と相似な三角形を探す。

解説

(1) △OCD と △OGC において

$$\angle\text{COD}=\angle\text{GOC}=90° \quad\cdots\cdots ①$$

$$\angle\text{OCD}=\angle\text{OCG}+\angle\text{DCF}$$

$\text{OC}=\text{OF}$ より

$$\angle\text{OCG}=\angle\text{OFG} \quad\cdots\cdots ②$$

また，$\overset{\frown}{\text{BE}}=\overset{\frown}{\text{BF}}$ より，$\overset{\frown}{\text{EBF}}=2\overset{\frown}{\text{BF}}$ であるから

$$\angle\text{DCF}=2\angle\text{BCF}=\angle\text{BOF} \quad\cdots\cdots ③$$

②，③ より

$$\angle\text{OCD}=\angle\text{OFG}+\angle\text{BOF}=\angle\text{OGC} \quad\cdots\cdots ④$$

①，④ より，2 組の角がそれぞれ等しいから $△\text{OCD}∽△\text{OGC}$

よって $\text{OC}:\text{OG}=\text{OD}:\text{OC}$

$12:\text{OG}=(12+4):12$ から $\text{OG}=9$

したがって $\text{BG}=12-9=3$

(2) $\triangle$GBF と $\triangle$GCA において

$\angle$BFG$=\angle$CAG ⋯⋯ ⑤

$\angle$GBF$=\angle$GCA ⋯⋯ ⑥

⑤, ⑥ より, 2 組の角がそれぞれ等しい

から $\triangle$GBF$\infty$$\triangle$GCA

よって BG：CG＝BF：CA

$\triangle$OAC は直角二等辺三角形であるから

CA$=\sqrt{2}$ OA$=12\sqrt{2}$

また CG$=\sqrt{12^2+9^2}=15$

$3:15=$BF$:12\sqrt{2}$ から BF$=\dfrac{12\sqrt{2}}{5}$

90 三平方の定理と空間図形 ★★★☆

答 (1) 5 cm (2) $\sqrt{106}$ cm

(3) 54 cm³

(4) $(90+18\sqrt{106})\pi$ cm²

考え方

(2) $\triangle$CDP に注目する。

(3) 点 Q から辺 BF に垂線 QI をひくと, QI は三角錐の高さになる。

(4) できる立体は, 円柱と 2 つの合同な円錐を合わせたものである。

解説

(1) CF$=\sqrt{9^2+12^2}=15$ (cm)

よって PQ$=15\div3=$**5 (cm)**

(2) DP$=\sqrt{9^2+5^2}=\sqrt{106}$ **(cm)**

(3) 点 Q から辺 BF に垂線 QI をひくと, QI は三角錐の高さになる。

FQ：FC＝IQ：BC

よって, $5:15=$IQ$:9$ から

IQ$=3$ (cm)

したがって, 求める体積は

$\dfrac{1}{3}\times\left(\dfrac{1}{2}\times9\times12\right)\times3=$**54 (cm³)**

(4) 四角形 DEQP は図のような台形である。

垂線 PJ, QK をひくと

$\triangle$DJP$\equiv$$\triangle$EKQ

できる立体は円柱と 2 つの合同

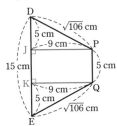

な円錐を合わせたものである。

円柱の側面積は

$5\times(2\pi\times9)=90\pi$ (cm²)

1 つの円錐の展開図において, おうぎ形の中心角を $x°$ とすると

$2\pi\times\sqrt{106}\times\dfrac{x}{360}=2\pi\times9$

すなわち $\dfrac{x}{360}=\dfrac{9}{\sqrt{106}}$

よって, 1 つの円錐の側面積は

$\pi\times(\sqrt{106})^2\times\dfrac{9}{\sqrt{106}}=9\sqrt{106}\,\pi$ (cm²)

したがって, 求める表面積は

$90\pi+9\sqrt{106}\,\pi\times2$

$=(90+18\sqrt{106})\pi$ **(cm²)**

(参考) 半径 r cm, 中心角 $x°$ のおうぎ形について, 弧の長さを ℓ cm, 面積を S cm² とすると $S=\pi r^2\times\dfrac{x}{360}=\dfrac{1}{2}\ell r$

これを利用すると, (4)の円錐の側面積は半径 $\sqrt{106}$ cm, 弧の長さ $(2\pi\times9)$ cm のおうぎ形の面積であるから

$\dfrac{1}{2}\times(2\pi\times9)\times\sqrt{106}=9\sqrt{106}\,\pi$ (cm²)

■ 第4回 → 本冊 p.40～41

91

答 (1) $(x-y+1)(x-y-3)$

(2) $1+\sqrt{5}$ (3) $a=41,\ b=\dfrac{10}{7}$

(4) $n=4,\ 19$

91 (1) 因数分解 ★☆☆☆

考え方

式の一部に因数分解の公式を利用する。

解説

$x^2-2xy+y^2-2x+2y-3$

$=(x-y)^2-2(x-y)-3$

$=\{(x-y)+1\}\{(x-y)-3\}$

$=\boldsymbol{(x-y+1)(x-y-3)}$

91 (2) 2次方程式の解き方 ★★★☆

解説

$x^2-x-1=0$ を解くと $x=\dfrac{1\pm\sqrt{5}}{2}$

よって $a=\dfrac{1+\sqrt{5}}{2}$

$x=a$ を $x^2-x-1=0$ に代入すると

$a^2-a-1=0$ すなわち $a^2=a+1$

よって

$3a^2-a-3=3(a+1)-a-3=2a$

$=2\times\dfrac{1+\sqrt{5}}{2}=1+\sqrt{5}$

91 (3) 連立方程式の解き方 ★★★☆

解説

連立方程式 $\begin{cases} 2ax-7y=236 \\ x+2y=\dfrac{a}{7} \end{cases}$ の解が $x=3$,

$y=b$ であるから

$\begin{cases} 6a-7b=236 \quad\cdots\cdots ① \\ 3+2b=\dfrac{a}{7} \quad\cdots\cdots ② \end{cases}$

①, ②を解くと $a=41$, $b=\dfrac{10}{7}$

91 (4) 平方根の応用 ★★☆☆

考え方

$\sqrt{}$ の中の数 $120-5n$ が2乗した数となるときを考える。$120-5n=5(24-n)$ と変形できることに注目する。

解説

$\sqrt{120-5n}=\sqrt{5(24-n)}$ が自然数となるとき、$24-n=5\times k^2$ (k は自然数) の形に表される。

よって

$24-n=5\times1^2,\ 5\times2^2,\ 5\times3^2,\ \cdots\cdots$

このとき, 順に $n=19,\ 4,\ -21,\ \cdots\cdots$

n は自然数であるから $n=4,\ 19$

92 1次関数の利用 ★★★☆

答 (1) $\dfrac{9}{2}t$ (2) $\dfrac{9}{2}t$

考え方

それぞれの場合について、点 P, Q がどの辺上にあるかを考える。

(2) 点 P は辺 CD 上, 点 Q は辺 EF 上にある。点 P から辺 EF に垂線 PP′ をひくと, 台形 P′FAP の面積から △P′QP と △QFA の面積をひけばよいことがわかる。

解説

(1) $9\leqq t\leqq18$ のとき, 点 P は辺 BC 上, 点 Q は辺 AF 上にある。

よって $\triangle APQ=\dfrac{1}{2}\times AQ\times AB$

$=\dfrac{1}{2}\times t\times9=\dfrac{9}{2}t$

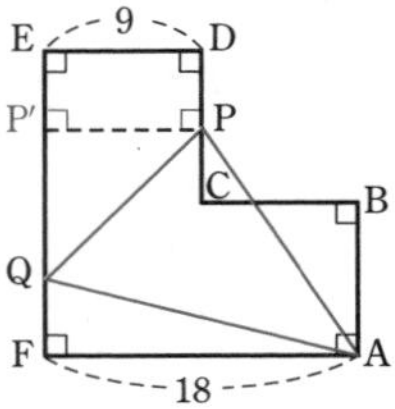

(2) $18\leqq t\leqq27$ のとき, 点 P は辺 CD 上にあり

$PC=t-18$

点 Q は辺 EF 上にあり

$QF=t-18$

また, P′ を図のようにとると

$EP′=DP$

$\quad=9-(t-18)=27-t$

$FP′=18-(27-t)=t-9$

よって

$\triangle APQ=(台形\ P′FAP\ の面積)$

$\quad-\triangle P′QP-\triangle QFA$

$=\dfrac{1}{2}\times(9+18)\times(t-9)$

$\quad-\dfrac{1}{2}\times9\times\{(t-9)-(t-18)\}$

$\quad-\dfrac{1}{2}\times18\times(t-18)=\dfrac{9}{2}t$

93 放物線と直線 ★★★★

答 (1) $y=-x+2$

(2) $(-2,\ -2)$, $(4,\ -8)$

(3) $\left(\dfrac{1+\sqrt{13}}{2},\ \dfrac{7+\sqrt{13}}{2}\right)$,

$\left(\dfrac{1-\sqrt{13}}{2},\ \dfrac{7-\sqrt{13}}{2}\right)$

考え方

(2) 直線 AB と y 軸の交点を C として，y 軸上の負の部分に CD＝3OC となる点 D をとると
$$\triangle DAB＝3\triangle OAB$$
等積変形を利用して，点 Q の位置を考える。

(3) 二等辺三角形の性質から，点 P は線分 AB の垂直二等分線上にある。その垂直二等分線の式を求め，放物線 ① との交点を求めればよい。

解説

(1) 点 A，B は放物線 ① 上にあるから，A，B の座標は　　A$(-2, 4)$，B$(1, 1)$
直線 AB の傾きは -1 であるから，直線 AB の式を $y＝-x+b$ とおく。
点 B を通るから
$$1＝-1+b \quad よって \quad b＝2$$
したがって，直線 AB の式は
$$\boldsymbol{y＝-x+2}$$

(2) 直線 AB と y 軸の交点を C とすると，C の座標は
$$(0, 2)$$

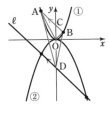

y 軸上の負の部分に CD＝3OC となる点 D をとると，D の座標は　$(0, -4)$
このとき　　$\triangle DAB＝3\triangle OAB$
点 D を通り，直線 AB に平行な直線を ℓ とすると，ℓ の式は　　$y＝-x-4$
$\triangle QAB＝3\triangle OAB$ となるとき，点 Q は，放物線 $y＝-\dfrac{1}{2}x^2$ と直線 $y＝-x-4$ の交点であり，その x 座標は
$$-\dfrac{1}{2}x^2＝-x-4 の解で表される。$$
これを解くと　　$x＝-2, 4$
したがって，点 Q の座標は
$$\boldsymbol{(-2, -2)}, \boldsymbol{(4, -8)}$$

(3) $\triangle PAB$ が $\angle PAB＝\angle PBA$ の二等辺三角形のとき，線分 AB の垂直二等分線を m とすると，頂点 P は m 上にある。
直線 AB の傾きは -1 であるから，直線 m の傾きは 1 である。

直線 m の式を $y＝x+c$ とおく。
線分 AB の中点を E とすると，点 E の座標は　$\left(-\dfrac{1}{2}, \dfrac{5}{2}\right)$
直線 m は点 E を通るから
$$\dfrac{5}{2}＝-\dfrac{1}{2}+c \quad よって \quad c＝3$$
したがって，直線 m の式は　$y＝x+3$
点 P は放物線 ① と直線 m の交点であるから，その x 座標は $x^2＝x+3$ の解で表される。

これを解くと　　$x＝\dfrac{1\pm\sqrt{13}}{2}$
よって，点 P の座標は
$$\left(\dfrac{1+\sqrt{13}}{2}, \dfrac{7+\sqrt{13}}{2}\right),$$
$$\left(\dfrac{1-\sqrt{13}}{2}, \dfrac{7-\sqrt{13}}{2}\right)$$

(参考)　(3) では，知っておくと便利！（→$p.17$）を用いて，直線 AB に垂直な直線 m の傾きを求めている。

94　三平方の定理と平面図形　★★★★

答 (1) $\sqrt{5}$　　(2) (ア) $\dfrac{1}{2}$　(イ) $\dfrac{\sqrt{5}}{2}$
　　(3) $\sqrt{2}$

考え方

相似な三角形の対応する辺の長さの比はすべて等しい。
(2) $\triangle EBP$ と $\triangle CFP$ に注目する。
(3) $\triangle EPC$ と $\triangle BPF$ に注目する。

解説

(1) $\triangle BCE$ において，三平方の定理により
$$EC＝\sqrt{1^2+3^2}＝\sqrt{10}$$
EC は正方形 EFCG の対角線であるから
$$CF＝\sqrt{10}\times\dfrac{1}{\sqrt{2}}＝\sqrt{5}$$

(2) $\triangle EBP$ と $\triangle CFP$ において
$$\angle EBP＝\angle CFP＝90° \quad\cdots\cdots ①$$
$$\angle EPB＝\angle CPF \quad\cdots\cdots ②$$
①，② より，2 組の角がそれぞれ等しいから　　$\triangle EBP\backsim\triangle CFP$

よって
$$BP:FP=EP:CP=EB:CF$$
$$=1:\sqrt{5}$$
$BP=x$, $EP=y$ とおくと
$$FP=\sqrt{5}\,x, \quad CP=\sqrt{5}\,y$$
よって $\begin{cases} x+\sqrt{5}\,y=3 \\ y+\sqrt{5}\,x=\sqrt{5} \end{cases}$

これを解くと $x=\dfrac{1}{2},\ y=\dfrac{\sqrt{5}}{2}$

すなわち BP=$^{ア}\dfrac{1}{2}$, EP=$^{イ}\dfrac{\sqrt{5}}{2}$

(3) $\angle EFC=\angle EBC=90°$ より，四角形
EBFC は CE を直径とする円に内接して
いる。
△EPC と △BPF において
$$\angle CEP=\angle FBP \quad \cdots\cdots ③$$
$$\angle EPC=\angle BPF \quad \cdots\cdots ④$$
③，④ より，2 組の角がそれぞれ等しい
から △EPC∽△BPF
よって EC:BF=EP:BP
$\sqrt{10}:BF=\dfrac{\sqrt{5}}{2}:\dfrac{1}{2}$ から
$$BF=\dfrac{\sqrt{10}}{\sqrt{5}}=\sqrt{2}$$

95 確率 ★★☆☆

答 $\dfrac{1}{45}$

考え方
積が 10 の倍数にならない場合は，2 の倍数と 5 の
倍数が同時に出ないときである。

解説
10 枚のカードから 8 枚のカードを取り出す
場合の数は，10 枚のカードから取り出さな
い 2 枚のカードを選ぶ場合の数に等しいか
ら $10×9=90$（通り）
ここで，たとえば $(1,2)$ と $(2,1)$ は同じ組
であるから $90÷2=45$（通り）
このうち，積が 10 の倍数にならない場合は，
2 の倍数と 5 の倍数が同時に出ないときで
あり，取り出されない 2 枚のカードの選び
方は $(5,10)$ の 1 通り。

よって，求める確率は $\dfrac{1}{45}$

■ 第5回 → 本冊 p.42 〜 43

96

答 (1) 4 (2) $a=\dfrac{1}{2}$, $b=0$

(3) $\dfrac{32}{3}\pi\ \text{cm}^2$

96 (1) 平方根の応用 ★☆☆☆

考え方
⚡ 式の値 変形してらくに計算

解説
$$xy=(\sqrt{3}+1)(\sqrt{3}-1)=3-1=2$$
$$x-y=(\sqrt{3}+1)-(\sqrt{3}-1)=2$$
よって $x^2y-xy^2=xy(x-y)=2×2=4$

96 (2) 関数 $y=ax^2$ の基礎 ★★☆☆

考え方
$y=ax^2$ について，y の値は $a>0$ のとき 0 以上，
$a<0$ のとき 0 以下となり，正と負にまたがること
はない。頂点と x の変域の端における値に注目す
る。

解説
関数 $y=ax^2$ が $y=8$ となるから $a>0$
x の変域が $-4≦x≦2$ であるから，
$x=-4$ のとき $y=8$ である。

よって，$8=a×(-4)^2$ を解くと $a=\dfrac{1}{2}$

y の変域は $0≦y≦8$ となるから $b=0$

96 (3) 円とおうぎ形 ★★☆☆

考え方
直接求めることができない面積などは
知っている図形にもちこむ
移動前の半円と移動後の半円の面積が等しいこと
を利用する。

解説
色をつけた部分は，半径 8 cm，中心角 60°
のおうぎ形と移動後の半円を合わせた図形
から，移動前の半円を除いた図形である。
ここで，移動前の半円と移動後の半円は合
同であり，面積が等しいことから，色をつ
けた部分の面積は，半径 8 cm，中心角 60°

のおうぎ形の面積に等しい。
したがって，色をつけた部分の面積は

$$\pi \times 8^2 \times \frac{60}{360} = \frac{32}{3}\pi \ (\text{cm}^2)$$

97 データの活用 ★★☆☆

📝 (1)　5.5点　　(2)　2通り

考え方
(1)　度数　各階級にふくまれるデータの個数

$$(\text{平均値}) = \frac{\{(\text{階級値}) \times (\text{度数})\} \text{の合計}}{(\text{度数の合計})}$$

$$(\text{相対度数}) = \frac{(\text{その階級の度数})}{(\text{度数の合計})}$$

解説
(1)　6点以上8点未満の階級について，英語の相対度数は　$\dfrac{5}{20} = 0.25$

よって，この階級の数学の相対度数は
$$0.25 + 0.15 = 0.4$$

したがって，6点以上8点未満の階級の，数学の度数は
$$10 \times 0.4 = 4 \, (\text{人})$$

よって，2点以上4点未満の階級について，数学の度数は
$$10 - (3+4+1) = 2 \, (\text{人})$$

この階級の相対度数は等しいから，英語の度数は　$20 \times \dfrac{2}{10} = 4 \, (\text{人})$

したがって，4点以上6点未満の階級の，英語の度数は
$$20 - (1+4+5+3) = 7 \, (\text{人})$$

よって，求める平均値は
$$(1 \times 1 + 3 \times 4 + 5 \times 7 + 7 \times 5 + 9 \times 3) \div 20$$
$$= 110 \div 20 = \textbf{5.5 (点)}$$

(2)　平均値が7.0個であるから
$$a + 5 + 9 + 10 + b + 3 = 7.0 \times 6$$

よって　　$a + b = 15$

a，b は $a < b \leqq 10$ の整数であるから
$$(a, \ b) = (5, \ 10), \ (6, \ 9), \ (7, \ 8)$$

a，b 以外の個数を少ない順に並べると
$$3, \ 5, \ 9, \ 10$$

[1]　$(a, \ b) = (5, \ 10)$ のとき

6人の球の個数について，少ない方か

ら数えて3番目の値は5，4番目の値は9である。このとき，6人の球の個数の中央値は $\dfrac{5+9}{2} = 7.0 \, (\text{個})$ となり，問題に適さない。

[2]　$(a, \ b) = (6, \ 9), \ (7, \ 8)$ のとき

6人の球の個数について，少ない方から数えて3番目の値は a，4番目の値は b である。このとき，6人の球の個数の中央値は $\dfrac{a+b}{2} = 7.5 \, (\text{個})$ となり，問題に適している。

以上から，a，b の値の組は2通りある。

98 放物線と直線 ★★★☆

📝 (1)　$a = \dfrac{3}{4}$　　(2)　$y = -\dfrac{1}{4}x + \dfrac{5}{2}$

(3)　$y = \dfrac{1}{2}x + 2$　　(4)　$\dfrac{1}{2}$

考え方
(4)　三角形の面積について
🕐 大きくつくって余分なものをけずる
底辺を BK とみて，等積変形を利用してもよい。

解説
(1)　① のグラフは点 $(-2, \ 3)$ を通るから
$$3 = a \times (-2)^2 \qquad \text{よって} \quad \boldsymbol{a = \dfrac{3}{4}}$$

(2)　点 A の y 座標は　$y = \dfrac{3}{4} \times \left(\dfrac{5}{3}\right)^2 = \dfrac{25}{12}$

すなわち　　$A\left(\dfrac{5}{3}, \ \dfrac{25}{12}\right)$

直線 ℓ の式を $y = -\dfrac{1}{4}x + b$ とおくと，点 A を通ることから
$$\dfrac{25}{12} = -\dfrac{1}{4} \times \dfrac{5}{3} + b$$

よって　　$b = \dfrac{5}{2}$

したがって，直線 ℓ の式は
$$\boldsymbol{y = -\dfrac{1}{4}x + \dfrac{5}{2}}$$

(3) 点Bの y 座標は
$$y=\frac{3}{4}\times 2^2=3$$

点Cの y 座標は
$$y=\frac{3}{4}\times\left(-\frac{4}{3}\right)^2=\frac{4}{3}$$

すなわち　　B$(2,\ 3)$, C$\left(-\frac{4}{3},\ \frac{4}{3}\right)$

直線 m の傾きは
$$\left(3-\frac{4}{3}\right)\div\left\{2-\left(-\frac{4}{3}\right)\right\}=\frac{1}{2}$$

直線 m の式を $y=\frac{1}{2}x+c$ とおくと，点

Bを通ることから
$$3=\frac{1}{2}\times 2+c \qquad よって \quad c=2$$

したがって，直線 m の式は　　$\boldsymbol{y=\dfrac{1}{2}x+2}$

(4) 点Kの x 座標は
$$-\frac{1}{4}x+\frac{5}{2}=\frac{1}{2}x+2 \text{ の解で表される。}$$

これを解くと　　$x=\dfrac{2}{3}$

よって，点Kの座標は　$\left(\dfrac{2}{3},\ \dfrac{7}{3}\right)$

ここで，D$\left(\dfrac{2}{3},\ \dfrac{25}{12}\right)$,

E$\left(2,\ \dfrac{25}{12}\right)$ とすると，

右の図のようになり，

求める面積は

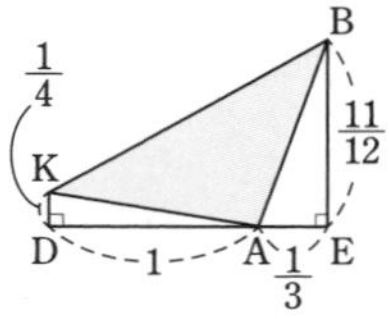

（台形 KDEB）$-\triangle$KDA$-\triangle$BAE

よって
$$\frac{1}{2}\times\left(\frac{1}{4}+\frac{11}{12}\right)\times\frac{4}{3}$$
$$-\frac{1}{2}\times 1\times\frac{1}{4}-\frac{1}{2}\times\frac{1}{3}\times\frac{11}{12}=\frac{1}{2}$$

別解　点Aを通り直線 m に平行な直線 n

の式を $y=\frac{1}{2}x+d$ とすると
$$\frac{25}{12}=\frac{1}{2}\times\frac{5}{3}+d \qquad よって \quad d=\frac{5}{4}$$

直線 n と y 軸の交点をF，直線 m と y

軸の交点をGとすると

$\triangle$ABK$=\triangle$FBK
$=\triangle$BFG$-\triangle$KFG
$$=\frac{1}{2}\times\left(2-\frac{5}{4}\right)\times 2-\frac{1}{2}\times\left(2-\frac{5}{4}\right)\times\frac{2}{3}$$
$$=\frac{1}{2}$$

99　三平方の定理と平面図形　★★★☆

答 (1) $4\sqrt{5}$ 　　(2) $5:3$ 　　(3) $\dfrac{128}{5}$

(4) $8:5$

考え方
(2) AF$=x$(cm) とすると
　　CF$=x$(cm), DF$=8-x$(cm)
　$\triangle$FCD において，三平方の定理を利用する。
(3) 四角形 ACDE を，$\triangle$ACD と $\triangle$ADE に分け
　て考える。
(4) 4点 A, C, D, E が，AC を直径とする円周上
　にあることから，AC∥ED が導かれる。

解説
(1) AC$=\sqrt{4^2+8^2}=4\sqrt{5}$ (cm)
(2) $\triangle$ACF において　　$\angle$ACF$=\angle$ACB
　AD∥BC から　　　　　$\angle$ACB$=\angle$CAD
　よって，$\angle$ACF$=\angle$CAF であるから，
　AF$=$CF$=x$(cm) とおける。
　このとき　　EF$=$DF$=8-x$(cm)
　$\triangle$FCD において，三平方の定理により
$$x^2=(8-x)^2+4^2$$
　これを解くと　　$x=5$
　よって　　AF:FD$=5:(8-5)=\boldsymbol{5:3}$
(3) (2) から
　　AF$=$CF$=5$(cm), EF$=$DF$=3$(cm)
　点Eから線分ADに垂線EHをひくと，
　$\triangle$EFH∽$\triangle$CFD より
　　EH:CD$=$EF:CF
　よって，EH:$4=3:5$ から
$$EH=\frac{12}{5}\text{ (cm)}$$
　したがって，四角形 ACDE の面積は
　　$\triangle$ACD$+\triangle$ADE
$$=\frac{1}{2}\times 8\times 4+\frac{1}{2}\times 8\times\frac{12}{5}$$
$$=\boldsymbol{\frac{128}{5}}\text{ (cm}^2)$$

(4) 線分 AC と線分 BG の交点を M とする。

∠AEC＝90°, ∠ADC＝90° であるから, 4 点 A, C, D, E は, AC を直径とする円周上にある。

円周角の定理により　∠CAF＝∠CED

∠CAF＝∠ACF であるから

　　∠ACF＝∠CED

錯角が等しいから　　AC∥ED

よって

　　EG：MC＝EF：FC＝3：5

　　GD：AM＝DF：FA＝3：5

であるから

　　$EG＝\dfrac{3}{5}MC$,　$GD＝\dfrac{3}{5}AM$

　　AM：MC＝AF：BC＝5：8 から

　　$MC＝\dfrac{8}{13}AC$,　$AM＝\dfrac{5}{13}AC$

よって

　　EG：GD

　　$＝\dfrac{3}{5}×\dfrac{8}{13}AC：\dfrac{3}{5}×\dfrac{5}{13}AC$

　　＝8：5

100　素因数分解　★★★☆

答　(1)　$x＝13$, 65, 91, 143

　　　(2)　12 個

考え方

最大公約数を考えるから, 素因数分解する。

(1)　$156＝2^2×3×13$ であるから

　　　$x＝13×(2, 3 を因数にふくまない数)$

(2)　$[x, 60]＝A$ とおくと　$A^2－10A+24＝0$

　　　よって, $A＝4, 6$ から　$[x, 60]＝4, 6$

　　　(1)と同様に考える。

解説

(1)　$156＝2^2×3×13$

　　　よって　$x＝13, 13×5, 13×7, 13×11$

　　　すなわち　**$x＝13$, 65, 91, 143**

(2)　$[x, 60]＝A$ とおくと

　　　　　　$A^2－10A+24＝0$

　　　$(A－4)(A－6)＝0$ から　　$A＝4, 6$

　　　よって　　$[x, 60]＝4, 6$

　　　また　　　$60＝2^2×3×5$

$[x, 60]＝4$ のとき

　　　$x＝4$, 4×2, 4×4, 4×7, 4×8,

　　　　　　4×11, 4×13, 4×14

すなわち

　　　$x＝4$, 8, 16, 28, 32, 44, 52, 56

　　　　　　　　　　　　　…… ①

$[x, 60]＝6$ のとき

　　　$x＝6$, 6×3, 6×7, 6×9

すなわち　$x＝6$, 18, 42, 54　…… ②

①, ② より, 求める x の値は **12 個**ある。

第6回　　→ 本冊 p.44〜45

101

答　(1)　2　　(2)　(3, 9)　　(3)　63π

　　　(4)　64°

101　(1)　平方根の応用　★★★☆

考え方

因数分解の公式を利用して変形する。

解説

$\sqrt{85^2－84^2+61^2－60^2－2×11×13}$

$＝\sqrt{(85+84)(85－84)+(61+60)(61－60)－2×11×13}$

$＝\sqrt{169+121－2×11×13}$

$＝\sqrt{13^2－2×11×13+11^2}＝\sqrt{(13－11)^2}$

$＝\sqrt{2^2}＝2$

101　(2)　連立方程式の解き方　★★★☆

解説

$\begin{cases} 4x－2y＝3x+5 \\ 2x－ay＝4a \end{cases}$ の解が $x＝b$, $y＝2$ である

から　$\begin{cases} 4b－4＝3b+5 & …… ① \\ 2b－2a＝4a & …… ② \end{cases}$

① から　　$b＝9$

② から　　$6a＝2b$

よって　　$(a, b)＝(3, 9)$

101　(3)　立体の表面積　★★★☆

考え方

できる立体の見取り図を考えると, 円柱から円錐を取り除いた立体ができる。

解説

右の図のように点 E を決める。

△ABE において

BE=2AB=6

底面の半径が 3, 母線の長さが 6 の円錐の側面積は

$$\frac{1}{2}\times(2\pi\times3)\times6=18\pi$$

底面の半径が 3, 高さが 6 の円柱の側面積は $(2\pi\times3)\times6=36\pi$

よって, 求める立体の表面積は

$$18\pi+36\pi+\pi\times3^2=63\pi$$

101 (4) 円   ★★★★

解説

円周角の定理により

∠CBD=52°÷2=26°

AB は直径であるから

∠ADB=90°

△BPD の内角と外角の性質から

∠APB=90°−26°=**64°**

102 確率   ★★★☆

答 (1) $\dfrac{1}{18}$ (2) $\dfrac{1}{3}$ (3) $\dfrac{4}{9}$

考え方

(1) 点 A を頂点とする正三角形は △ACE である。

(2) 辺 AD, BE, CF が直角三角形の斜辺となる場合をそれぞれ考える。

(3) 3 点 A, X, Y のうち, 少なくとも 2 つの点が重なる場合を考える。

解説

x 君が出した目の数を x, y 君が出した目の数を y とする。すべての場合の数は

6×6=36(通り)

(1) 正三角形になるのは △ACE である。

(x, y) は (2, 2), (4, 4) の 2 通り。

よって, 求める確率は $\dfrac{2}{36}=\dfrac{1}{18}$

(2) [1] 斜辺が AD のとき

(x, y) は (1, 3), (2, 3), (4, 3), (5, 3), (3, 1), (3, 2), (3, 4), (3, 5)

の 8 通り。

[2] 斜辺が BE のとき

(x, y) は (1, 2), (4, 5) の 2 通り。

[3] 斜辺が CF のとき

(x, y) は (2, 1), (5, 4) の 2 通り。

[1]〜[3] から, 求める確率は

$$\frac{8+2+2}{36}=\frac{1}{3}$$

(3) 三角形にならないのは, 少なくとも 2 つの点が重なるときである。

[1] X, Y ともに A に重なるとき

(x, y) は (6, 6) の 1 通り。

[2] X と Y のどちらか一方のみが A に重なるとき

(x, y) は (1, 6), (2, 6), (3, 6), (4, 6), (5, 6), (6, 1), (6, 2), (6, 3), (6, 4), (6, 5) の 10 通り。

[3] X, Y が A 以外の頂点で重なるとき

(x, y) は (1, 5), (2, 4), (3, 3), (4, 2), (5, 1) の 5 通り。

[1]〜[3] より, 求める確率は

$$\frac{1+10+5}{36}=\frac{4}{9}$$

103 放物線と直線   ★★★★

答 (1) $a=\dfrac{1}{9}$

(2) (ア) $b=\dfrac{4}{9}$ (イ) $-\dfrac{3\sqrt{3}}{2}-1$

考え方

(2) (1)より, 点 A, B の座標を求める。

(ア) 直線 AB の傾きから, △BFD が直角二等辺三角形であることがわかり, 四角形 FEAG が長方形となることから, 点 G の座標が求まる。

(イ) 四角形 GQPE が平行四辺形になるとき

PQ∥EG, PQ=EG

2 点 E, G の各座標を利用する。

解説

(1) AC=$a\times3^2=9a$, BD=$a\times6^2=36a$ であるから

$$36a=9a+3$$ よって $a=\dfrac{1}{9}$

(2) 点 A の座標は (3, 1), 点 B の座標は (6, 4) である。

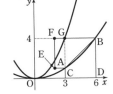

(ア) 直線 AB の傾きは　1
よって,
$\angle DBA = 45°$
であるから　$\angle FBA = 45°$
BD=BF より, △BFD は直角二等辺三角形である。
四角形 FEAG は長方形となるから,
点 G の座標は　(3, 4)
点 G は放物線 $y = bx^2$ 上にあるから

$$4 = b \times 3^2 \qquad よって \qquad b = \frac{4}{9}$$

(イ) 点 F の座標は　(2, 4)
FE∥BD, FE=DC=3 より, 点 E の座標は　(2, 1)
四角形 GQPE が平行四辺形になるとき　PQ∥EG, PQ=EG
2 点 E, G の y 座標の差が 3 であるから, 点 Q の y 座標は 3 である。

点 Q は放物線 $y = \frac{4}{9}x^2$ 上にあるから

$$3 = \frac{4}{9}x^2 より \qquad x^2 = \frac{27}{4}$$

$x < 0$ であるから　$x = -\frac{3\sqrt{3}}{2}$

2 点 E, G の x 座標の差が 1 であるから, 点 P の x 座標は　$-\frac{3\sqrt{3}}{2} - 1$

104　1次方程式の利用　★★★☆

答 (1) (ア) 600　(イ) 3000
(2) (ア) 7　(イ) 2　(3) 800

考え方
(2) 2 人が移動した距離の和が 10 km になるときを考える。
(3) 2 人が移動した距離の和が 30 km になるときを考える。

解説
(1) Q 君が出発してから x 分後の時点で,

P 君は出発してから $(x+5)$ 分経過している。よって

$$y = 600 \times (x+5) = {}^{ア}600x + {}^{イ}3000$$

(2) 2 人が最初に出会うのは, 2 人が移動した距離の和が 10 km になるときである。
Q 君は出発してから x 分間で $(400 \times x)$ m 進んでいるから

$$(600x + 3000) + 400x = 10000$$

これを解くと　$x = 7$
よって, 求める距離は, (1) から
$$y = 600 \times 7 + 3000 = 7200 \ (\text{m})$$
したがって　${}^{ア}7.{}^{イ}2 \ \text{km}$

(3) 右の図のように, 2 人がそれぞれ折り返してもとの地点にもどる途中に出

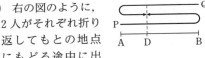

会うとすると, 移動距離の合計は 30 km になるから

$$(600x + 3000) + 400x = 30000$$

これを解くと　$x = 27$
このとき, Q 君の移動距離は
$$400 \times 27 = 10800 \ (\text{m})$$
よって, A 地点と D 地点の距離は
$$10800 - 10000 = 800 \ (\text{m})$$

105　面積の比　★★★★

答 (1) 2 : 1　(2) 2　(3) 3 倍

考え方
中点連結定理　中点 2 つ　平行で半分
(1) 点 D, E はそれぞれ辺 BC, CA の中点であるから, △CAB において中点連結定理を利用する。
(2) BF : FE, FH : HE を考える。

解説
(1) △CAB において
$$CE = EA, \quad CD = DB$$
中点連結定理により　AB : DE = 2 : 1

(2) △ABC において, 中点連結定理により
$$AB \parallel ED, \quad ED = \frac{1}{2}AB$$
よって　BF : FE = AB : ED = 2 : 1
$$FE = \frac{1}{3}BE = \frac{1}{3} \times 9 = 3$$

△AFC において，中点連結定理により
$$\text{GE} /\!/ \text{FC}, \quad \text{GE} = \frac{1}{2}\text{FC}$$
よって　　$\text{FH} : \text{HE} = \text{FC} : \text{GE} = 2 : 1$
$$\text{FH} = \frac{2}{3}\text{FE} = \frac{2}{3} \times 3 = 2$$

(3) △FBD $= S$ とする。
$\text{BD} : \text{BC} = 1 : 2$ から
$$△\text{FBC} = 2S$$
$\text{BF} : \text{BE} = 2 : 3$ から
$$△\text{EBC} = \frac{3}{2}△\text{FBC} = 3S$$
よって　　**3 倍**

知っておくと便利！

三角形の 1 つの頂点とそれに向かい合う辺の中点を結んだ線分を**中線**という。三角形の 3 つの中線について，次のことが成り立つ。

1点で交わる

[1] 三角形の 3 つの中線は 1 点で交わる。
　　この点を，三角形の**重心**という。
[2] 三角形の重心は，各中線を **2 : 1** に分ける。

また，3 つの中線により，三角形の面積は 6 等分される。

第7回　➡ 本冊 p.46 ~ 47

106

答 (1)　5
　　(2)　$(3a + b - 2c - 1)(3a - b + 2c - 1)$
　　(3)　(ア) 18　　(イ) 10　　(4) 2 : 3

106 (1)　平方根の計算　★★★★

考え方

$4\sqrt{3} + 3\sqrt{5}$, $\sqrt{3} + \sqrt{5}$ が複数個あらわれるから，それぞれを文字におきかえる。

解説

$4\sqrt{3} + 3\sqrt{5} = a$, $\sqrt{3} + \sqrt{5} = b$ とおくと，与えられた式は
$$a^2 - 8ab + 16b^2 = (a - 4b)^2$$
$$= \{(4\sqrt{3} + 3\sqrt{5}) - 4(\sqrt{3} + \sqrt{5})\}^2$$
$$= (-\sqrt{5})^2 = \mathbf{5}$$

106 (2)　因数分解　★★★★

解説

$$(3a + 2c)(3a - 2c) - b(b - 4c) - (6a - 1)$$
$$= 9a^2 - 4c^2 - b^2 + 4bc - 6a + 1$$
$$= (9a^2 - 6a + 1) - (b^2 - 4bc + 4c^2)$$
$$= (3a - 1)^2 - (b - 2c)^2$$
$$= \{(3a - 1) + (b - 2c)\}\{(3a - 1) - (b - 2c)\}$$
$$= \mathbf{(3a + b - 2c - 1)(3a - b + 2c - 1)}$$

106 (3)　場合の数　★★★★

解説

A，B ともに不正解となった生徒の人数が最大となるのは，B を正解した 28 人全員が，A も正解した場合である。

よって　　$50 - 32 = {}^{\text{ア}}\mathbf{18}$（人）

A，B ともに正解した生徒の人数が最小となるのは，A を不正解となった 18 人が，全員 B を正解した場合である。

このとき，A，B ともに正解した生徒の人数は　　$28 - 18 = {}^{\text{イ}}\mathbf{10}$（人）

106 (4)　三平方の定理と平面図形　★★★★

考え方

点 A から辺 BC に垂線 AI をひき，辺 BC の垂直二等分線と辺 BC との交点を H とすると
$$\text{AD} : \text{DB} = \text{IH} : \text{HB}$$

解説

点 A から辺 BC に垂線 AI をひき，$\text{IC} = x$（cm）とおく。
また，辺 BC の垂直二等分線と辺 BC との交点を H とすると　　$\text{HI} = 3 - x$（cm）
△ACI において，三平方の定理により
$$\text{AI}^2 = \text{AC}^2 - \text{IC}^2 = 5^2 - x^2$$
△ABI において，三平方の定理により
$$\text{AB}^2 = \text{BI}^2 + \text{AI}^2$$
$$7^2 = \{3 + (3 - x)\}^2 + 5^2 - x^2$$
これを解くと　　$x = 1$

よって，DH∥AI より
　　AD：DB＝IH：HB＝2：3

107　放物線と直線　★★☆☆

答 (1)　(1, a)　　(2)　1

(3)　$\left(\dfrac{1}{2},\ 2a\right)$

(4)　$p=\dfrac{1-\sqrt{7}}{2}$，$q=\dfrac{1+\sqrt{7}}{2}$

(5)　$a=\dfrac{\sqrt{2}}{2}$

考え方
(2), (4)　直線 PQ の傾きについて方程式をつくる。
(5)　直線 AR の傾きについて方程式をつくる。
　　AP＝AQ となるとき，AR⊥PQ であるから，直
　線 AR の傾きは $-\dfrac{1}{a}$ である。

知っておくと便利！ (→ p.17) 参照）

解説
(1)　点 A の x 座標は方程式 $ax^2=\dfrac{a}{x}$ の解
　　で表される。
　　a は 0 でないから　　$x^3=1$
　　よって　　$x=1$
　　したがって，点 A の座標は　　(1, a)
(2)　直線 PQ の傾きについて
$$\frac{aq^2-ap^2}{q-p}=a$$
$$\frac{a(q+p)(q-p)}{q-p}=a$$
　　a は 0 でないから　　$p+q=1$
(3)　点 P，点 Q の座標は，それぞれ
　　$(p,\ ap^2)$，$(q,\ aq^2)$ であるから，点 R の
　　x 座標は　　$x=\dfrac{p+q}{2}=\dfrac{1}{2}$

　　よって，点 R の座標は　　$\left(\dfrac{1}{2},\ 2a\right)$

(4)　直線 PQ の傾きは a であるから，直線
　　PR の傾きについて
$$(2a-ap^2)\div\left(\frac{1}{2}-p\right)=a$$

　　整理すると　　$-ap^2+ap+\dfrac{3}{2}a=0$

　　a は 0 でないから　　$2p^2-2p-3=0$

これを解くと　　$p=\dfrac{1\pm\sqrt{7}}{2}$

$p<1$ であるから　　$p=\dfrac{1-\sqrt{7}}{2}$

このとき　　$q=1-\dfrac{1-\sqrt{7}}{2}=\dfrac{1+\sqrt{7}}{2}$

(5)　AP＝AQ であるから　　AR⊥PQ
　　よって，直線 AR の傾きは　　$-\dfrac{1}{a}$
　　直線 AR の傾きについて
$$(2a-a)\div\left(\frac{1}{2}-1\right)=-\frac{1}{a}$$

$-2a=-\dfrac{1}{a}$ から　　$a^2=\dfrac{1}{2}$

$a>0$ であるから　　$a=\dfrac{1}{\sqrt{2}}=\dfrac{\sqrt{2}}{2}$

108　確率　★★★☆

答 (1)　$\dfrac{2}{3}$　　(2)　$\dfrac{77}{108}$

考え方
(1)　整数が 2 の倍数となる
　　→ 3 回目に出た目が 2, 4, 6 のとき
　　整数が 5 の倍数となる
　　→ 3 回目に出た目が 5 のとき
(2)　整数が 9 の倍数となる
　　→各位の数の和が 9 の倍数になるとき

解説
さいころの目の出方は全部で
　　　　6×6×6＝216（通り）
(1)　整数が 2 の倍数となるのは，3 回目に
　　出た目が 2, 4, 6 のときであり，5 の倍数
　　となるのは，3 回目に出た目が 5 のとき
　　である。
　　よって，3 回目に 2, 4, 5, 6 のいずれかの
　　目が出ればよいから，求める確率は
$$\frac{6\times6\times4}{216}=\frac{2}{3}$$

(2)　さいころの目の出方を (1, 2, 3) のよ
　　うに表す。
　　整数が 9 の倍数となるのは，各位の数の
　　和が 9 の倍数になるときであるから
　　　(1, 2, 6), (1, 3, 5), (1, 4, 4),
　　　(1, 5, 3), (1, 6, 2), (2, 1, 6),

$(2, 2, 5), (2, 3, 4), (2, 4, 3),$
$(2, 5, 2), (2, 6, 1), (3, 1, 5),$
$(3, 2, 4), (3, 3, 3), (3, 4, 2),$
$(3, 5, 1), (4, 1, 4), (4, 2, 3),$
$(4, 3, 2), (4, 4, 1), (5, 1, 3),$
$(5, 2, 2), (5, 3, 1), (6, 1, 2),$
$(6, 2, 1), (6, 6, 6)$

このうち，2 の倍数でも 5 の倍数でもない整数となるのは，一の位が 1，3 のときで　　　　　10 通り

よって，求める確率は

$$\frac{6 \times 6 \times 4 + 10}{216} = \frac{154}{216} = \frac{77}{108}$$

知っておくと便利！

2, 4, 5, 8, 10 の倍数については，次のような判定法がある。

| 2 の倍数 | …… | 一の位が 0, 2, 4, 6, 8 のいずれか |

| 4 の倍数 | …… | 下 2 桁が 4 の倍数 |

| 5 の倍数 | …… | 一の位が 0 か 5 |

| 8 の倍数 | …… | 下 3 桁が 8 の倍数 |

| 10 の倍数 | …… | 一の位が 0 |

また，3 と 9 の倍数については，次のような判定法がある。

| 3 の倍数 | …… | 各位の数の和が 3 の倍数 |

| 9 の倍数 | …… | 各位の数の和が 9 の倍数 |

さらに，11 の倍数の判定法は次のようになる。

| 11 の倍数 | …… | （一の位から奇数桁目の数の和）と（一の位から偶数桁目の数の和）の差が 11 の倍数 |

109　三平方の定理と平面図形　★★★☆

答 (1)　$2\sqrt{2} < a < 4\sqrt{2}$　　(2)　$4 - 2\sqrt{2}$

　　(3)　$\dfrac{1}{2}$

考え方

(1)　正方形 A，B の辺が 8 点で交わらない場合を考える。

(2)　正方形 A，B が重ならない部分の直角二等辺三角形はすべて合同であるから，求める等辺の長さを x として，正方形 A の 1 辺の長さについて方程式をつくる。

(3)　斜線部(イ)の三角形の等辺の長さを文字において，(2)と同様に，正方形 A の 1 辺の長さについて方程式をつくる。

解説

右の図のように，正方形 A の頂点を C, D, E, F とする。正方形 B の頂点を G, H, I, J とすると，正方形 B は，右の図の四角形 G'H'I'J' と四角形 G''H''I''J'' の間にある。

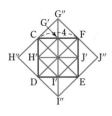

(1)　$CG' = 2$ から　　$G'H' = 2\sqrt{2}$

　　また　　　$G''H'' = FD = 4\sqrt{2}$

　　よって　　$2\sqrt{2} < a < 4\sqrt{2}$

(2)　$a = 4$ のとき，正方形 A と正方形 B は合同であるから，点 K, L を右の図のように定めると　　$CK = KG = GL = LF$

$KG = x$ とすると，$CK = LF = x$，$KL = \sqrt{2}\,x$ で　　$x + \sqrt{2}\,x + x = 4$

したがって　　$x = \dfrac{4}{2 + \sqrt{2}} = 4 - 2\sqrt{2}$

(3)　CD と GH の交点を M とする。
$CK = CM = y$ とすると

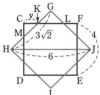

$$MK = \sqrt{2}\,y$$

$$KG = \frac{3\sqrt{2} - \sqrt{2}\,y}{2}$$

$$KL = \sqrt{2}\,KG = 3 - y$$

よって　　$y + (3 - y) + y = 4$

　　　　　　　　$y = 1$

したがって　　$\triangle CMK = \dfrac{1}{2}y^2 = \dfrac{1}{2}$

110　三平方の定理と空間図形　★★★☆

答 (1)　7　　(2)　$4\sqrt{33}$　　(3)　$\dfrac{1}{9}$ 倍

考え方

(1), (2)　直角三角形を見つけて　三平方の定理

(3)　⏱ 相似な立体　体積比は 3 乗の比

辺 OC 上に $OS = 8$ となる点 S をとる。

正四面体 O-ABC と正四面体 O-PQS の体積比を考え，四面体 O-PQR と正四面体 O-PQS の

体積比を考えればよい。

解説

(1) 点 Q から辺 OC に垂線をひき，辺 OC との交点を Q′ とすると

$$OQ′=\frac{1}{2}OQ=4$$

$$QQ′=\frac{\sqrt{3}}{2}OQ=4\sqrt{3}$$

RQ′＝4−3＝1 であるから，△QRQ′ において QR＝$\sqrt{(4\sqrt{3})^2+1^2}$＝**7**

(2) PQ＝OP＝8，PR＝QR＝7
△PQR において，点 R から辺 PQ に垂線をひき，辺 PQ との交点を R′ とする。
PR′＝4 であるから，△RPR′ において
$$RR′=\sqrt{7^2-4^2}=\sqrt{33}$$

よって △PQR＝$\frac{1}{2}×8×\sqrt{33}$＝**4$\sqrt{33}$**

(3) 辺 OC 上に OS＝8 となる点 S をとる。
正四面体 O-ABC と正四面体 O-PQS は相似で，その相似比は 12：8＝3：2
よって，体積比は $3^3：2^3=27：8$
正四面体 O-ABC の体積を V とすると，
正四面体 O-PQS の体積は $\frac{8}{27}V$

2 点 R，S から △OPQ にそれぞれ垂線をひき，△OPQ との交点を T，U とする。
四面体 O-PQR と正四面体 O-PQS の体積比は RT：SU＝OR：OS＝3：8
したがって，四面体 O-PQR の体積は

$$\frac{8}{27}V×\frac{3}{8}=\frac{1}{9}V$$

よって，四面体 O-PQR の体積は，正四面体 O-ABC の体積の $\frac{1}{9}$ 倍

知っておくと便利！
右の図のように，三角錐 ABCD を平面 PQR で切断するとき
（三角錐 A-PQR）
＝（三角錐 A-BCD）
$×\frac{a}{b}×\frac{c}{d}×\frac{e}{f}$
が成り立つ。

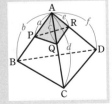

これを利用すると，(3) において

$$（四面体 O-PQR）=V×\frac{2}{3}×\frac{2}{3}×\frac{1}{4}=\frac{1}{9}V$$

が成り立つ。

111

答 (1) (ア) 8   (イ) 2   (2) 51

(3) $\frac{7}{20}$ (4) (ア) 4   (イ) 0

111 (1) 連立方程式の解き方 ★★★★

解説

$$\begin{cases} (2x+y):(x-2y)=9:2 & \cdots\cdots ① \\ (3x-4):(5y+6)=5:4 & \cdots\cdots ② \end{cases}$$

① から $2(2x+y)=9(x-2y)$
整理すると $x=4y$ $\cdots\cdots$ ③
② から $4(3x-4)=5(5y+6)$
整理すると $12x-25y=46$ $\cdots\cdots$ ④
③，④ を解くと $x=$ ア8，$y=$ イ2

111 (2) 平方根の応用 ★★★★

考え方
無理数の整数部分と小数部分は，次のようにして求める。
整数部分 不等式で $\sqrt{}$ の中の数に近い平方数ではさむ。
小数部分 直接求めることができないから，
  （小数部分）＝（数）−（整数部分）
  と表す。

解説
$2\sqrt{13}=\sqrt{2^2×13}=\sqrt{52}$ であり
$$\sqrt{49}<\sqrt{52}<\sqrt{64}$$
すなわち $7<2\sqrt{13}<8$
よって，$a=2\sqrt{13}-7$ から
$$a^2+14a+48=(a+6)(a+8)$$
$$=(2\sqrt{13}-1)(2\sqrt{13}+1)$$
$$=(2\sqrt{13})^2-1^2=\textbf{51}$$

111 (3) 確率 ★★★★

解説
十の位は 5 通り，一の位は 4 通りあり，全部で $5×4=20$（通り）

このうち，30 より大きい奇数は 31，35，41，43，45，51，53 の 7 通り。

よって，求める確率は $\dfrac{7}{20}$

111 (4) 関数 $y=ax^2$ の基礎　★☆☆☆

解説

$y=-\dfrac{1}{2}x^2$ において，$y=-8$ のときの x の値は，$-8=-\dfrac{1}{2}x^2$ を解くと　$x=\pm 4$

x の変域が $-2\leqq x\leqq a$ であるから　$x=4$

よって　$a=^{\text{ア}}4$

$y=-\dfrac{1}{2}x^2$（$-2\leqq x\leqq 4$）の y の変域は

$$-8\leqq y\leqq 0$$

よって　$b=^{\text{イ}}0$

112 相似な図形　★★☆☆

答 21 cm

考え方

折り返した図形は，もとの図形と**合同**

△DBF は 3 辺の長さがわかるから，△DBF と線分 EF をふくむ三角形の相似を考える。

解説

△DBF と △FCE において

$\angle DBF=\angle FCE=60°$

$\angle BDF=180°-(60°+\angle BFD)$

$\quad =120°-\angle BFD$

$\angle CFE=180°-(60°+\angle BFD)$

$\quad =120°-\angle BFD$

すなわち　$\angle BDF=\angle CFE$

よって，2 組の角がそれぞれ等しいから

$$△DBF∽△FCE$$

BF=6 (cm)，DB=16 (cm) から

DF=DA=14 (cm)，FC=24 (cm)

また，DB：FC=FD：EF から

16：24=14：EF

したがって　EF=**21 (cm)**

113 連立方程式の利用　★★☆☆

答 A は 12 %，B は 3 %

考え方

食塩の量について方程式をつくる。

解説

容器 A に入っていた食塩水の濃度を x %，容器 B に入っていた食塩水の濃度を y %とする。

食塩の量について

$$600\times\dfrac{x}{100}\times\dfrac{400}{600}$$

$$+\left(600\times\dfrac{x}{100}\times\dfrac{200}{600}+400\times\dfrac{y}{100}\right)\times\dfrac{200}{600}$$

$$=600\times\dfrac{10}{100}\qquad \cdots\cdots ①$$

$$600\times\dfrac{x}{100}+400\times\dfrac{y}{100}$$

$$=(600+400)\times\dfrac{8.4}{100}\qquad \cdots\cdots ②$$

① から　$14x+4y=180$　$\cdots\cdots ③$

② から　$6x+4y=84$　$\cdots\cdots ④$

③，④ を解くと　$x=12$，$y=3$

よって，A は **12 %**，B は **3 %**

114 放物線と直線　★★★☆

答 (1) $y=\dfrac{3}{2}x+6$　(2) $(4,\ 12)$

(3) $(-6,\ -9)$　(4) $(-8,\ -6)$

考え方

(3) 点 A は点 B をどのように移動した点かを考える。AB∥CO，AB=CO より，点 C は原点 O を同じように移動した点である。

(4) △ADO≡△ACO より OA∥CD であり，OC∥AD であるから，四角形 OADC は平行四辺形である。このとき，2 点 O，C と 2 点 A，D の x 座標・y 座標の差はそれぞれ等しい。

解説

(1) 直線 ℓ の式を $y=\dfrac{3}{2}x+b$ とおく。

A$(-2,\ 3)$ は直線 ℓ 上にあるから

$$3=\dfrac{3}{2}\times(-2)+b\qquad よって　b=6$$

したがって，直線 ℓ の式は　$y=\dfrac{3}{2}x+6$

(2) 点 B の x 座標は $\dfrac{3}{4}x^2=\dfrac{3}{2}x+6$ の解で表される。

これを解くと　$x=-2$，4

よって，点Bのx座標は　　　$x=4$
したがって，点Bの座標は　　　**(4, 12)**

(3) 点Aは点Bをx軸の負の方向に6，y軸の負の方向に9移動した点である。点Cは原点Oを同じように移動した点であるから，点Cの座標は　　　**(−6, −9)**

注意　「四角形ACOB」と，頂点の順序が示されているから，点Cの位置は1通りしかない。しかし，たとえば「4点A，C，O，Bを頂点とする四角形」とあった場合，四角形ACOB，AOCB，AOBC，の3つの場合を考える必要がある。

(4) △DOBと平行四辺形ACOBの面積は等しいから
△ADO＝△ACO
よって
OA∥CD
また，OC∥BA
より，OC∥AD となり，四角形 OADC は平行四辺形である。

点Cは原点Oをx軸の負の方向に6，y軸の負の方向に9移動した点である。点Dは点Aを同じように移動した点であるから，点Dの座標は　　　**(−8, −6)**

115　三平方の定理と空間図形　★★★★

$\boxed{答}$ (1) $2\sqrt{2}$

　　(2) $\sqrt{15}+\sqrt{7}+4+2\sqrt{3}$

　　(3) $\dfrac{4\sqrt{3}}{3}$

考え方

(1) △OABは二等辺三角形であるから
　　　OB＝$2\sqrt{2}$　または　OB＝$2\sqrt{3}$
また，△OBCも二等辺三角形であるから
　　　OB＝BC　または　OB＝OC
そこで，辺BC，OCの長さを求める。

(3) 底面を△ABCとして高さを求める。

解説

(1) △ABCにおいて，点Bから辺ACに垂線BHをひく。
△ABHは3つの角が30°，60°，90°の直角三角形であるから

BH＝$\sqrt{3}$，　AH＝3
よって　　　CH＝1
したがって　　　BC＝$\sqrt{1^2+(\sqrt{3})^2}=2$
△OACにおいて，点Oから辺ACに垂線OIをひく。
△OAIは直角二等辺三角形であるから
　　　OI＝AI＝$\dfrac{1}{\sqrt{2}}$OA＝2
△OICは直角二等辺三角形であるから
　　　OC＝$2\sqrt{2}$
△OABは二等辺三角形であるから
　　　OB＝$2\sqrt{2}$　または　OB＝$2\sqrt{3}$ … ①
△OBCは二等辺三角形であるから
　　　OB＝2　または　OB＝$2\sqrt{2}$　……②
①，②から　　　OB＝$2\sqrt{2}$

(2) 点Oから辺ABに垂線OJをひくと，AJ＝$\sqrt{3}$ から
　　　OJ＝$\sqrt{OA^2-AJ^2}=\sqrt{5}$
点Oから辺BCに垂線OKをひくと，
BK＝1から　　　OK＝$\sqrt{OB^2-BK^2}=\sqrt{7}$
(1)から，求める表面積は
　　　△OAB＋△OBC＋△OAC＋△ABC
＝$\sqrt{15}+\sqrt{7}+4+2\sqrt{3}$

(3) 点Oから△ABCに垂線OPをひくと
　　　$PA^2=OA^2-OP^2$，$PB^2=OB^2-OP^2$，
　　　$PC^2=OC^2-OP^2$
OA＝OB＝OC＝$2\sqrt{2}$ から
　　　PA＝PB＝PC
△ABCにおいて，
(1)より
$AB^2+BC^2=AC^2$ が
成り立つから，
△ABCは∠B＝90°
の直角三角形である。

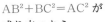

点Iは斜辺ACの中点であるから
　　　IA＝IB＝IC＝2
よって，点Pは点Iに一致する。
したがって，求める体積は
　　　$\dfrac{1}{3}\times\left(\dfrac{1}{2}\times2\times2\sqrt{3}\right)\times2=\dfrac{4\sqrt{3}}{3}$

116

答 (1) 17　　(2) $8\sqrt{3}\,\pi$　　(3) 24

116 (1) 2次方程式の利用　★★★★

解説

2つの整数の解を b, c とすると, 2次方程式は　　$(x-b)(x-c)=0$

すなわち　　$x^2-(b+c)x+bc=0$

と表される。

与えられた方程式と比べると

$$b+c=a, \quad bc=72$$

ここで, $bc=72>0$ から, b と c は同符号である。また, $b+c=a>0$ であるから, b と c は正の整数である。

72 を2つの正の整数の積で表すとき, 2つの整数の組は

$$(1, 72), (2, 36), (3, 24),$$
$$(4, 18), (6, 12), (8, 9)$$

この2つの正の整数の組の和は, 順に

$$73, 38, 27, 22, 18, 17$$

よって, 求める正の数 a の最小値は　　**17**

116 (2) 三平方の定理と空間図形　★★★★

考え方

求める立体の表面積は, 円錐の側面積2つ分と, 円柱の側面積の和である。

解説

点 A, D から辺 BC にひいた垂線をそれぞれ AH, DI とすると

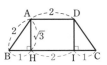

$$\triangle ABH \equiv \triangle DCI$$

HI=AD=2 であるから

$$BH=CI=\frac{1}{2}\times(4-2)=1$$

$\triangle ABH$ において, 三平方の定理により

$$AB=\sqrt{BH^2+AH^2}=2$$

求める表面積は, $\triangle ABH$ を1回転させてできる円錐の側面積が2つ分と, 長方形 AHID を1回転させてできる円柱の側面積との和である。

円錐の側面積について, おうぎ形の弧の長さは, 底面の円周の長さに等しいから

$$2\pi\times\sqrt{3}=2\sqrt{3}\,\pi$$

よって, 円錐の側面積は

$$\frac{1}{2}\times2\sqrt{3}\,\pi\times2=2\sqrt{3}\,\pi$$

円柱の側面積は

$$(2\pi\times\sqrt{3})\times2=4\sqrt{3}\,\pi$$

したがって, 求める表面積は

$$2\sqrt{3}\,\pi\times2+4\sqrt{3}\,\pi=\boldsymbol{8\sqrt{3}\,\pi}$$

116 (3) 面積の比　★★★★

考え方

(四角形 EGCD の面積)＝△EGC＋△ECD

解説

AD∥BC から

$$AG:GC=AE:FC$$

BF:FC=1:3, AE:ED=1:1,

AD=BC であるから

$$AE:FC=\frac{1+3}{2}:3=2:3$$

よって　　$AG:GC=2:3$

したがって, 四角形 EGCD の面積は

$$\triangle EGC+\triangle ECD$$
$$=\frac{3}{2+3}\times\triangle ACE+\frac{1}{2}\times\triangle ACD$$
$$=\frac{3}{5}\times\frac{1}{2}\times\triangle ACD+\frac{1}{2}\times\triangle ACD$$
$$=\frac{4}{5}\triangle ACD=\frac{4}{5}\times\frac{1}{2}\times60$$
$$=\boldsymbol{24}\ (cm^2)$$

117 円　★★★★

答 (ア) 30　　(イ) 96

考え方

円周角の大きさは弧の長さに比例するから

$$\angle ACD=\angle DCE=\angle ECB$$
$$\angle CBA:\angle CAB=2:3$$

解説

$\overset{\frown}{AD}=\overset{\frown}{DE}=\overset{\frown}{EB}$ から

$$\angle ACD=\angle DCE=\angle ECB$$

∠ACB=90° であるから

$$\angle DCE = \frac{1}{3} \times \angle ACB = {}^{\overline{\tau}} \mathbf{30°}$$

$\overset{\frown}{AC} : \overset{\frown}{CB} = 2 : 3$ から

$\angle CBA : \angle CAB = 2 : 3$

$\angle CBA + \angle CAB = 90°$ であるから

$$\angle CAB = \frac{3}{5} \times 90° = 54°$$

$\angle ACD = 30°$ であるから

$$\angle AFC = 180° - (54° + 30°) = 96°$$

対頂角は等しいから $\angle DFG = {}^{\overline{\textit{イ}}} \mathbf{96°}$

(参考) (イ)は，$\triangle ADF$ や $\triangle GCF$ の内角と外角の性質から求める方法もある。

118 三平方の定理と空間図形 ★★★☆

発展

第9回

答 (1) $\dfrac{4\sqrt{2}}{3}$ cm³

(2) $(2\sqrt{6} - 2\sqrt{3})$ cm²

考え方

(2) 線分 AC の中点を M，HM と OD の交点を N とすると，切り口は NA＝NC の二等辺三角形 NAC になる。この二等辺三角形の底辺を AC とすると，高さは NM である。

解説

(1) 正方形 ABCD の対角線の交点を M とする。

$AC = \sqrt{2}\,AB = 2\sqrt{2}$ (cm) であるから

$AM = \sqrt{2}$ (cm)

$\triangle OAM$ において，三平方の定理により

$OM = \sqrt{2^2 - (\sqrt{2})^2} = \sqrt{2}$ (cm)

よって，正四角錐 OABCD の体積は

$$\frac{1}{3} \times (2 \times 2) \times \sqrt{2} = \frac{4\sqrt{2}}{3} \text{ (cm}^3)$$

(2) HM と OD の交点を N とすると，切り口は NA＝NC の二等辺三角形 NAC である。

二等辺三角形 NAC の底辺を AC とすると，高さは NM である。

直角三角形 HDM において

$HM = \sqrt{2^2 + (\sqrt{2})^2} = \sqrt{6}$ (cm)

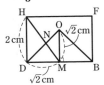

また，HD∥OM から

$HN : NM = HD : OM = 2 : \sqrt{2}$

よって $NM = \dfrac{\sqrt{2}}{2 + \sqrt{2}} HM$

$= (\sqrt{2} - 1) HM$

$= 2\sqrt{3} - \sqrt{6}$ (cm)

したがって，求める面積は

$$\frac{1}{2} \times 2\sqrt{2} \times (2\sqrt{3} - \sqrt{6})$$

$$= 2\sqrt{6} - 2\sqrt{3} \ \textbf{(cm}^2\textbf{)}$$

119 放物線と直線 ★★☆☆

答 (1) (3, 9)　(2) 15　(3) 13

(4) $\left(\dfrac{9}{8},\ \dfrac{27}{8} \right)$

考え方

(4) $\triangle BDE = \triangle BCO$ となるから CE∥DO 直線 CE と直線 OB の交点を考えればよい。

解説

(1) 点 A は放物線 $y = x^2$ 上にあり，x 座標は -2 であるから A$(-2, 4)$

直線 ℓ の式を $y = x + b$ とすると

$4 = -2 + b$ から $b = 6$

よって，直線 ℓ の式は $y = x + 6$

点 B の x 座標は $x^2 = x + 6$ の解で表される。

これを解くと $x = -2,\ 3$

点 B の x 座標は正であるから $x = 3$

点 B は放物線 $y = x^2$ 上にあるから，点 B の座標は **(3, 9)**

(2) 直線 ℓ と y 軸との交点を F とすると，点 F の座標は $(0, 6)$ であるから

$\triangle OAB = \triangle OAF + \triangle OBF$

$= \dfrac{1}{2} \times 6 \times 2 + \dfrac{1}{2} \times 6 \times 3 = \mathbf{15}$

(3) 点 C は線分 AB の中点であるから，点 C の座標は

$\left(\dfrac{-2+3}{2},\ \dfrac{4+9}{2} \right)$ すなわち $\left(\dfrac{1}{2},\ \dfrac{13}{2} \right)$

よって，直線 OC の傾きは

$$\frac{13}{2} \div \frac{1}{2} = 13$$

(4) 線分 DE が
△OAB の面積を
2等分するとき 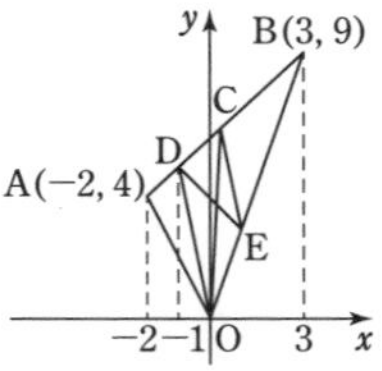
　　△BDE＝△BCO
よって
　　CE∥DO

点 D は直線 $y=x+6$ 上にあり，x 座標は
-1 であるから　　D$(-1,\ 5)$

よって，直線 DO の傾きは -5 で，直線
CE の式は $y=-5x+c$ と表される。
点 C はこの直線上にあるから

$$\frac{13}{2} = -\frac{5}{2} + c \qquad \text{よって} \quad c=9$$

点 E は直線 $y=-5x+9$ と直線 OB
$(y=3x)$ の交点であるから，その x 座標
は $3x=-5x+9$ の解で表される。

これを解くと　　$x=\dfrac{9}{8}$

したがって，点 E の座標は　$\left(\dfrac{9}{8},\ \dfrac{27}{8}\right)$

120　2次方程式の利用　★★★☆

答 (1)　$k=2$　　　(2)　8 cm

　　(3)　(ア)　$x=\dfrac{8}{3}$，途中の式 略

　　　　(イ)　$x=13-\sqrt{129}$

考え方

(1) 点 Q が点 C に到着するとき，点 P は辺 BC 上
にあり，2点ともに同じ辺 BC 上にのる。この後，
点 P は $3k$ cm，点 Q は $5k$ cm 動くから
BP＋$3k$＋$5k$＝20 が成り立つ。
(3) 点 Q が点 C に到着したとき
(ア) 点 P は辺 BC 上にある。
(イ) 点 P は辺 AB 上にある。

解説

(1) 点 P が B に到着するのは　　$\dfrac{20}{3}$ 秒後

　　点 Q が C に到着するのは　　　8 秒後
よって，2点とも同じ辺 BC 上にのる
のは 8 秒後である。

8秒後までに点 P は $3\times8＝24$ (cm) 進む
から　　　　BP＝4 (cm)
この後，P は $3k$ cm，Q は $5k$ cm 進むか
ら　　　　$4+3k+5k=20$
これを解くと　　　$k=2$

(2)　$x=2$，$y=4$ のとき
点 P が B に到着するのは　　10 秒後
点 Q が C に到着するのは　　10 秒後
よって，2点とも同じ辺 BC 上にのる
のは 10 秒後である。
(1)より，$k=2$ であるから
点 P が B から進む距離は　　　4 cm
点 Q が C から進む距離は　　　8 cm
よって，求める距離は
　　$20-(4+8)=8$ (cm)

(3)　(ア)　$2<x<4$ のとき
(2)より，点 Q が C に到着するとき，点
P は辺 BC 上にある。
停止したとき
　　BP＝$10x-20+2x=12x-20$ (cm)
点 Q が C に到着した後，点 Q は
$2\times4＝8$ (cm) 進むから
　　$12x-20+8=20$

これを解くと　　　$x=\dfrac{8}{3}$

(イ)　$\dfrac{4}{3}<x<2$ のとき
点 Q が C に到着するとき，点 P は辺
AB 上にある。
点 P が点 B に到
着するまでにか
かる時間は $\dfrac{20}{x}$

秒であり，$\dfrac{20}{x}$ 秒
後は右の図のよ
うになる。 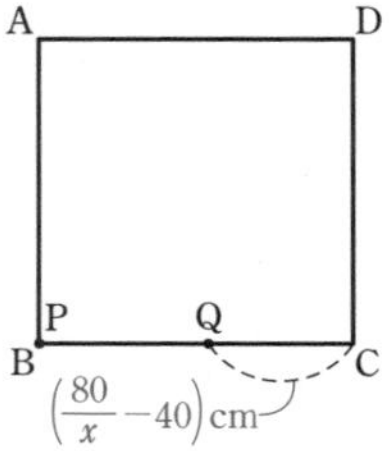
その後，点 P は $2x$ cm 進む。
停止したとき
　　CQ＝$4\times\dfrac{20}{x}-40+8=\dfrac{80}{x}-32$ (cm)

よって　$2x+\left(\dfrac{80}{x}-32\right)=20$

整理すると　　　$x^2-26x+40=0$

これを解くと　　　$x=13\pm\sqrt{129}$

$\dfrac{4}{3}<x<2$ であるから　　$\boldsymbol{x=13-\sqrt{129}}$

第 10 回　　→ 本冊 p.52〜53

121

→ 本冊 p.52〜53

答 (1)　$(x+1)(x-1)^2$

　　(2)　(ア)　15　　　(イ)　51　　　(3)　$x=4$

　　(4)　$\dfrac{1}{5}$

121 (1)　因数分解　　　★☆☆☆

解説

x^3-x^2-x+1

$=x^2(x-1)-(x-1)=(x-1)(x^2-1)$

$=(x-1)(x+1)(x-1)=\boldsymbol{(x+1)(x-1)^2}$

121 (2)　連立方程式の解き方　　　★☆☆☆

解説

$$\begin{cases} 4x-y=9 & \cdots\cdots ① \\ \dfrac{2x-y}{3}-\dfrac{x-y}{4}=2 & \cdots\cdots ② \end{cases}$$

② から　　　$5x-y=24$　　　$\cdots\cdots ③$

①，③ を解くと　　　$x={}^{ア}15$，$y={}^{イ}51$

121 (3)　2 次方程式の解き方　　　★★☆☆

考え方

平方の差は　和と差の積　に因数分解

$(x+7)^2-(x-7)^2$ は変形してらくに計算する。

解説

$\dfrac{(x+7)^2-(x-7)^2}{12}=\dfrac{1}{4}x^2+\dfrac{1}{3}x+4$

すなわち

$\dfrac{\{(x+7)+(x-7)\}\{(x+7)-(x-7)\}}{12}$

$\qquad\qquad=\dfrac{1}{4}x^2+\dfrac{1}{3}x+4$

整理すると　　$x^2-8x+16=0$

$(x-4)^2=0$ から　　　$\boldsymbol{x=4}$

121 (4)　確率　　　★★☆☆

解説

6 本のくじの引き方は全部で

$$6\times5\times4\times3=360（通り）$$

同じひもの両端を選ぶペアが 2 組となるとき，A の引き方は 6 通りあり，A とペアになる人は B，C，D の 3 通りある。

もう 1 組のペアのうち先に引く人のくじの引き方は 4 通りあり，そのときもう 1 人の引き方は 1 通りとなる。

よって，求める確率は　　　$\dfrac{6\times3\times4}{360}=\dfrac{1}{5}$

122　場合の数　　　★★★☆

答 (1)　8 通り　　　(2)　180 通り

考え方

(1)　B 君の示した整数は 2，4，6，8 の 4 つの数字が使われている。この 4 つの数字のうち，1 つをストライクとして考える。

(2)　順々に考える。2 がストライク，4，6 がボールとすると，考えられる整数は

　　264□，26□4，2□46　（□：奇数）

これは，ボールが 4 と 8，6 と 8 の場合も同様。さらに，ストライクが 4，6，8 の場合も同様にして考えられる。

解説

(1)　2 がストライクの場合は　　2684，2846

　　4 がストライクの場合は　　6482，8426

　　6 がストライクの場合は　　4862，8264

　　8 がストライクの場合は　　4628，6248

　　よって　　　**8 通り**

(2)　2 がストライクで，4 と 6 がボールの場合は　　　264□，26□4，2□46

　　□ には 1，3，5，7，9 が入るから

　　　$3\times5=15$（通り）

　　2 がストライクのとき，ボールとなるのは 4 と 6，4 と 8，6 と 8　があるから

　　　$15\times3=45$（通り）

　　さらに，ストライクとなる数字は　2，4，6，8　があるから　　　$45\times4=\boldsymbol{180}$（**通り**）

123 放物線と直線 ★★☆☆

答 (1) $y=x+2$　　(2) 3

　　(3) $(1, 1)$　　(4) $a=\dfrac{1}{2}$

考え方

(4) 四角形 APQB, 四角形 AOPB は台形となるから, 2つの四角形の面積が等しいとき
　　$PQ=OP$

解説

(1) A, B は放物線 $y=x^2$ 上にあるから
　　$A(-1, 1)$, $B(2, 4)$
　直線 AB の傾きは 1 であるから, 直線 AB の式を $y=x+b$ とおく。
　点 A を通るから
　　$1=-1+b$　　すなわち　$b=2$
　よって, 求める直線の式は　　$\boldsymbol{y=x+2}$

(2) 直線 AB と y 軸の交点を C とすると, 点 C の座標は $(0, 2)$ であるから
　　△OAB＝△OAC＋△OBC
　　　　　＝$\dfrac{1}{2}\times2\times1+\dfrac{1}{2}\times2\times2=3$

(3) △OAB＝△PAB のとき　AB∥OP
　よって, 直線 OP の式は　　$y=x$
　点 P の x 座標は $x^2=x$ の解で表される。
　これを解くと　　$x=0, 1$
　$x>0$ であるから　$x=1$
　したがって, 点 P の座標は　$\boldsymbol{(1, 1)}$

(4) 四角形 APQB, 四角形 AOPB は台形であるから, 2つの四角形の面積が等しいとき　　$PQ=OP$
　$P(1, 1)$ であるから　$Q(2, 2)$
　点 Q は放物線 $y=ax^2$ 上にあるから
　　$2=4a$　　よって　$\boldsymbol{a=\dfrac{1}{2}}$

124 平行線と線分の比 ★★★☆

答 $\dfrac{2}{3}$

考え方

△NAM＝△NMB であるから, △DAN＝△NBC が成り立つ。点 N から直線 AD, BC にそれぞれ垂線 NH, NI をひくと　　DN：NC＝HN：NI

解説

条件から　　（四角形 MNDA の面積）
　　　　　＝（四角形 MNCB の面積）
△NAM と △NMB において, それぞれの底辺を AM, MB とみると, AM＝MB で高さが等しいから　　△NAM＝△NMB
よって　　　　　　　　△DAN＝△NBC
右の図のように, N を通り AD の延長と BC に垂線 NH, NI をひくと

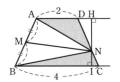

　　$\dfrac{1}{2}\times2\times NH$

　　$=\dfrac{1}{2}\times4\times NI$

すなわち　　$NH=2NI$
DH∥IC であるから
　　DN：NC＝HN：NI＝2：1
DC＝2 から
　　$NC=\dfrac{1}{3}DC=\dfrac{2}{3}$

125 三平方の定理と座標平面 ★★★☆

答 (1) $\dfrac{12\sqrt{3}}{5}$

　　(2) $M\left(\dfrac{3}{2}, \dfrac{3\sqrt{3}}{2}\right)$, $OM=3$

　　(3) 3

　　(4) 〔図〕

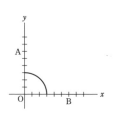

考え方

(4) ∠POQ の大きさはつねに 90° であることから, **円周角の定理の逆**により, 3 点 O, P, Q は, PQ を直径とし, 点 M を中心とする円の円周上の点である。OM はこの円の半径。

解説

(1) $OQ^2=6^2-\left(\dfrac{6\sqrt{13}}{5}\right)^2=\dfrac{432}{25}$

OQ>0 であるから OQ=$\dfrac{12\sqrt{3}}{5}$

すなわち, 点 Q の x 座標は $\dfrac{12\sqrt{3}}{5}$

(2) OQ^2＝$6^2-(3\sqrt{3})^2=9$

OQ>0 であるから OQ＝3

よって, P(0, $3\sqrt{3}$), Q(3, 0) であるから, 中点 M の座標は $\left(\dfrac{3}{2}, \dfrac{3\sqrt{3}}{2}\right)$

また OM＝$\sqrt{\left(\dfrac{3}{2}\right)^2+\left(\dfrac{3\sqrt{3}}{2}\right)^2}=3$

(3) △OPQ が直角二等辺三角形のとき, △OMQ は OM＝QM の直角二等辺三角形であるから

OM＝QM＝6÷2＝**3**

(4) 線分 PQ の長さはつねに 6 で一定で, 点 M は線分 PQ の中点である。

また, ∠POQ の大きさはつねに 90° であることから, 円周角の定理の逆により, 3 点 O, P, Q は PQ を直径とし, 点 M を中心とする円の円周上の点である。

よって, OM はこの円の半径であるから, OM の長さはつねに 3 である。

点 M は y 軸上の OA の中点から x 軸上の OB の中点まで動くから, 点 M が動いてできる線は上の図のような半径3, 中心角が 90° のおうぎ形の弧である。

第11回 → 本冊 p.54～55

126

答	(1)	5	(2)	22
	(3)	2 または $\dfrac{2}{11}$	(4)	80°

126 (1) 平方根の応用 ★★☆☆

【解説】

$2<\sqrt{5}<3$ から, $\sqrt{5}+2$ の整数部分は 4

よって $x=\sqrt{5}+2-4=\sqrt{5}-2$

したがって $x+2=\sqrt{5}$

$2x^2+8x+3=2(x+2)^2-5$ であるから, 求める式の値は $2\times(\sqrt{5})^2-5=5$

126 (2) 素因数分解 ★★★☆

発展　第11回

【考え方】

1 から 50 までの 50 個の整数のうち, 素因数 3 は 3 の倍数だけがもつ。

【解説】

1 から 50 までの整数のうち,

3 の倍数は 50÷3＝16 余り 2 より 16 個

3^2 の倍数は 50÷9＝5 余り 5 より 5 個

3^3 の倍数は 50÷27＝1 余り 23 より 1 個

ある。

よって, 1 から 50 までの整数のうち, 素因数に 3 を 1 つふくむものは 16－5＝11 (個)

3 を 2 つふくむものは 5－1＝4 (個)

3 を 3 つふくむものは 1 (個)

したがって, 3 は全部で

11＋4×2＋1×3＝**22** (個)

126 (3) 式の計算の利用 ★★★☆

【解説】

$(x+y)(3y-x)-y(2x-y)=0$ から

$3xy-x^2+3y^2-xy-2xy+y^2=0$

整理すると $x^2-4y^2=0$

すなわち $(x+2y)(x-2y)=0$

よって $x+2y=0$ または $x-2y=0$

すなわち $x=-2y$ ……①

または $x=2y$ ……②

①のとき

$$P=\dfrac{-2y^2}{(-2y)^2+3\times(-2y)\times y+y^2}=2$$

②のとき

$$P=\dfrac{2y^2}{(2y)^2+3\times 2y\times y+y^2}=\dfrac{2}{11}$$

126 (4) 円 ★★★☆

【考え方】

円に内接する四角形において, 対角の和は 180° である。四角形 ABCD, ADEF が円に内接することを利用する。

解説

円に内接する四角形の対角の和は $180°$ であるから，四角形 ABCD において

$$\angle ADC = 180° - 120° = 60°$$

また，四角形 ADEF において

$$\angle ADE = 180° - 160° = 20°$$

よって

$$\angle x = \angle ADC + \angle ADE$$
$$= 60° + 20° = \mathbf{80°}$$

127　三平方の定理と平面図形　★★☆☆

答 略

考え方

直角三角形には　三平方の定理

解説

$$AB = ka + (a+1) = a(k+1) + 1$$
$$AC = ka + a = a(k+1)$$
$$BC = (a+1) + a = 2a + 1$$

△ABC において，三平方の定理により

$$\{a(k+1)\}^2 + (2a+1)^2 = \{a(k+1)+1\}^2$$

整理すると　　$4a^2 - 2ak + 2a = 0$

すなわち　　$2ak = 4a^2 + 2a$

a は 0 でないから，両辺を $2a$ でわると

$$k = 2a + 1$$

a は自然数であるから，k は奇数である。

128　連立方程式の利用　★★★☆

答 (1) 198 票
　　(2) A は 133 票，B は 140 票

考え方

(2)　沖縄での商品 A の獲得票数を p 票，商品 B の獲得票数を q 票とすると

$$p : q = 95 : 100 = 19 : 20$$

よって，r を自然数として，$p = 19r$，$q = 20r$ と表すことができる。

解説

(1)　北海道での商品 A の獲得票数を x 票，商品 B の獲得票数を y 票とすると

$$\begin{cases} x = \dfrac{80}{100} y \\ x + 11 = y - 11 \end{cases}$$

これを解くと　　$x = 88$，$y = 110$

よって，総投票数は

$$88 + 110 = \mathbf{198}（票）$$

(2)　沖縄での商品 A の獲得票数を p 票，商品 B の獲得票数を q 票とすると

$$p = \frac{95}{100} q$$

すなわち　　$p : q = 95 : 100 = 19 : 20$

よって，r を自然数として，$p = 19r$，$q = 20r$ と表される。

また，$p + 4 > q - 4$ から　　$8 > q - p$

これに $p = 19r$，$q = 20r$ を代入して

$$8 > 20r - 19r \qquad よって \qquad 8 > r$$

$r = 7$ のとき

$$p = 19 \times 7 = 133, \quad q = 20 \times 7 = 140$$

これは問題に適する。

$1 \leq r \leq 6$ のとき

$$p \leq 19 \times 6 = 114, \quad q \leq 20 \times 6 = 120$$

これは問題に適さない。

したがって　**A は 133 票，B は 140 票**

129　放物線と直線　★★★★

答 (1) $a = \dfrac{1}{2}$　　(2) $\left(-1, \ \dfrac{1}{2} \right)$

　　(3) $4 : 1$　　(4) $-\dfrac{3\sqrt{2}}{4}$

考え方

(3)　△APC と △BPD において，それぞれの底辺を PC，PD，高さを AH，BI として PC : PD と AH : BI を求めることにより，面積比を求める。

(4)　△APC : △BPD = 2 : 1 のとき　PC = 4PD

点 D の座標を $\left(d, \ \dfrac{1}{2} d^2 \right)$ として d の値を求め，直線 PD の傾きを求める。

解説

(1)　点 B は放物線 $y = ax^2$ 上にあるから

$$2 = a \times 2^2 \qquad よって \qquad a = \dfrac{1}{2}$$

(2)　直線 ℓ と y 軸の交点は P(0, 1) であるから，直線 ℓ の式を $y = bx + 1$ とおく。

点 B はこの直線上にあるから

$$2 = 2b + 1 \qquad すなわち \qquad b = \dfrac{1}{2}$$

よって，直線 ℓ の式は　　$y = \dfrac{1}{2} x + 1$

点 A の x 座標は $\dfrac{1}{2}x^2=\dfrac{1}{2}x+1$ の解で表される。

これを解くと　　$x=-1,\ 2$

したがって，点 A の座標は $\left(-1,\ \dfrac{1}{2}\right)$

(3) 直線 m の式は $y=-\dfrac{7}{4}x+1$ であるから，点 C，D の x 座標は

$\dfrac{1}{2}x^2=-\dfrac{7}{4}x+1$ の解で表される。

これを解くと　　$x=\dfrac{1}{2},\ -4$

よって，点 C の座標は　　$(-4,\ 8)$

　　　　点 D の座標は　　$\left(\dfrac{1}{2},\ \dfrac{1}{8}\right)$

△APC と △BPD において，それぞれの底辺を PC，PD，高さを AH，BI とすると

$\mathrm{PC:PD}=4:\dfrac{1}{2}=8:1$

$\mathrm{AH:BI=AP:BP}=1:2$

よって

$△\mathrm{APC}=8\times\dfrac{1}{2}△\mathrm{BPD}=4△\mathrm{BPD}$

したがって　　$△\mathrm{APC}:△\mathrm{BPD}=\mathbf{4:1}$

(4) (3)より，△APC と △BPD において，

$\mathrm{AH}=\dfrac{1}{2}\mathrm{BI}$ であるから，

$△\mathrm{APC}:△\mathrm{BPD}=2:1$ のとき

　　　$\mathrm{PC}=4\mathrm{PD}$

よって，点 D の座標を $\left(d,\ \dfrac{1}{2}d^2\right)$ とすると，点 C の座標は $(-4d,\ 8d^2)$ である。

このとき，

$\left(8d^2-1\right):\left(1-\dfrac{1}{2}d^2\right)=\mathrm{PC:PD}$

$\hspace{4cm}=4:1$

であるから　　$8d^2-1=4-2d^2$

これを解くと　　$d=\pm\dfrac{1}{\sqrt{2}}$

$d>0$ であるから　　$d=\dfrac{1}{\sqrt{2}}$

よって，m の傾きは

$\left(\dfrac{1}{2}d^2-1\right)\div(d-0)$

$=\dfrac{1}{2}d-\dfrac{1}{d}=\dfrac{1}{2}\times\dfrac{1}{\sqrt{2}}-1\div\dfrac{1}{\sqrt{2}}$

$=-\dfrac{3\sqrt{2}}{4}$

130　場合の数　　★★★☆

答 (1)　30通り　　(2)　15通り

　　(3)　75通り

考え方

色の選び方と色の並べ方を考える。

(1) まず，上面と下面のそれぞれを別の色でぬると考える。側面のぬり方の並び順は，どの色からはじめても，回転させると同じになる。

(2) まず，上面と下面を同じ色でぬると考える。このとき，上下をひっくり返すと同じになるものが2通りずつある。

(3) 向かい合った面に同じ色をぬる場合と，隣り合った面に同じ色をぬる場合を考える。

解説

(1) 上面が赤のとき，下面のぬり方は5通りある。

下面を青とすると，側面のぬり方の並び順は時計回りに右の図の6通りある。どの色からはじめても，回転させると同じになるから，全部で　　$5\times6=\mathbf{30}$（通り）

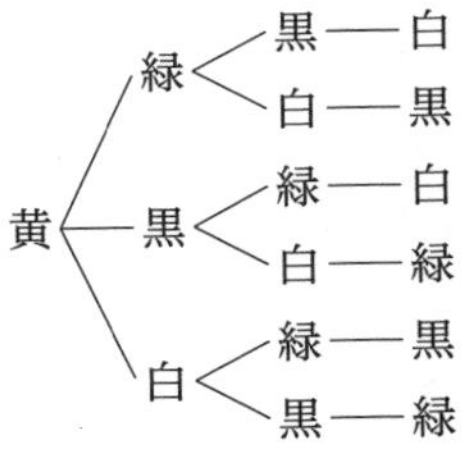

黄
　緑 ─ 黒 ─ 白
　　　 白 ─ 黒
　黒 ─ 緑 ─ 白
　　　 白 ─ 緑
　白 ─ 緑 ─ 黒
　　　 黒 ─ 緑

(2) 上面と下面に同じ色をぬるとき，上面と下面の色の選び方は5通りあり，側面は(1)と同じ6通りあるから

$\hspace{2cm}5\times6=30$（通り）

このうち，上下をひっくり返すと同じになるものが2通りずつあるから，全部で

$\hspace{2cm}30\div2=\mathbf{15}$（通り）

(3) 向かい合った面に同じ色をぬる場合は(2)より　15通り。

隣り合った面に同じ色をぬる場合，どの色を2面にぬるかで5通り，残りの4面

のぬり方は

$$4 \times 3 \times 2 \times 1 = 24 \text{（通り）}$$

このうち，上下をひっくり返すと同じになるものが2通りずつあるから，全部で

$$15 + 5 \times 24 \div 2 = \mathbf{75} \text{（通り）}$$

■ 第12回　　→ 本冊 p.56～57

131

答 (1)　$-22\sqrt{6}$　　(2)　$x=8,\ y=9$
　　(3)　$x = 2 \pm \sqrt{7}$

131 (1)　平方根の計算　★★★★

解説

$$(3\sqrt{2} - 2\sqrt{3})^2 - (3\sqrt{2} + 2\sqrt{3})^2$$
$$+ \frac{6(\sqrt{2} - \sqrt{3})}{\sqrt{3}} + 6$$
$$= \{(3\sqrt{2} - 2\sqrt{3}) + (3\sqrt{2} + 2\sqrt{3})\}$$
$$\times \{(3\sqrt{2} - 2\sqrt{3}) - (3\sqrt{2} + 2\sqrt{3})\}$$
$$+ 6\left(\frac{\sqrt{2} - \sqrt{3}}{\sqrt{3}} + 1\right)$$
$$= 6\sqrt{2} \times (-4\sqrt{3}) + 6 \times \frac{\sqrt{2}}{\sqrt{3}} = -22\sqrt{6}$$

131 (2)　データの活用　★★★★

考え方

中央値は通学時間が短い方から数えて14番目であり，14番目の人が20分以上30分未満の階級にいることがわかる。

解説

$$x + y = 27 - (2 + 5 + 2 + 1) = 17 \text{（人）}$$

中央値は通学時間が短い方から数えて14番目であり，14番目の人が20分以上30分未満の階級にいるから

$$x \geqq 14 - (2 + 5) \quad \text{すなわち} \quad x \geqq 7$$

最頻値が30分以上40分未満の階級の階級値であるから　$y > x$

$x + y = 17$ より　$(x,\ y) = (7,\ 10),\ (8,\ 9)$

よって，y の値がもっとも小さくなる組は

$$\boldsymbol{x = 8,\ y = 9}$$

131 (3)　2次方程式の解き方　★★★★

解説

$x^2 + bx + a = 0$ の解が $x = 4,\ -1$ であるか

ら

$$\begin{cases} 16 + 4b + a = 0 \\ 1 - b + a = 0 \end{cases}$$

これを解くと　　$a = -4,\ b = -3$

よって，もとの2次方程式は

$$x^2 - 4x - 3 = 0$$

これを解くと

$$x = \frac{-(-4) \pm \sqrt{(-4)^2 - 4 \times 1 \times (-3)}}{2 \times 1}$$
$$= 2 \pm \sqrt{7}$$

132　放物線と直線　★★★☆

答 (1)　$b = 1,\ c = 2$

　　(2)　$\left(\dfrac{1 + \sqrt{13}}{2},\ 7 + \sqrt{13}\right),$

　　　　$\left(\dfrac{1 - \sqrt{13}}{2},\ 7 - \sqrt{13}\right)$

考え方

(1)　$\triangle$OAB $= \triangle$OCA より，点 A は線分 BC の中点である。

(2)　まず，OB∥EC となる y 軸上の点 E の座標を求める。次に，OE $=$ OF となる点 F を y 軸上にとる。最後に，FD∥OB となるような点 D を放物線 ① 上にとればよい。

解説

(1)　点 B の座標は　　$(b,\ 2b^2)$

　　点 C の座標は　　$\left(c,\ -\dfrac{1}{2}c^2\right)$

$\triangle$OAB $= \triangle$OCA より，AB $=$ AC であるから，点 A は線分 BC の中点である。

よって

$$\begin{cases} \dfrac{b + c}{2} = \dfrac{3}{2} & \cdots\cdots ③ \\ \left\{2b^2 + \left(-\dfrac{1}{2}c^2\right)\right\} \div 2 = 0 & \cdots\cdots ④ \end{cases}$$

③ より　$c = 3 - b$　　④ より　$4b^2 = c^2$

c を消去すると　　$4b^2 = (3 - b)^2$

これを解くと　　$b = 1,\ -3$

$b > 0$ であるから　　$\boldsymbol{b = 1}$

このとき　　$c = 3 - 1 = 2$

(2)　OB∥EC となるような点 E を y 軸上にとり，点 E の座標を $(0,\ e)$ とする。

B(1, 2) より，OB の傾きは2であるから，直線 EC の式は　　$y = 2x + e$

74

点 C(2, −2) を通るから
$$-2=2\times2+e \quad \text{すなわち} \quad e=-6$$
よって，点 E の座標は $(0, -6)$
このとき △OBC＝△OBE
点 (0, 6) を F とすると，OE＝OF から
$$△OBE=△OBF$$
すなわち △OBC＝△OBF
よって，
△OBC＝△OBD
のとき
△OBF＝△OBD
であり
$$FD \parallel OB$$
したがって，直線
FD の式は
$$y=2x+6$$
点 D は放物線 ①
上の点であるから，
その座標は
$(d, 2d^2)$ とおける。
点 D は直線 FD 上にあるから
$$2d^2=2d+6$$
これを解くと $d=\dfrac{1\pm\sqrt{13}}{2}$
よって，点 D の座標は
$$\left(\dfrac{1+\sqrt{13}}{2}, 7+\sqrt{13}\right),$$
$$\left(\dfrac{1-\sqrt{13}}{2}, 7-\sqrt{13}\right)$$

133　場合の数　★★★☆

答 (1)　6 通り　　　(2)　4 通り
　　(3)　12 通り

解説
(1)　次の樹形図から　　**6 通り**

$$B\begin{cases}C-D\\D-C\end{cases} \quad C\begin{cases}B-D\\D-B\end{cases} \quad D\begin{cases}B-C\\C-B\end{cases}$$

(2)　条件を満たす A，B，C，D の並べ方は
　(A, B, C, D)，(A, B, D, C)，
　(A, D, B, C)，(D, A, B, C) の **4 通り**。

(3)　A を 1 番目に受診する場合，2～4 番目
の B，C，D の並べ方はどのような順番で
もよいから，(1)より，6 通り。
　A を 2 番目に受診する場合，1, 3, 4 番目
の B，C，D の並べ方は，次の樹形図から
　　4 通り

$$B\begin{cases}C-D\\D-C\end{cases} \quad D\begin{cases}B-C\\C-B\end{cases}$$

　A を 3 番目に受診する場合，4 番目は C
と決まるから，1, 2 番目の B，D の並べ
方は，(B, D)，(D, B) の 2 通り。
　よって，全部で　　6＋4＋2＝**12**（通り）

134　三平方の定理と平面図形　★★★☆

答 (1)　∠DTE＝45°，　∠ATD＝45°
　　(2)　$2:\sqrt{3}$　　　(3)　$\sqrt{3}$
　　(4)　$2+\sqrt{3}$

考え方
(3)　△ACT において，**角の二等分線と線分の比の
定理**を利用する。
(4)　△ACT において，∠ACT＝90° であるから，
AT は円の直径である。

解説
(1)　円の接線と弦のつくる角の定理により
$$∠\mathbf{DTE}=∠DCT=\mathbf{45°}$$
　$\overset{\frown}{DT}$ に対して，円周角の定理により
$$∠DAT=∠DCT=45°$$
　$\overset{\frown}{BD}$ に対して，円周角の定理により
$$∠BTD=∠BAD$$
$$=75°-45°=30°$$
　よって　　　∠**ATD**＝$30°\times\dfrac{3}{2}$＝**45°**

(2)　$\overset{\frown}{BC}$ に対して，円周角の定理により
$$∠BAC=∠BTC=15°$$
　よって　　　∠CAT＝75°−15°＝60°
　∠ATC＝15°×2＝30° であるから，
△ACT は 3 つの角が 30°，60°，90° の直
角三角形である。
　よって　　　AT：CT＝**2**：$\sqrt{3}$
(3)　△ACT において，線分 FT は

75

∠ATC の二等分線であるから

$$AF:FC=AT:CT=2:\sqrt{3}$$

AF＝2 であるから FC＝$\sqrt{3}$

(4) △ACT において，∠ACT＝90° であるから，AT は円の直径である。

$$AT=(2+\sqrt{3})\times2=4+2\sqrt{3}$$

よって $r=\dfrac{1}{2}AT=2+\sqrt{3}$

知っておくと便利！

右の図のように，円Oの弦
AB と，その端点Aにおけ
る接線 AT がつくる角
∠BAT は，その角の内部

にふくまれる $\overset{\frown}{AB}$ に対する
円周角 ∠ACB に等しい。

証明 ∠BAT が鋭角の場合

円Oの周上に，AD が円
Oの直径となるように点
Dをとると，AD⊥AT，
∠ABD＝90° であるから

∠BAT＝90°−∠BAD
…… ①

∠ADB＝90°−∠BAD
…… ②

①，②より ∠BAT＝∠ADB

∠ACB と ∠ADB は $\overset{\frown}{AB}$ に対する円周角であるから ∠ADB＝∠ACB

よって ∠BAT＝∠ACB

(1)では，この円の接線と弦のつくる角の定理を利用している。

135 立体の体積と表面積 ★★★★

答 (1) 4π cm² (2) 96 cm²

(3) $\left(\dfrac{40}{3}\pi+160\right)$ cm³

考え方

(2) **平面上で考える**

立方体の1つの面で，球が接することができる部分を考える。

(3) いくつかの部分に分けて体積を求める。

解説

(1) 球の半径は1cm であるから

$$4\pi\times1^2=\mathbf{4\pi}\ \mathbf{(cm^2)}$$

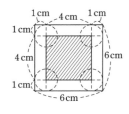

(2) 立方体の1つの面で，球が接することができるのは，図の斜線部分である。

これは，1辺の長さが4cm の正方形で，立方体の各面にあるから，求める面積は

$$4^2\times6=\mathbf{96}\ \mathbf{(cm^2)}$$

(3) 次の4つを考える。

[1] 半径1cm の球を8等分したもの

[2] 底面が半径1cm の円，高さが 4cm の円柱を4等分したもの

[3] 底面が1辺4cm の正方形，高さが 1cm の正四角柱

[4] 1辺4cm の立方体

立方体の内部で球が動き回ることができる部分は

[1] が8個，[2] が12個，[3] が6個，[4] が1個であるから，求める体積は

$$\left(\dfrac{4}{3}\pi\times1^3\times\dfrac{1}{8}\right)\times8+\left(\pi\times1^2\times4\times\dfrac{1}{4}\right)\times12$$
$$+(4^2\times1)\times6+4^3$$

$$=\dfrac{4}{3}\pi+12\pi+96+64$$

$$=\dfrac{40}{3}\pi+160\ \mathbf{(cm^3)}$$

136

答 (1) $n=15,\ 33$ (2) $a=3$

(3) (ア) 12 (イ) 30 (ウ) 12

(エ) 20 (オ) 60 (カ) 90

136 (1) 平方根の応用 ★★★☆

考え方

N を自然数として $\sqrt{n^2+136}=N$ とすると

$(N+n)(N-n)=136$ と変形することができる。

解説

N を自然数として $\sqrt{n^2+136}=N$ とすると
$$n^2+136=N^2$$
よって $\quad (N+n)(N-n)=136$

$N+n>N-n$ であり，

$136=136\times1=68\times2=34\times4=17\times8$ である
から

$\begin{cases} N+n=136 \\ N-n=1 \end{cases}$ のとき

$\qquad 2n=135 \qquad$ よって $\quad n=\dfrac{135}{2}$

$\begin{cases} N+n=68 \\ N-n=2 \end{cases}$ のとき

$\qquad 2n=66 \qquad$ よって $\quad n=33$

$\begin{cases} N+n=34 \\ N-n=4 \end{cases}$ のとき

$\qquad 2n=30 \qquad$ よって $\quad n=15$

$\begin{cases} N+n=17 \\ N-n=8 \end{cases}$ のとき

$\qquad 2n=9 \qquad$ よって $\quad n=\dfrac{9}{2}$

n は自然数であるから $\qquad n=15,\ 33$

136 (2) 1次関数の基礎 ★★★☆

考え方

連立方程式の解が存在しないということは，①，②
を座標平面上で考えた場合，少なくとも平行な直
線になるということである。

解説

$\begin{cases} (-a^2+7a-6)x+2y=4 & \cdots\cdots ① \\ ax+y=a & \cdots\cdots ② \end{cases}$ とする。

連立方程式の解が存在しないということは，
①，②を座標平面上で考えた場合，少なく
とも平行な直線になるということである。

① から $\qquad y=\dfrac{a^2-7a+6}{2}x+2$

② から $\qquad y=-ax+a$

平行な直線は傾きが等しいから

$\qquad \dfrac{a^2-7a+6}{2}=-a$

整理すると $\quad (a-2)(a-3)=0$

よって $\qquad a=2,\ 3$

$a=2$ のとき，①，②はともに $y=-2x+2$

となり，解が無数に存在する。

$a=3$ のとき，① は $y=-3x+2$，② は

$y=-3x+3$ となり，交点をもたない。

よって $\qquad a=3$

136 (3) 空間図形の基礎 ★★★☆

解説

正二十面体は各面が正三角形で，1つの頂
点に集まる面の数は5である。

よって，頂点の数は
$$3\times20\div5={}^{\mathcal{P}}12\ (個)$$
また，辺の数は $\quad 3\times20\div2={}^{\mathcal{A}}30\ (本)$

正五角形の面は，正二十面体の頂点の数だ
けあるから $\qquad {}^{\mathcal{\dot{\mathcal{D}}}}12$ 個

正六角形の面は，正二十面体の面の数だけ
あるから $\qquad {}^{\mathcal{I}}20$ 個

正二十面体のすべての頂点に対して角を切
り落とすと，頂点の数は 5 倍になる。

よって，頂点の数は $\qquad 12\times5={}^{\mathcal{\dot{\mathcal{A}}}}60\ (個)$

辺の数は，（正二十面体の頂点の数）×5

（本）増えるから $\qquad 30+12\times5={}^{\mathcal{\mathcal{D}}}90\ (本)$

137 三平方の定理と平面図形 ★★★☆

答 (1) (ア) 30 　　(イ) $2\sqrt{3}-3$

　　(2) (ア) $9\sqrt{3}$

　　　 (イ) $9\sqrt{3}+\left(12\sqrt{3}-\dfrac{51}{2}\right)\pi$

考え方

(2) (イ) 斜線部分の面積は，△ABC から半径3，
中心角 60° のおうぎ形の面積を 3 つ分と，点 O
を中心とする半径 r の円の面積を除いたもので
ある。

解説

(1) △OBA と △OBC において

$\qquad$ OB=OB，BA=BC

また，OA=OB=OC=3+r (cm) から

$\qquad$ OA=OC

よって，△OBA≡△OBC であるから

$\qquad \angle OBA=\angle OBC={}^{\mathcal{P}}30°$

△OBE は 3 つの角が 30°，60°，90° の直

角三角形であるから

$\qquad$ OB：BE=2：$\sqrt{3}$

$(3+r):3=2:\sqrt{3}$ から

$$r = {}^{イ}\mathbf{2\sqrt{3}} - 3 \text{ (cm)}$$

(2) BE＝3 (cm) であるから

$$OE = \sqrt{3} \text{ (cm)}$$

$$\triangle OBC = \frac{1}{2} \times 6 \times \sqrt{3} = 3\sqrt{3} \text{ (cm}^2)$$

よって

$$\triangle ABC = 3\sqrt{3} \times 3 = {}^{ア}\mathbf{9\sqrt{3}} \text{ (cm}^2)$$

3 つのおうぎ形 AFD, BDE, CEF の面積の和は

$$\left(\pi \times 3^2 \times \frac{60}{360}\right) \times 3 = \frac{9}{2}\pi \text{ (cm}^2)$$

点 O を中心とする円の面積は

$$\pi \times (2\sqrt{3} - 3)^2 = 21\pi - 12\sqrt{3}\,\pi \text{ (cm}^2)$$

よって，斜線部分の面積は

$$9\sqrt{3} - \frac{9}{2}\pi - (21\pi - 12\sqrt{3}\,\pi)$$

$$= {}^{イ}\mathbf{9\sqrt{3}} + \left(12\sqrt{3} - \frac{51}{2}\right)\pi \text{ (cm}^2)$$

(参考) (2)の(ア)において，△ABC の面積は，知っておくと便利！ (→p.4) を用いて求めてもよい。

138 平行線と線分の比 ★★☆☆

答 (1) 1 cm (2) 3：8 (3) 9：80

考え方

(3) (2)より，△IGH と △IBC の面積の比がわかるから，△ABC と △IBC の面積の比を求めればよい。

解説

(1) AD∥EG であるから，△BAD において
AD：EG＝AB：EB＝2：1
よって EG＝$\frac{1}{2}$AD＝**1 (cm)**

(2) EH∥BC より，△ABC において
BC：EH＝2：1 であるから
EH＝$\frac{1}{2}$BC＝4 (cm)
よって GH＝4－1＝3 (cm)
したがって GH：BC＝**3：8**

(3) (2)より，△IGH と △IBC の面積の比は
$3^2 : 8^2 = 9 : 64$
よって △IGH＝$\frac{9}{64}$△IBC ……①

また AI：IC＝AD：BC＝1：4
よって，AC：IC＝5：4 であるから，
△ABC と △IBC の面積の比は 5：4
したがって

$$\triangle IBC = \frac{4}{5}\triangle ABC \quad \cdots\cdots ②$$

①，②より

$$\triangle IGH = \frac{9}{64} \times \frac{4}{5}\triangle ABC = \frac{9}{80}\triangle ABC$$

よって，△IGH と △ABC の面積の比は
9：80

139 放物線と直線 ★★★☆

答 (1) $\frac{1}{2}$ (2) $a = \frac{1}{8}$, $t = 2$
(3) 14

考え方

(3) 直線 OR と m の交点を S とすると
△OPR＝△OPS＋△RPS
(四角形 OQRA)＝△OAQ＋△RAQ
△OPS と △OAQ，△RPS と △RAQ は高さがそれぞれ等しいので，PS＝AQ であればよい。
点 S の座標を求めることにより直線 OS の傾きを求め，OR∥OS であることを利用する。

解説

(1) 直線 m の式を $y = kx + 3$ とおく。
P$(-2t, 4at^2)$, Q$(3t, 9at^2)$ は直線 m 上の点であるから

$$\begin{cases} 4at^2 = -2tk + 3 & \cdots\cdots ① \\ 9at^2 = 3tk + 3 & \cdots\cdots ② \end{cases}$$

①×3＋②×2 から $30at^2 = 15$

よって $at^2 = \frac{1}{2}$

(2) △OPQ＝△OAP＋△OAQ より

$$15 = \frac{1}{2} \times 3 \times 2t + \frac{1}{2} \times 3 \times 3t$$

すなわち $15 = \frac{15}{2}t$ よって **$t = 2$**

$at^2 = \frac{1}{2}$ に $t = 2$ を代入して

$$4a = \frac{1}{2} \quad\quad よって \quad \boldsymbol{a = \frac{1}{8}}$$

(3) (2)のとき，P$(-4, 2)$，Q$\left(6, \dfrac{9}{2}\right)$であ

るから，直線 m の傾きは $\dfrac{1}{4}$ である。

よって，直線 m の式は $\quad y=\dfrac{1}{4}x+3$

直線 OR と m の交点を S とする。
このとき

$\triangle$OPR
$=\triangle$OPS$+\triangle$RPS
（四角形 OQRA）
$=\triangle$OAQ$+\triangle$RAQ
$\triangle$OPS と $\triangle$OAQ，
$\triangle$RPS と $\triangle$RAQ
は高さがそれぞれ等
しいから，PS$=$AQ であればよい。
点 S の x 座標を s とすると
$\quad s-(-4)=6-0 \quad$ よって $\quad s=2$

したがって，点 S の座標は $\left(2, \dfrac{7}{2}\right)$

よって，直線 OS の傾きは $\quad \dfrac{7}{2}\div 2=\dfrac{7}{4}$

R の x 座標を r とおくと，点 R の座標は
$\left(r, \dfrac{1}{8}r^2\right)$

直線 OR と直線 OS の傾きは等しいから
$\quad \dfrac{1}{8}r^2\div r=\dfrac{7}{4}$

よって $\quad r=14$

140 場合の数 ★★★☆

答 (1) 6 通り　　(2) 10 通り
　　(3) 44 通り

考え方
(3) (1)では黒い箱を 2 列積む場合，(2)では黒い箱
を 4 列積む場合を考えるから，後は黒い箱を 3
列積む場合を考えればよい。

解説
(1) 奥から順に 1 列目，2 列目，3 列目，4
列目とする。
黒い箱を積む 2 列の組は
(1, 2), (1, 3), (1, 4), (2, 3),
(2, 4), (3, 4)

の **6 通り**。

(2) 4 列の黒い箱の数の組を
(1 列目，2 列目，3 列目，4 列目)
で表す。
[1] 1 列に 3 個，3 列に 1 個積むとき
積み込み方は
(3, 1, 1, 1), (1, 3, 1, 1),
(1, 1, 3, 1), (1, 1, 1, 3) の 4 通り。
黒い箱は列の一番上にしか積めないか
ら，積み込み方は全部で 4 通り。
[2] 2 列に 2 個，2 列に 1 個積むとき
積み込み方は
(2, 2, 1, 1), (2, 1, 2, 1),
(2, 1, 1, 2), (1, 2, 2, 1),
(1, 2, 1, 2), (1, 1, 2, 2) の 6 通り。
[1]と同様，積み込み方は全部で 6 通
り。
[1], [2] から　　4$+$6$=$**10**（通り）

(3) 黒い箱を 3 列に積む場合を考える。
[1] 4 列にそれぞれ 3 個，2 個，1 個，
0 個積むとき
すべての列の黒い箱の数が違うから
$\quad 4\times3\times2\times1=24$（通り）
[2] 3 列に 2 個，1 列に 0 個積むとき
4 通り。
[1], [2] から　　24$+$4$=$28（通り）
(1), (2) と合わせて
6$+$10$+$28$=$**44**（通り）

第 14 回 →本冊 p.60〜61

141

答 (1) $(x-y)(x+y-z)$
　　(2) $a=-12$, $p=2\sqrt{5}$
　　(3) $a=\dfrac{5}{3}$, 4

141 (1) 因数分解 ★★☆☆

解説
$\quad x^2-xz+yz-y^2=(x^2-y^2)-xz+yz$
$=(x+y)(x-y)-z(x-y)$
$=(x-y)\{(x+y)-z\}=\boldsymbol{(x-y)(x+y-z)}$

141 (2) 2次方程式の利用　★★☆☆

考え方

💡 方程式の解　代入すると成り立つ

解説

1次方程式 $\sqrt{15}\,x-2\sqrt{3}=0$ の解は

$$x=\frac{2}{\sqrt{5}}$$

これが2次方程式 $\sqrt{5}\,x^2+ax+4\sqrt{5}=0$ の
1つの解であるから

$$\sqrt{5}\times\left(\frac{2}{\sqrt{5}}\right)^2+a\times\frac{2}{\sqrt{5}}+4\sqrt{5}=0$$

これを解くと　　**$a=-12$**
よって，x の2次方程式は

$$\sqrt{5}\,x^2-12x+4\sqrt{5}=0$$

これを解くと　　$x=\dfrac{10}{\sqrt{5}},\ \dfrac{2}{\sqrt{5}}$

よって　　$\boldsymbol{p=\dfrac{10}{\sqrt{5}}=2\sqrt{5}}$

（参考）p の値は

知っておくと便利！（→$p.49$）を用いて求めてもよい。

141 (3) 関数 $y=ax^2$ の基礎　★★☆☆

考え方

関数 $y=x^2$ は，$x=0$ からより遠い端の値で最大値をとる。$x=-3$ のとき $y=3a+4$ となる場合と，$x=a$ のとき $y=3a+4$ となる場合を考える。

解説

$y=x^2$ において，$x=-3$ のとき $y=9$ で
$y\neq0$ であるから，
「$-3\leqq x\leqq a$ のとき $0\leqq y\leqq 3a+4$」 …… ①
となるのは
[1] $x=-3$ のとき $y=3a+4$
または
[2] $x=a$ のとき $y=3a+4$
となる場合である。
[1]のとき

$$9=3a+4 \qquad よって \quad a=\frac{5}{3}$$

$y=x^2$ において，

$-3\leqq x\leqq\dfrac{5}{3}$ のとき $0\leqq y\leqq 9$ であるから，

$a=\dfrac{5}{3}$ は ① を満たす。

[2]のとき

$$a^2=3a+4$$

$(a+1)(a-4)=0$ から　　$a=-1,\ 4$
$y=x^2$ において，
$-3\leqq x\leqq-1$ のとき $1\leqq y\leqq 9$ であるから，
$a=-1$ は ① を満たさない。
$-3\leqq x\leqq 4$ のとき $0\leqq y\leqq 16$ であるから，
$a=4$ は ① を満たす。

以上から，求める a の値は　　$\boldsymbol{a=\dfrac{5}{3},\ 4}$

142 確率　★★☆☆

答 (1) $y=-\dfrac{1}{2}x+\dfrac{9}{2}$　　(2) $\dfrac{1}{12}$

(3) $\dfrac{5}{36}$

考え方

(3) △ABP の面積が $4\ \text{cm}^2$ となる三角形をさがし，直線 AB の平行線を利用する。

解説

(1) 直線 AB の傾きは $-\dfrac{1}{2}$ であるから，

直線 AB の式は $y=-\dfrac{1}{2}x+b$ とおける。

点 A は直線 AB 上にあるから

$$4=-\frac{1}{2}+b \quad すなわち \quad b=\frac{9}{2}$$

よって，直線 AB の式は

$$\boldsymbol{y=-\dfrac{1}{2}x+\dfrac{9}{2}}$$

(2) 2個のさいころの目の出方は，全部で

$$6\times6=36（通り）$$

三角形ができないのは，点 P が直線

$y=-\dfrac{1}{2}x+\dfrac{9}{2}$ 上にあるときである。

$1\leqq x\leqq 6,\ 1\leqq y\leqq 6$ を満たす範囲において，

直線 $y=-\dfrac{1}{2}x+\dfrac{9}{2}$ 上の点で，x 座標と

y 座標のどちらも整数であるものは
$(1,\ 4),\ (3,\ 3),\ (5,\ 2)$ の3個ある。

よって，求める確率は　　$\dfrac{3}{36}=\dfrac{1}{12}$

(3) 点 $(1, 2)$, $(5, 4)$ をそれぞれ D，E と
　　すると

$$\triangle ABD = \frac{1}{2} \times 4 \times 2 = 4 \,(\mathrm{cm}^2)$$

$$\triangle ABE = \frac{1}{2} \times 4 \times 2 = 4 \,(\mathrm{cm}^2)$$

よって，点 P が点 D または点 E を通り，
直線 AB に平行な直線上にあるとき，
$\triangle ABP = 4 \,(\mathrm{cm}^2)$ となる。

点 D を通り直線
AB に平行な直
線は，直線 AB
を y 軸の負の方
向へ 2 だけ平行
移動したもので
あるから，点 P
がこの直線上に

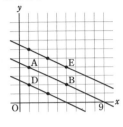

あるとき，図より $(1, 2)$, $(3, 1)$ の 2 通
りある。

点 E を通り直線 AB に平行な直線は，直
線 AB を y 軸の正の方向へ 2 だけ平行移
動したものであるから，点 P がこの直線
上にあるとき，図より
$(1, 6)$, $(3, 5)$, $(5, 4)$ の 3 通りある。

よって，求める確率は　$\dfrac{2+3}{36} = \dfrac{5}{36}$

143　三平方の定理と空間図形　★★★☆

答　(1) $\dfrac{4\sqrt{3}}{3}$　　(2) 4　　(3) 2

考え方

(3) 三角柱 IEF-JHG を平面 DKLC と平面
　　HKLG で切断したときにできる立体と考える。

解説

(1) 点 I は辺 AB の中点であるから

$$AI = \frac{2\sqrt{3}}{3}$$

$\triangle AEI$ において，三平方の定理により

$$IE = \sqrt{\left(\frac{2\sqrt{3}}{3}\right)^2 + 2^2} = \sqrt{\frac{16}{3}} = \frac{4\sqrt{3}}{3}$$

(2) $\left(\dfrac{1}{2} \times \dfrac{4\sqrt{3}}{3} \times 2\right) \times \sqrt{3} = 4$

(3) 　直線 KL をふくみ，
底面 EFGH に平行
な平面と三角柱
IEF-JHG との交点
を右の図のように
N，O，P，Q とする。

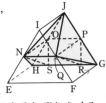

また，直線 PQ，ON をそれぞれふくみ，
底面 EFGH に垂直な平面と辺 HG との
交点を R，S とする。

できる立体は，四角錐 J-NOPQ と，三角
錐 Q-PRG 2 個分と，三角柱 PQR-ONS
を合わせたものである。

$\triangle IEF$ において，点 N，Q はそれぞれ辺
IE，IF の中点であるから

$$NQ = \frac{1}{2}EF = \frac{2\sqrt{3}}{3}$$

よって，四角錐 J-NOPQ の体積は

$$\frac{1}{3} \times \left(\frac{2\sqrt{3}}{3} \times \sqrt{3}\right) \times 1 = \frac{2}{3}$$

$$RG = \frac{1}{2} \times \left(\frac{4\sqrt{3}}{3} - \frac{2\sqrt{3}}{3}\right) = \frac{\sqrt{3}}{3} \text{ から，}$$

三角錐 Q-PRG の体積は

$$\frac{1}{3} \times \left(\frac{1}{2} \times \frac{\sqrt{3}}{3} \times 1\right) \times \sqrt{3} = \frac{1}{6}$$

三角柱 PQR-ONS の体積は

$$\left(\frac{1}{2} \times 1 \times \sqrt{3}\right) \times \frac{2\sqrt{3}}{3} = 1$$

したがって，求める体積は

$$\frac{2}{3} + \frac{1}{6} \times 2 + 1 = \mathbf{2}$$

144　放物線と直線　★★★☆

答　(1) $a = 4$　　(2) $b = -2$
　　(3) $(5, -4)$

考え方

(3) 直線 AB に平行で原点 O を通る直線は，③と
は交わらない。そこで，直線 AB と y 軸の交点
C に対して，OC=CD となる点 D を y 軸上にと
る。直線 AB に平行で点 D を通る直線は③と
交わり，この交点が求める点 P である。

解説

(1) 点 A は双曲線 $y = -\dfrac{32}{x}$ 上にあるから

A(-2, 16)

点 A は放物線 $y=ax^2$ 上にあるから
$$16=a\times(-2)^2 \quad よって \quad \boldsymbol{a=4}$$

(2) 点 B は放物線 $y=4x^2$ 上にあるから
B(1, 4)

点 B は直線 $y=bx+6$ 上にあるから
$$4=b\times1+6 \quad よって \quad \boldsymbol{b=-2}$$

(3) 直線 AB の傾きは -4 であるから，直線 AB の式を $y=-4x+c$ とおく。

点 B を通るから
$$4=-4\times1+c \quad よって \quad c=8$$

すなわち，直線 AB の式は
$$y=-4x+8$$

直線 AB と y 軸の交点を C とすると
C(0, 8)

y 軸上に
OC=CD となる O 以外の点
D をとると
D(0, 16)

原点 O を通り
AB に平行な直線の式は
$$y=-4x \qquad \cdots\cdots ④$$

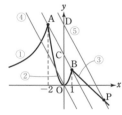

点 D を通り AB に平行な直線の式は
$$y=-4x+16 \qquad \cdots\cdots ⑤$$

直線 ④，⑤ 上に点 P′ をとるとき
$$\triangle OAB=\triangle P'AB$$

図より，③ と ④ は交わらない。

③ と ⑤ は交わり，この交点が求める点 P である。

点 P の x 座標は $-2x+6=-4x+16$ の解で表される。これを解くと $\quad x=5$

よって，求める点 P の座標は
$$\boldsymbol{(5, -4)}$$

145 三平方の定理と平面図形 ★★★☆

$\boxed{答}$ (1) $180°-2a°$ (2) $\dfrac{54}{5}$ cm²

考え方

(2) （四角形 ABCD の面積）
$=\triangle CDE+\triangle BAE+\triangle ADE+\triangle BCE$

△BCE の面積は，(1) を利用して EF の長さを求めることにより直接的に求まる。△ADE の面積は，△ADE と △BCE が相似であることを利用して求める。

△ADE において，DE=$2x$，AE=$2y$ とすると
$$CE=5x, \quad BE=5y$$

これらを用いて △CDE＋△BAE を x と y の式で表す。△BCE において，三平方の定理により x^2+y^2 の値が求まるので，これを利用する。

解説

(1) 円周角の定理により
$$\angle ADB=\angle ACB=a°$$

また $\quad \angle CEF=180°-a°-90°=90°-a°$
$$\angle AEG=\angle CEF=90°-a°$$

$\angle AED=90°$ であるから
$$\angle GED=90°-\angle AEG$$
$$=90°-(90°-a°)=a°$$

したがって
$$\angle DGE=180°-(\angle GED+\angle GDE)$$
$$=\boldsymbol{180°-2a°}$$

(2) △AEG において，(1) から
$$\angle EAG=\angle DGE-\angle AEG=90°-a°$$

よって，△AEG は $\angle AEG=\angle EAG$ の二等辺三角形である。

(1) より，△DEG は二等辺三角形であるから $\quad AG=EG=DG$

よって $\quad AG=EG=DG=1$ (cm)

したがって
$$EF=FG-EG=3-1=2 (cm)$$

よって $\quad \triangle BCE=\dfrac{1}{2}\times5\times2=5 (cm^2)$

△ADE と △BCE において
$$\angle ADE=\angle BCE$$
$$\angle AED=\angle BEC$$

よって $\quad \triangle ADE\varpropto\triangle BCE$

相似比は AD：BC＝2：5 であるから面積比は
$$\triangle ADE：\triangle BCE=2^2：5^2=4：25$$

したがって $\quad \triangle ADE=\dfrac{4}{5} (cm^2)$

△ADE において，DE=$2x$ (cm)，AE=$2y$ (cm) とすると

CE$=5x$ (cm)，　BE$=5y$ (cm)

$\triangle$CDE$+\triangle$BAE$=5x^2+5y^2$ (cm^2)

$$\cdots\cdots ①$$

また，BC$^2=$CE$^2+$BE^2 から

$$5^2=(5x)^2+(5y)^2$$

よって　　　$1=x^2+y^2$

これを ① に代入すると

$$\triangle\text{CDE}+\triangle\text{BAE}=5 \text{ (cm}^2)$$

以上から，四角形 ABCD の面積は

$$(\triangle\text{CDE}+\triangle\text{BAE})+\triangle\text{ADE}+\triangle\text{BCE}$$

$$=5+\frac{4}{5}+5=\frac{54}{5} \text{ (cm}^2)$$

■ 第15回　　→ 本冊 p.62〜63

146

答 (1)　$x=2$，$y=19$　　(2)　$x=2.5$

(3)　7 通り

146 (1)　式の計算の利用　★★★★

解説

$x^2+y^2=365$ から　　$x^2=365-y^2$

$x<y$ より　　　　$y^2>182.5$

$13^2=169$，$14^2=196$ であるから，y は 14 以上の素数である。

$y=17$ のとき　$x^2=365-17^2=76$

　これは問題に適さない。

$y=19$ のとき　$x^2=365-19^2=4$

　よって　$x=2$　　これは問題に適する。

$y\geqq 20$ のとき

　$x^2<0$ となり，問題に適さない。

したがって　　$x=2$，$y=19$

別解　x^2+y^2 が奇数になるとき，x, y の一方が偶数となる。

　素数のうち，偶数は 2 だけで，2 は最小の素数である。

　$x<y$ から　　$x=2$

　$x^2+y^2=365$ から　　$y^2=365-2^2=361$

　よって　　　　$y=19$

146 (2)　2次方程式の利用　★★★★

解説

1 日目の売値を a 円，売れた個数を b 個と

する。

1 日目の売り上げは　ab 円

2 日目の売り上げは

$$a\left(1-\frac{x}{10}\right)\times 2b=2ab\left(1-\frac{x}{10}\right) \text{（円）}$$

3 日目の売り上げは

$$a\left(1-\frac{x}{10}\right)\left(1-\frac{2x}{10}\right)\times 2b$$

$$=2ab\left(1-\frac{3x}{10}+\frac{2x^2}{100}\right) \text{（円）}$$

3 日間の売り上げは，商品全部を 1 日目の 35 % 引きの売値で販売したのと同じであるから

$$ab+2ab\left(1-\frac{x}{10}\right)+2ab\left(1-\frac{3x}{10}+\frac{2x^2}{100}\right)$$

$$=a\left(1-\frac{35}{100}\right)(b+2b+2b)$$

整理すると　　$4x^2-80x+175=0$

これを解くと　　$x=\dfrac{35}{2}$，$\dfrac{5}{2}$

$x<10$，$2x<10$ であるから　　$x=\dfrac{5}{2}=2.5$

146 (3)　データの活用　★★★★

考え方

B さんを除く 9 人の得点を低い方から順に並べると

　　9，11，23，25，26，31，37，42，50

10 人の得点の中央値は，5 番目と 6 番目の平均値であるから，B さんの得点が

[1] 25 点以下　[2] 26 点以上 31 点以下

[3] 32 点以上　の 3 つの場合に分けて考える。

解説

B さんの得点を x 点とする。

A さんと B さんの得点の平均値は

$$\frac{26+x}{2} \text{（点）}$$

B さんを除く 9 人の得点を低い方から順に並べると

　9，11，23，25，26，31，37，42，50

[1]　$x\leqq 25$ のとき

　10 人の得点の中央値は，5 番目と 6 番目の平均値であるから　　$\dfrac{25+26}{2}$（点）

　これが，$\dfrac{26+x}{2}$ と一致するから　$x=25$

$x≦25$ より，適する。

[2] $26≦x≦31$ のとき

10 人の得点の中央値は $\dfrac{26+x}{2}$ （点）

これは，A さんと B さんの得点の平均値と一致する。

よって，条件を満たす x の値は

$x=26,\ 27,\ 28,\ 29,\ 30,\ 31$

[3] $32≦x$ のとき

10 人の得点の中央値は $\dfrac{26+31}{2}$ （点）

これが，$\dfrac{26+x}{2}$ と一致するから $x=31$

$32≦x$ より，これは適さない。

以上より，B さんの得点として考えられる値は 　**7 通り**

147 放物線と直線 ★★★☆

答 (1) A$(-4,\ 16)$，B$(6,\ 36)$
(2) $(t,\ -2t+24)$ (3) $-2+2\sqrt{7}$

考え方
(3) (2) を利用して，PQ＝QR が成り立つような t の値を求める。

解説
(1) 点 A の座標は $(-4,\ 16)$
　直線 AB の式は $y=2x+b$ とおけるから
　$16=-8+b$ 　すなわち $b=24$
　よって，直線 AB の式は $y=2x+24$
　点 B の x 座標は $2x+24=x^2$ の解で表される。
　これを解くと $x=-4,\ 6$
　点 B の x 座標は -4 ではないから
　　$x=6$
　したがって，点 B の座標は $(6,\ 36)$
(2) 点 P の座標は $(t,\ t^2)$
　直線 PQ の傾きは 0 であるから，点 Q の座標は
　　$(-t,\ t^2)$
　点 R は直線 AB 上にあり，四角形 PQRS は長方形となるから，点 R の座標は
　　$(-t,\ -2t+24)$

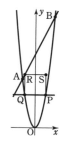

よって，点 S の座標は
　　$(t,\ -2t+24)$

(3) $-4<-t<0$ より，点 R の y 座標は点 Q の y 座標より大きいから
　　$QR=-2t+24-t^2=-t^2-2t+24$
　$t>0$ より，点 P の x 座標は点 Q の x 座標より大きいから 　$PQ=2t$
　四角形 PQRS は正方形であるから
　　　$PQ=QR$
　よって 　$2t=-t^2-2t+24$
　整理すると 　$t^2+4t-24=0$
　これを解くと 　$t=-2±2\sqrt{7}$
　$0<t<4$ であるから 　$t=-2+2\sqrt{7}$
　よって，点 P の x 座標は 　$-2+2\sqrt{7}$

148 三平方の定理と平面図形 ★★★☆

答 $\sqrt{3}$

考え方
△OBC は二等辺三角形であるから，点 O から線分 BC に垂線 OH をひくと $\dfrac{BC}{BO}=\dfrac{2BH}{BO}$
△BOH，△COH に注目して BH：BO を求める。

解説
右の図において
　　$∠x=120°×2=240°$
よって 　$∠y=120°$ 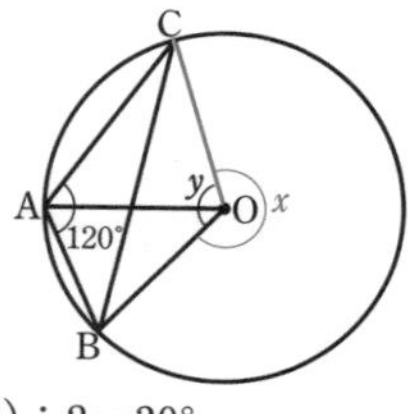
△OBC は二等辺三角形であるから
　　$∠OBC=∠OCB$
　　　$=(180°-120°)÷2=30°$
点 O から線分 BC に垂線 OH をひくと，△BOH，△COH はともに 3 つの角が 30°，60°，90° の直角三角形であるから
　　$BH：BO=\sqrt{3}：2$
すなわち 　$\dfrac{BH}{BO}=\dfrac{\sqrt{3}}{2}$
よって 　$\dfrac{BC}{BO}=\dfrac{2BH}{BO}=2×\dfrac{\sqrt{3}}{2}=\sqrt{3}$

149 三平方の定理と平面図形 ★★★☆

答 (1) $\dfrac{6\sqrt{7}}{7}$　(2) 6　(3) $\dfrac{2}{3}\pi$

考え方

(2) 点 Q は線分 BC を直径とする半円の周上の点である。この半円の中心を O とすると，DQ の長さが最小になるのは，線分 DO と半円の交点が Q となるときである。

(3) 点 D から，線分 BC を直径とする半円に接線 DQ′ をひくと，求める面積は
（おうぎ形 OBQ′）＋△OQ′D－△OBD

解説

(1)　BD＝$\sqrt{4^2+(2\sqrt{3})^2}$＝$2\sqrt{7}$

P が D に一致するとき，

△QDC と △CDB において

$\angle$CQD＝$\angle$BCD＝90°

$\angle$CDQ＝$\angle$BDC

よって，△QDC∽△CDB から

DQ：DC＝CD：BD

DQ：$2\sqrt{3}$＝$2\sqrt{3}$：$2\sqrt{7}$ から

DQ＝$\dfrac{6\sqrt{7}}{7}$

(2)　$\angle$BQC＝90°
より，点 Q は線分 BC を直径とする半円の周上の点である。半円の中心を O とすると，DQ の長さが最小になるのは，図のように線分 DO と半円の交点が Q となるときである。

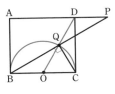

DO＝$\sqrt{CO^2+DC^2}$
＝$\sqrt{2^2+(2\sqrt{3})^2}$＝4

DQ＝DO－OQ＝4－2＝2

BO∥PD であるから

OQ：DQ＝BO：PD

2：2＝2：PD から　　PD＝2

よって　　AP＝AD＋DP＝4＋2＝**6**

(3)　できる図形は右の図の斜線部分である。D から半円に接線 DQ′ をひくと

△DCO と △DQ′O において

OC＝OQ′，DO＝DO，

$\angle$DCO＝$\angle$DQ′O＝90°

よって　　△DCO≡△DQ′O

また，△DCO の 3 辺の比は

$2：4：2\sqrt{3}＝1：2：\sqrt{3}$

すなわち，△DCO は 3 つの角が 30°，60°，90° の直角三角形である。

よって　　$\angle$DOQ′＝$\angle$DOC＝60°，

$\angle$BOQ′＝180°－60°×2＝60°

したがって，求める面積は

（おうぎ形 OBQ′）＋△OQ′D－△OBD

＝$\dfrac{2}{3}\pi+2\sqrt{3}-2\sqrt{3}=\dfrac{2}{3}\pi$

150 三平方の定理と空間図形 ★★★★

答 (1) $20\sqrt{3}$　(2) $1+3\sqrt{2}$

考え方

(1) AB，CD の中点をそれぞれ M，N とする。立体 Z を面 OMN で切断したときの切断面について考えることにより，3 点 P，Q，R を通る切断面の各辺の長さを求める。

(2) PQ の延長と面 BCGF の交点を X とし，点 X から BC に垂線 XX′ をひくと
CT：TB＝CT：(BX′＋X′T)

解説

(1)　線分 PQ，辺 AB，辺 CD の中点をそれぞれ L，M，N とする。立体 Z を面 OMN で切断すると右の図のようになる。辺 HG の中点を N′ とし，線分 MN，NN′ と切断面との交点をそれぞれ U，V とする。また，線分 MN の中点を W とする。

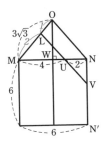

発展

第15回

$$OM = ON = AB \times \frac{\sqrt{3}}{2} = 3\sqrt{3}$$

ON∥LV であるから

OL：LM＝NU：UM＝1：2，

ON：LU＝3：2

よって　　OL＝$\sqrt{3}$，LM＝$2\sqrt{3}$，

$$NU = 6 \times \frac{1}{3} = 2, \quad MU = 2NU = 4,$$

$$LU = 3\sqrt{3} \times \frac{2}{3} = 2\sqrt{3}$$

ここで，△OWN∽△VNU であるから

ON：VU＝WN：NU

$3\sqrt{3}$：VU＝3：2 から　　VU＝$2\sqrt{3}$

よって，3 点 P，
Q，R を通る切断
面は右の図のよう
になる。

$$PQ = \frac{1}{1+2}AB$$
$$= 2$$

台形部分の高さは LU の長さに等しく

$2\sqrt{3}$

長方形部分の高さは VU の長さに等しく

$2\sqrt{3}$

よって，求める面積は

$$\frac{1}{2} \times (2+6) \times 2\sqrt{3} + 6 \times 2\sqrt{3} = \mathbf{20\sqrt{3}}$$

(2) PQ の延長と面
BCGF の交点を
X とし，点 X か
ら辺 BC に垂線を
ひき，BC との交
点を X′ とする。

△OMW において，三平方の定理により

$$OW = \sqrt{(3\sqrt{3})^2 - 3^2} = 3\sqrt{2}$$

よって　　$XX' = 3\sqrt{2} \times \frac{2}{3} = 2\sqrt{2}$

また，△XX′T∽△SCT であるから

CT：X′T＝2：$2\sqrt{2}$

BX′：X′C＝2：4＝1：2 であるから

CT：TB＝CT：(BX′＋X′T)

$$= CT : \left(X'C \times \frac{1}{2} + X'T \right)$$

$$= 2 : \left\{ (2 + 2\sqrt{2}) \times \frac{1}{2} + 2\sqrt{2} \right\}$$

$$= 2 : (\mathbf{1 + 3\sqrt{2}})$$

難関コース

▶ 第1回　　　→ 本冊 p.64～65

151

答 (1) $m=379$

(2) $x=100-\dfrac{100\sqrt{6}}{3}$

151 (1) 式の計算の利用 ★★★★

解説

$18\times21=378$, $19\times20=380$ であるから

$$18\times19\times20\times21+1=m^2$$
$$(19\times20)\times(18\times21)=m^2-1$$

すなわち $380\times378=(m+1)(m-1)$

よって，求める正の整数 m は $\quad m=379$

151 (2) 2次方程式の利用 ★★★★

解説

15 % の食塩水 100 g にふくまれる食塩の量

は $\quad 100\times\dfrac{15}{100}=15$ (g)

食塩水 x g を取り出した後に残る食塩の量

は $\quad 15\times\dfrac{100-x}{100}$ (g)

水 x g を加えて，食塩水 x g を取り出した

後に残る食塩の量は $\quad 15\times\left(\dfrac{100-x}{100}\right)^2$ (g)

10 % の食塩水にふくまれる食塩の量につ

いて

$$15\times\left(\dfrac{100-x}{100}\right)^2=100\times\dfrac{10}{100}$$

これを解くと $\quad x=100\pm\dfrac{100\sqrt{6}}{3}$

$x<100$ より，$x=100+\dfrac{100\sqrt{6}}{3}$ は適さない。

よって $\quad x=100-\dfrac{100\sqrt{6}}{3}$

152 三平方の定理と空間図形 ★★★★

答 2 cm

考え方

接点をふくむ垂直な平面による切り口を考える

3点 A, P, O を通る平面による切り口の三角形について考える。

解説

底面の円の中心を O
とし，3点 A, P, O を
通る平面で円錐を切断
すると，右の図のよう
になる。このとき，点
B, C を図のように定
めると $\quad AB\perp PB$

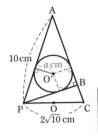

△APO において

$$AO=\sqrt{10^2-(\sqrt{10})^2}=3\sqrt{10}\ (cm)$$

よって，△APC の面積について

$$\dfrac{1}{2}\times2\sqrt{10}\times3\sqrt{10}=\dfrac{1}{2}\times10\times PB$$

したがって $\quad PB=6$ (cm)

また，△APB において

$$AB=\sqrt{10^2-6^2}=8\ (cm)$$

ここで，球の中心を O′ とし，求める球の半
径を a cm とする。

$$△APB=△APO′+△PBO′+△BAO′$$

であるから，△APB の面積について

$$\dfrac{1}{2}\times8\times6=\dfrac{1}{2}a(10+6+8)$$

これを解くと $\quad a=2$

したがって，球の半径は $\quad$ **2 cm**

(参考) △APB の面積を，△APB の3つ
の辺に接する円の半径を用いて求める方
法は， 知っておくと便利！ (→p.20) で扱って
いる。

153 確率 ★★★★

答 (1) 42 個 (2) $\dfrac{1}{4}$

考え方

(1) 底辺を a とすると，正三角形でない二等辺三角
　形となるのは，$a<2b$ かつ $a\neq b$ のときである。

(2) (1)で考えた a, b の組み合わせを利用する。

解説

(1) 底辺を a とすると，$b=c$ となる。

　正三角形でない二等辺三角形となるのは，

　$a<2b$ かつ $a\neq b$ のときである。

よって，a，b の組み合わせは，次の樹形図により，14 個ある。

$$1 \begin{array}{c} \diagdown \\ \diagup \end{array} \begin{array}{c} 2 \\ 3 \\ 4 \\ 5 \end{array} \quad 2 \begin{array}{c} \diagdown \\ \diagup \end{array} \begin{array}{c} 3 \\ 4 \\ 5 \end{array} \quad 3 \begin{array}{c} \diagdown \\ \diagup \end{array} \begin{array}{c} 2 \\ 4 \\ 5 \end{array} \quad 4 \begin{array}{c} \diagdown \\ \diagup \end{array} \begin{array}{c} 3 \\ 5 \end{array} \quad 5 \begin{array}{c} \diagdown \\ \diagup \end{array} \begin{array}{c} 3 \\ 4 \end{array}$$

同様に，b，c が底辺のときも 14 個ずつあるから　　$14 \times 3 = \textbf{42}$（個）

(2) さいころを 3 回投げるとき，目の出方は全部で　　$6 \times 6 \times 6 = 216$（通り）
底辺を x とする。
[1]　$x = 1$ のとき
　　(1)の樹形図により　　$2 \times 4 = 8$（通り）
[2]　$x = 2$，3，4，5 のとき
　　(1)の樹形図により　　10 通り
[1]，[2] より　　$8 + 10 = 18$（通り）
同様に，y，z が底辺のときも 18 通りずつあるから　　$18 \times 3 = 54$（通り）
したがって，求める確率は　　$\dfrac{54}{216} = \dfrac{1}{4}$

154 放物線と直線 ★★★☆

答 (1)　$-\dfrac{3}{2}$　　(2)　120　　(3)　4：1

　　(4)　$10\sqrt{2} - 8$

考え方

(4) (3)の $\triangle$APQ を $\triangle$AP′Q′ とすると，$\triangle$APQ$\infty$$\triangle$AP′Q′ であるから，AP：AP′ より $\triangle$APQ：$\triangle$AP′Q′ を考える。
別解　点 P$(p, 16)$ として，$\triangle$APQ の面積を p を用いて表す。

解説

(1)　点 A，C は放物線 $y = \dfrac{1}{4}x^2$ 上にあるから　　A$(-8, 16)$，C$(4, 4)$
よって，点 D の座標は　　$(0, 4)$
したがって，直線 AD の傾きは　　$-\dfrac{3}{2}$

(2)　$\dfrac{1}{2} \times (16 + 4) \times (16 - 4) = \textbf{120}$

(3)　点 P と点 B が一致するとき，直線 PQ の式を $y = x + b$ とおく。
点 P$(8, 16)$ を通るから

$16 = 8 + b$　　すなわち　　$b = 8$
よって，直線 PQ の式は　　$y = x + 8$
また，直線 AD は，(1)より傾きが $-\dfrac{3}{2}$ で，切片が 4 であるから，直線 AD の式は　　$y = -\dfrac{3}{2}x + 4$
点 Q の x 座標は $-\dfrac{3}{2}x + 4 = x + 8$ の解で表される。これを解くと　　$x = -\dfrac{8}{5}$
y 座標は $y = -\dfrac{8}{5} + 8 = \dfrac{32}{5}$ であるから

$$\triangle\text{APQ} = \dfrac{1}{2} \times 16 \times \left(16 - \dfrac{32}{5}\right) = \dfrac{384}{5}$$

点 $(0, 8)$ を E とすると

$$\triangle\text{PQD} = \triangle\text{EQD} + \triangle\text{EPD}$$
$$= \dfrac{1}{2} \times (8 - 4) \times \dfrac{8}{5} + \dfrac{1}{2} \times (8 - 4) \times 8$$
$$= \dfrac{96}{5}$$

よって

$$\triangle\text{APQ} : \triangle\text{PQD} = \dfrac{384}{5} : \dfrac{96}{5} = \textbf{4 : 1}$$

(4)　(3)の $\triangle$APQ を $\triangle$AP′Q′ とすると，PQ∥P′Q′ から $\triangle$APQ$\infty$$\triangle$AP′Q′ であり，相似比は　　AP：AP′ = AP：16
$\triangle\text{APQ} = \dfrac{1}{2} \times$（四角形 ABCD）$= 60$ から

$$\text{AP}^2 : 16^2 = 60 : \dfrac{384}{5}$$

よって　　$\text{AP}^2 = 200$
AP > 0 であるから　　AP $= 10\sqrt{2}$
したがって，点 P の x 座標は　　$\textbf{10}\sqrt{\textbf{2}} - \textbf{8}$
別解　(3) 6 行目以降を次のようにして解いてもよい。
$\triangle$APQ と $\triangle$PQD において，底辺をそれぞれ AQ，QD とすると，高さが等しいから

$$\triangle\text{APQ} : \triangle\text{PQD} = \text{AQ} : \text{QD}$$

直線 $y = x + 8$ と y 軸および x 軸との交点をそれぞれ E$(0, 8)$，F$(-8, 0)$ とすると，AF∥ED であるから

$AQ : QD = AF : ED$
$= 16 : (8-4) = 4 : 1$
よって　　$\triangle APQ : \triangle PQD = 4 : 1$

(4) (2) から，$\triangle APQ = 60$ となるような点 P の x 座標を求めればよい。
点 P の x 座標を p とすると　　$P(p, 16)$
直線 PQ の式は $y = x + b$ とおける。
点 $P(p, 16)$ を通るから
$16 = p + b$　　よって　$b = 16 - p$
すなわち，直線 PQ の式は
$y = x + 16 - p$ …… ①
直線 AD の式は，(1) から
$y = -\dfrac{3}{2}x + 4$ …… ②
とおける。
直線 ①，② の交点 Q の y 座標を求めると
$y = \dfrac{56}{5} - \dfrac{3}{5}p$
よって，$\triangle APQ$ の面積は
$\dfrac{1}{2} \times (p+8) \times \left\{ 16 - \left(\dfrac{56}{5} - \dfrac{3}{5}p \right) \right\}$
$= \dfrac{3}{10}(p+8)^2$
$\dfrac{3}{10}(p+8)^2 = 60$ から　　$(p+8)^2 = 200$
$p + 8 > 0$ であるから　　$p + 8 = 10\sqrt{2}$
よって　　　$p = 10\sqrt{2} - 8$
したがって，点 P の x 座標は　　$\mathbf{10\sqrt{2} - 8}$

155　規則性　★★★☆

答 (1) (ア) 4　　(2) (イ) 309
　　(3) (ウ) 120　(4) (エ) 31

考え方
小さいものから順に考え，規則性を見抜く
5 でわった余りについて，順に 3, 4, 2, 1, 3, ……
となるから，3, 4, 2, 1 の 4 つの数が繰り返される
ことが予想できる。

解説
(1) $3^1 = 3$, $3^2 = 9$, $3^3 = 27$, $3^4 = 81$,
$3^5 = 243$, ……
よって，5 でわった余りは 3, 4, 2, 1 の 4
つの数が繰り返される。

したがって，下の段の数のうち最も大きい数は　ア **4**

(2) 1 番目から 4 番目までたした数は
$3 + 4 + 2 + 1 = 10$
$123 \div 4 = 30$ 余り 3 であるから，123 番目までたした数は
$10 \times 30 + (3+4+2) = $ イ **309**

(3) 下の段の数を順にたした数は
$3+4 = 7$, $7+2 = 9$, $9+1 = 10$,
$10+3 = 13$, ……, 309
4 つ目ごとに 10 ずつ増えるから，一の位の数が 3, 7, 9, 0 である数は現れる。
$3^5 = 243$, $3^6 = 729$ であるから，3^6 以降の数は 7, 9, ……, 309 に現れない。
また，7 から 309 までに一の位の数が 3, 7, 9, 0 でない 3^n は 81 だけである。
よって，求める個数は，123 個から 9, 27, 243 の 3 個を除いて
$123 - 3 = $ ウ **120**（個）

(4) $3^n + 1$ が 5 の倍数となるのは，3^n を 5 でわった余りが 4 のときであり，それは (1) より $n = 2, 6$, …… のように 4 個おきに現れる。
そのような n の個数は，(2) より 120 番目までに 30 個あるのと 122 番目であるから
$30 + 1 = $ エ **31**（個）

▶ 第2回　　　→ 本冊 p.66 ～ 67

156

答 (1) $\dfrac{19}{36}$　　(2) $\sqrt{3} - \dfrac{\pi}{6}$

156 (1)　確率　★★☆☆

解説
目の出方は全部で　　$6 \times 6 = 36$（通り）
出た目の和が素数であるものは 2, 3, 5, 7, 11 であるから，2 つのさいころの出た目を (a, b) と表すと
$a + b = 2$ のとき　　$(1, 1)$ の 1 通り
同様に
$a + b = 3$ のとき　　2 通り

$a+b=5$ のとき　4通り

$a+b=7$ のとき　6通り

$a+b=11$ のとき　2通り

の合計 15 通りある。

また，出た目の積が素数となるものは

2，3，5

それぞれ 2 通りの合計 6 通りある。

出た目の和も積も素数である場合は $(1, 2)$，$(2, 1)$ の 2 通りあるから，出た目の和または積が素数である場合は

$15+6-2=19$（通り）

よって，求める確率は　$\dfrac{19}{36}$

156 (2)　三平方の定理と平面図形 ★★☆☆

考え方

斜線部の面積は，小さい円の半円から，大きい円の $\overset{\frown}{AC}$ と弦 AC で囲まれた部分の面積を除いたものである。

解説

大，小の円の中心を順に P，Q とする。

PB＝PC から　　∠PCB＝∠PBC＝30°

また　　∠ACB＝90°

よって　　∠ACP＝60°

∠BAC＝180°－(90°＋30°)＝60°

∠APC＝180°－(60°＋60°)＝60°

すなわち，△PAC は正三角形であるから

AC＝2，AQ＝1

△APQ において　　$PQ=\sqrt{2^2-1^2}=\sqrt{3}$

円 P の $\overset{\frown}{AC}$ と弦 AC で囲まれた部分の面積は

$$\pi\times 2^2\times\frac{60}{360}-\frac{1}{2}\times 2\times\sqrt{3}=\frac{2}{3}\pi-\sqrt{3}$$

よって，求める面積は

$$\pi\times 1^2\times\frac{180}{360}-\left(\frac{2}{3}\pi-\sqrt{3}\right)=\sqrt{3}-\frac{\pi}{6}$$

157　放物線と直線 ★★★☆

答 (1)　$P(-2, 8)$，$Q\left(\dfrac{5}{2}, \dfrac{25}{2}\right)$

(2)　$(-1, 2)$　　(3)　$\dfrac{63}{4}$

(4)　$t=4$

考え方

(4)　面積が等しい三角形

　　　底辺を共有する　→　高さが等しい

点 R を通り直線 PQ に平行な直線と y 軸の交点を N とすると，△PQR＝△PQN である。

ここで，y 軸上に NU＝MN となる点 U をとると △PQR＝$\dfrac{1}{2}$△PQU であるから，U を通り直線 PQ に平行な直線と x 軸との交点を T とすれば，△PQU＝△PQT となり，問題に適する。

解説

(1)　放物線と直線の交点の x 座標は

$2x^2=x+10$ の解で表される。

これを解くと　　$x=-2$，$\dfrac{5}{2}$

よって　　P の座標は $(-2, 8)$，

　　　　　Q の座標は $\left(\dfrac{5}{2}, \dfrac{25}{2}\right)$

(2)　直線 PR の式を $y=-6x+b$ とおく。

点 P を通るから

　　$8=-6\times(-2)+b$　よって　$b=-4$

点 R の x 座標は $2x^2=-6x-4$ の解で表される。

これを解くと　　$x=-1$，-2

$x\neq-2$ であるから，R の座標は

　　$(-1, 2)$

(3)　点 R を通り y 軸に平行な直線と PQ の交点を S とすると，S の座標は

　　$(-1, 9)$

　　△PQR＝△PRS＋△QRS

　　　　＝$\dfrac{1}{2}\times 7\times 1+\dfrac{1}{2}\times 7\times\dfrac{7}{2}$

　　　　＝$\dfrac{63}{4}$

(4)　直線 PQ と y 軸の交点を M とすると，M の y 座標は　　10

直線 PQ の傾きは 1 であるから，点 R を通り PQ に平行な直線と y 軸の交点を N とすると，N の y 座標は　　3

このとき，MN＝7，△PQR＝△PQN である。

よって，y 軸上に NU＝7 となる点 U を点 N より下側にとると，U の y 座標は -4 で，

$$\triangle PQR = \frac{1}{2}\triangle PQU$$

である。

したがって，U を通り
直線 PQ に平行な直
線と x 軸との交点を
T とすれば，

$$\triangle PQU = \triangle PQT$$

となり，問題に適して
いる。
直線 UT の傾きは 1
であるから　　$t=4$

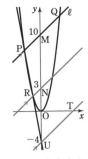

158　円　　　★★★☆

答 (1)　略　　(2)　4 cm

考え方

(2) 点 D は線分 PQ の中点であるから
　　$PD = \frac{1}{2}(PB + QB)$

解説

(1)　$\triangle CPD$ と $\triangle CQD$ において
　　　　$PD = QD$
　　　　$\angle CDP = \angle CDQ = 90°$
　　　　$CD = CD$
　　2 組の辺とその間の角がそれぞれ等しい
　　から　　　$\triangle CPD \equiv \triangle CQD$
(2)　$\triangle ABC$ は $AC = BC$ の二等辺三角形で
　　あるから　　　$\angle CAB = \angle CBA$
　　円周角の定理により
　　　　$\angle CPA = \angle CBA$，$\angle CPB = \angle CAB$
　　(1)から　　　$\angle CQB = \angle CPB$
　　よって　　　$\angle CQB = \angle CPA$　……①
　　また　　　$\angle ACP = \angle ABP$
　　$\triangle CBQ$ において
　　　　$\angle CQB + \angle QCB = \angle CBP$
　　　　　　　　　　　　　　$= \angle CBA + \angle ABP$
　　$\angle CQB = \angle CBA$ から
　　　　$\angle QCB = \angle ABP = \angle ACP$　……②
　　$\triangle CBQ$ と $\triangle CAP$ において
　　①，②から　　　$\angle CBQ = \angle CAP$
　　また　　　$BC = AC$，$\angle QCB = \angle PCA$
　　よって，$\triangle CBQ \equiv \triangle CAP$ であるから

$$QB = PA = 2\,(cm)$$

また　　　$PQ = PB + QB = 6 + 2 = 8\,(cm)$
点 D は線分 PQ の中点であるから

$$PD = 4\,(\mathbf{cm})$$

159　文字式の利用　　★★★★

答 (1)　1　　(2)　3　　(3)　$p = 9$

考え方

(1),(2)　求める式の値の範囲を不等式で表す。

(3)　(2)を利用して，$\frac{2q-1}{p} \times 3$ を p の式で表す。
　　$1 < p$ より p の値を求める。

解説

(1)　$1 < p$ であるから　　$\frac{2p-1}{r} > 0$

　　$p < r$ であるから　　　$\frac{2p-1}{r} < \frac{2p-1}{p}$

　　　　　　　　　　　　　　$\frac{2p-1}{r} < 2 - \frac{1}{p}$

　　$0 < \frac{1}{p} < 1$ であるから　　$\frac{2p-1}{r} < 2$

　　よって，$0 < \frac{2p-1}{r} < 2$ であるから

　　　　　　$\frac{2p-1}{r} = 1$

(2)　(1)より　　$r = 2p-1$

　　よって　　$\frac{2r-1}{q} = \frac{4p-3}{q}$

　　$p < q$ であるから　　$\frac{4p-3}{q} < \frac{4q-3}{q}$

　　すなわち　$\frac{4p-3}{q} < 4 - \frac{3}{q}$

　　$\frac{3}{q} > 0$ であるから　　$\frac{4p-3}{q} < 4$

　　また，$q < r$ であるから　　$\frac{2r-1}{q} > \frac{2q-1}{q}$

　　すなわち　$\frac{2r-1}{q} > 2 - \frac{1}{q}$

　　$0 < \frac{1}{q} < 1$ であるから　　$\frac{2r-1}{q} > 1$

　　よって，$1 < \frac{2r-1}{q} < 4$ であるから

　　　　　　$\frac{2r-1}{q} = 2,\ 3$

難関

第2回

91

$\dfrac{2r-1}{q}=2$ のとき　　$2r-1=2q$

$r=2p-1$ を代入すると，$4p-3=2q$ となり，左辺は奇数，右辺は偶数となるから，適さない。

よって　$\dfrac{2r-1}{q}=3$

(3) (2) より，$3q=2r-1=4p-3$ であるから

$$\dfrac{2q-1}{p}\times 3=\dfrac{6q-3}{p}=\dfrac{8p-9}{p}$$
$$=8-\dfrac{9}{p}$$

これが整数で，$1<p$ であるから

$p=3,\ 9$

$p=3$ のとき，$3q=12-3=9$，$q=3$ となり，$p=q$ となるから，問題に適さない。

$p=9$ のとき

$3q=36-3$ から　　$q=11$

$\dfrac{18-1}{r}=1$ から　　$r=17$

これらは問題に適している。

よって　$p=9$

160 三平方の定理と空間図形　★★★★

答 (1) $2:1$　　(2) $\dfrac{9\sqrt{2}}{4}$

　　(3) (ア) $\sqrt{2}$　　(イ) $\dfrac{4}{7}$

考え方

(3)(ア) 線分 CE と線分 AG の交点を W，線分 CS と線分 AR の交点を Z とすると，切断面は △XWZ になる。

(イ) 立体を長方形 ACGE で切ったときの切断面を考える。線分 AG と面 CSP の交点を I とすると，図形の対称性により，求める体積は三角錐 I-XWZ の体積の2倍である。

解説

(1) CX : XP = CA : PQ

　　$CA=\sqrt{6^2+6^2}=6\sqrt{2}$

　　$PQ=\sqrt{3^2+3^2}=3\sqrt{2}$

　よって　CX : XP = $6\sqrt{2}:3\sqrt{2}=2:1$

(2) 立方体を真上から見ると右の図のようになる。点 Y から線分 SP に垂線 YT をひくと

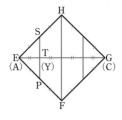

　　YT : CG
　　=ET : EG

よって，YT : 6 = 1 : 4 から　　YT = $\dfrac{3}{2}$

SP = PQ = $3\sqrt{2}$ であるから

△YPS = $\dfrac{1}{2}\times 3\sqrt{2}\times\dfrac{3}{2}=\dfrac{9\sqrt{2}}{4}$

(3) (ア) 右の図のように，線分 CE と線分 AG の交点を W，線分 CS と線分 AR の交点を Z とすると，切断面は △XWZ になる。

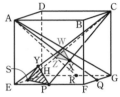

(1)から

ZX : SP = CX : CP = 2 : 3

△XWZ∽△PYS であるから

△XWZ : △PYS = $2^2:3^2$

△XWZ : $\dfrac{9\sqrt{2}}{4}$ = 4 : 9

よって　　△XWZ = $\sqrt{2}$

したがって，求める面積は　　$\sqrt{2}$

(イ) 線分 AG と面 CSP の交点を I，対角線 AC の中点を K とする。対称性により，求める体積は三角錐 I-XWZ の体積の2倍である。

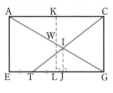

点 I，K から EG に垂線 IJ，KL をひくと

　　GI : IA = GT : AC = 3 : 4

　　GJ : GE = GI : GA = 3 : 7

よって

$$GJ = \frac{3}{7}GE = \frac{3}{7} \times 6\sqrt{2} = \frac{18\sqrt{2}}{7}$$

$$JL = GL - GJ = 3\sqrt{2} - \frac{18\sqrt{2}}{7} = \frac{3\sqrt{2}}{7}$$

点 I から △XWZ にひいた垂線の長さ
は線分 JL の長さに等しいから，求め
る体積は

$$\left(\frac{1}{3} \times \triangle XWZ \times JL\right) \times 2$$

$$= \left(\frac{1}{3} \times \sqrt{2} \times \frac{3\sqrt{2}}{7}\right) \times 2 = \frac{4}{7}$$

→ 本冊 p.68〜69

161

答 (1) $\dfrac{1}{3}$　　(2) $\dfrac{45}{4}$ cm

161 (1) 放物線と直線 ★★★★

解説

点 A の座標を $(t,\ 4t^2)$ とすると，点 B の座
標は　　　$(t,\ t^2)$
点 C の y 座標は $4t^2$ であるから
$$4t^2 = x^2 \qquad \text{よって} \quad x = \pm 2t$$
$x > 0$ であるから，点 C の座標は　$(2t,\ 4t^2)$
$AB = 4t^2 - t^2 = 3t^2$，$AC = 2t - t = t$ から
$$3t^2 = t$$
$t > 0$ であるから　　$t = \dfrac{1}{3}$
したがって　　$AB = \dfrac{1}{3}$

161 (2) 三平方の定理と空間図形 ★★★☆

考え方

直角三角形を見つけて三平方の定理
切断面に垂直で，大，小 2 つの球の中心をふくむ平
面において，直角三角形を見つける。

解説

大，小 2 つの球の中心をそれぞれ O，O′，
切断面と OO′ の交点を P，切断面の円の直
径を AB，求める半径を r cm とする。
△OAP において
$$OP = \sqrt{15^2 - 9^2} = 12 \text{ (cm)}$$

よって
$$O'P = 45 - (15 + 12 + r) = 18 - r \text{ (cm)}$$
△O′AP において　　$r^2 = (18 - r)^2 + 9^2$
これを解くと　　$r = \dfrac{45}{4}$
したがって，求める半径は　$\dfrac{45}{4}$ cm

162 連立方程式の利用 ★★★★

答 (1) 457　　(2) (ア) 169　　(イ) 6 個

考え方

(1) もとの自然数の百の位の数を x，一の位の数を
y として，もとの自然数と入れかえた後の自然数
について x と y の方程式をつくる。

(2)(ア) a，$2b$，$3c$ のうち，係数が 1 で最小である a
に，なるべく小さな数を定める。

(イ) 3 桁の自然数が偶数であるとき，c は偶数で
ある。

解説

(1) もとの自然数の百の位の数を x，一の
位の数を y とすると，条件から
$$100y + 50 + x = (100x + 50 + y) + 297$$
整理すると
$$x - y = -3 \quad \cdots\cdots ①$$
また，$x + 5 + y = 16$ から
$$x + y = 11 \quad \cdots\cdots ②$$
①，② を解くと　　$x = 4$，$y = 7$
よって，もとの 3 桁の自然数は　**457**

(2) (ア) $a + 2b + 3c = (a + b + c) + b + 2c$
　　　　　　　　　　　　$= 16 + b + 2c$
$a + 2b + 3c$ がもっとも大きくなるのは，
$b + 2c$ がもっとも大きくなるときであ
る。
$b + 2c$ を大きくするために $a = 1$ とす
ると　　　　　$b + c = 15$
次に，$b + 2c$ を大きくするために $c = 9$
とすると　　$b = 6$
よって，求める自然数は　**169**

(イ) 3 桁の自然数が偶数であるから，c は
偶数である。
$c = 8$ のとき，$a + b = 8$ であるから
　$(a,\ b) = (1,\ 7),\ (2,\ 6),\ (3,\ 5),$
　　　　　$(4,\ 4)$

$c=6$ のとき，$a+b=10$ であるから
$$(a,\ b)=(4,\ 6),\ (5,\ 5)$$
$c=0,\ 2,\ 4$ のときは，$a\leqq b\leqq c$ を満たす $a,\ b$ は存在しない。

よって　　$4+2=$**6**（個）

163 三平方の定理と平面図形 ★★★★

答 (1) 15　　(2) $\sqrt{2}$　　(3) $1+\sqrt{3}$

考え方

(1) 🧭 直径は直角により　∠AFB＝∠AEB＝90°
(2) **相似な三角形を見つける。**
線分 GD，線分 GF をそれぞれふくむ △GED，△GFC に注目する。
三角定規の形の三角形に注目する。
△BDE，△AFB，△BCF の形状に注目して，すぐに求められる線分の長さを求め，上で見つけた相似な三角形の線分の比の等式にもちこむ。
(3) (2)の結果を利用するために，線分 GF の長さを求める。点 E，F からそれぞれ線分 CG に垂線をひき，まずは GE：GF を求める。

解説

(1)　∠BDE＝∠BAE＝45°
　　　∠AFB＝∠AEB＝90°
　　　∠ABF＝180°－(90°＋60°)＝30°
　また　　∠AEF＝∠ABF＝30°
　　　∠GED＝∠AEF＝30°
　△GED の内角と外角の性質から
　　　　　∠DGE＝45°－30°＝**15°**

(2)　△GED と △GCF において
　　　∠DGE＝∠FGC
　∠CBF＝60°，∠GCF＝30° であるから
　　　∠GED＝∠GCF＝30°
　よって　　△GED∽△GCF
　また，△BDE は BE＝ED の直角二等辺三角形であるから　　DE＝$\sqrt{2}$
　次に，△AFB は 3 つの角が 30°，60°，90° の直角三角形であるから　　BF＝$\sqrt{3}$
　さらに，△BCF も 3 つの角が 30°，60°，90° の直角三角形であるから　　FC＝3
　したがって
　　　GD：GF＝DE：FC＝$\sqrt{2}$：3

(3)　点 F
から CG
に垂線
FH をひ
くと，

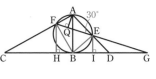

BF：FH＝2：$\sqrt{3}$ から　　FH＝$\dfrac{3}{2}$
点 E から CG に垂線 EI をひくと，
BE：IE＝$\sqrt{2}$：1 から　　EI＝1
EI∥FH から
　　GE：GF＝EI：FH＝1：$\dfrac{3}{2}$＝2：3
よって　　GF＝3FE
△AFB において　　AF＝1
△ABE において　　AE＝$\sqrt{2}$
点 A から FE に垂線 AQ をひくと，
∠FAQ＝45°，∠EAQ＝60° であるから
　　FQ＝$\dfrac{\sqrt{2}}{2}$，EQ＝$\dfrac{\sqrt{3}}{2}\times\sqrt{2}=\dfrac{\sqrt{6}}{2}$
よって　　FE＝FQ＋QE＝$\dfrac{\sqrt{2}}{2}+\dfrac{\sqrt{6}}{2}$
GF＝3FE から　　GF＝$\dfrac{3\sqrt{2}}{2}+\dfrac{3\sqrt{6}}{2}$
(2)より GD：GF＝$\sqrt{2}$：3 であるから
　　GD：$\left(\dfrac{3\sqrt{2}}{2}+\dfrac{3\sqrt{6}}{2}\right)=\sqrt{2}$：3
したがって　　GD＝**$1+\sqrt{3}$**

164 規則性 ★★★☆

答 (1) 1011 番目
　　(2) 32 段目の左から 50 番目

考え方

(2) n 段目の一番右の数が奇数の列の何番目の奇数になるのかを n を用いて表す。(1)の結果を利用する。

解説

(1)　2021＝2×1011－1
　よって，**1011 番目**の奇数である。

(2)　たとえば，3 段目の一番右の数は 17 で，奇数の列の 1＋3＋5＝9 より，9 番目の奇数である。
　同様に考えると，n 段目の一番右の数は，

奇数の列の

$$1+3+5+7+\cdots+(2n-3)+(2n-1)$$

$$\cdots\cdots①$$

番目の奇数である。

①を S とおくと

$$
\begin{array}{rcccccc}
S= & 1 & + & 3 & +\cdots+(2n-3)+(2n-1) \\
+)\ \ S= & (2n-1) & + & (2n-3) & +\cdots+\ \ 3\ \ +\ \ 1 \\
\hline
2S= & 2n & + & 2n & +\cdots+\ \ 2n\ \ +\ \ 2n
\end{array}
$$

よって，$2S=2n\times n$ であるから $S=n^2$

したがって，n 段目の一番右の数は，奇数の列の n^2 番目の奇数である。

$31^2=961$，$32^2=1024$ より，1011 番目の奇数 2021 は **32 段目**にあり，**左から**

$$1011-961=\boldsymbol{50}\ （番目）$$

165 確率 ★★★☆

 (1) $\dfrac{1}{72}$　(2) $\dfrac{1}{36}$　(3) $\dfrac{5}{108}$

考え方

(1) 3つの角が $90°$，$45°$，$45°$ となる場合を考える。

(2) 辺の長さがすべて異なるとき，対応する内角の大きさもすべて異なる。3つの角の和が $180°$ となり，すべての角が異なる場合を考える。

(3) (1)，(2)以外の三角形について考える。

解説

大中小のさいころを同時に投げるときの目の出方は，全部で $6\times6\times6=216$（通り）

また，角の大きさは，さいころの目が

1のとき $180°$，　2のとき $90°$，

3のとき $60°$，　4のとき $45°$，

5のとき $36°$，　6のとき $30°$

となる。

(1) 直角二等辺三角形の内角は $90°$，$45°$，$45°$ であるから，さいころの目は，2 が 1 個，4 が 2 個出るとよい。

よって，目の出方は

$$(a,\ b,\ c)=(2,\ 4,\ 4),\ (4,\ 2,\ 4),$$
$$(4,\ 4,\ 2)$$

の 3 通りある。

したがって，求める確率は $\dfrac{3}{216}=\boldsymbol{\dfrac{1}{72}}$

(2) 辺の長さがすべて異なるとき，対応する内角の大きさもすべて異なる。

内角の和が $180°$ となり，すべての角が異なる場合は $\{90°,\ 60°,\ 30°\}$ のみである。

すなわち，さいころの目は，2 が 1 個，3 が 1 個，6 が 1 個出るとよい。

よって，目の出方は

$$(a,\ b,\ c)=(2,\ 3,\ 6),\ (2,\ 6,\ 3),$$
$$(3,\ 2,\ 6),\ (3,\ 6,\ 2),$$
$$(6,\ 2,\ 3),\ (6,\ 3,\ 2)$$

の 6 通りある。

したがって，求める確率は $\dfrac{6}{216}=\boldsymbol{\dfrac{1}{36}}$

(3) (1)，(2)以外に $60°$，$60°$，$60°$ の場合，すなわち，さいころの目がすべて 3 のときの 1 通りがある。

よって，求める確率は $\dfrac{3+6+1}{216}=\boldsymbol{\dfrac{5}{108}}$

第4回　→ 本冊 p.70〜71

166

 (1) 10　(2) (ア) $\dfrac{1}{6}$　(イ) $\dfrac{5}{18}$

166 (1) 文字式の利用 ★★★☆

解説

9 の倍数である自然数は，各位の数の和が 9 の倍数になる。

また，4 桁の回文数の千の位の数を a，百の位の数を b とおくと，十の位の数は b，一の位の数は a である。

このとき，4 桁の回文数の各位の数の和は

$$a+b+b+a=2a+2b=2(a+b)$$

となり，偶数である。

よって，各位の数の和が 18 または 36 であるものの個数を考える。

[1] 各位の数の和が 18 のとき

1881，2772，3663，4554，5445，6336，7227，8118，9009 の 9 個。

[2] 各位の数の和が 36 のとき

9999 の 1 個。

よって $9+1=\boldsymbol{10}$（個）

(参考) 倍数の判定法は，（→p.62）で扱っている。 **知っておくと便利!**

解説

目の出方は全部で $6 \times 6 = 36$ （通り）

$\dfrac{a}{\sqrt{b}} = \sqrt{a}$ のとき $a = \sqrt{ab}$

$a^2 = ab$ から $a(a-b) = 0$

$a \neq 0$ より $a = b$ であるから，(a, b) の組は

$(1, 1)$，$(2, 2)$，$(3, 3)$，$(4, 4)$，$(5, 5)$，

$(6, 6)$ の 6 通り。

よって，求める確率は $\dfrac{6}{36} = {}^{\mathcal{T}}\dfrac{1}{6}$

$1 < \dfrac{\sqrt{a}}{\sqrt{b}} < \sqrt{3}$ から $1 < \dfrac{a}{b} < 3$

このとき，(a, b) の組は

$(2, 1)$，$(3, 2)$，$(4, 2)$，$(4, 3)$，$(5, 2)$，

$(5, 3)$，$(5, 4)$，$(6, 3)$，$(6, 4)$，$(6, 5)$

の 10 通り。

よって，求める確率は $\dfrac{10}{36} = {}^{\mathcal{イ}}\dfrac{5}{18}$

167 三平方の定理と空間図形 ★★★☆

答 周の長さ，面積の順に

(1) $3\sqrt{2}$ cm，$\dfrac{\sqrt{3}}{2}$ cm²

(2) $(3\sqrt{2} + 2\sqrt{5})$ cm，$\dfrac{9}{2}$ cm²

(3) $6\sqrt{2}$ cm，$3\sqrt{3}$ cm²

考え方

多面体の切り口を考えるときは，次の 2 つの性質を利用する。

① **切り口の辺は，必ず多面体の面上にある**

② **平行な 2 つの面の切り口は，平行である**

上の 2 つに加えて，次のことをおさえておく。

多面体を 1 つの平面で切ったとき，切り口の線分またはその延長は，平行でなければその線分をふくむ面の交線上で交わる。

解説

(1) 切断面は正三角形 PRQ で

$\qquad PQ = \sqrt{1^2 + 1^2} = \sqrt{2}$ (cm)

周の長さは $\sqrt{2} \times 3 = 3\sqrt{2}$ **(cm)**

また，高さは $\sqrt{2} \times \dfrac{\sqrt{3}}{2} = \dfrac{\sqrt{6}}{2}$ (cm)

面積は $\dfrac{1}{2} \times \sqrt{2} \times \dfrac{\sqrt{6}}{2} = \dfrac{\sqrt{3}}{2}$ **(cm²)**

(2) 切断面は PQ∥EG，PE＝QG の台形

PQGE で

$\qquad PE = QG = \sqrt{2^2 + 1^2} = \sqrt{5}$ (cm)

$\qquad EG = \sqrt{2^2 + 2^2} = 2\sqrt{2}$ (cm)

周の長さは

$\sqrt{2} + \sqrt{5} \times 2 + 2\sqrt{2} = 3\sqrt{2} + 2\sqrt{5}$ **(cm)**

点 P，Q から直線 EG に垂線 PJ，QK をひくと，JK＝$\sqrt{2}$ (cm)，EJ＝KG である

から

$\qquad EJ = KG = \dfrac{\sqrt{2}}{2}$ (cm)

よって

$\qquad PJ = \sqrt{(\sqrt{5})^2 - \left(\dfrac{\sqrt{2}}{2}\right)^2} = \dfrac{3\sqrt{2}}{2}$ (cm)

面積は

$\dfrac{1}{2} \times (\sqrt{2} + 2\sqrt{2}) \times \dfrac{3\sqrt{2}}{2} = \dfrac{9}{2}$ **(cm²)**

(3) 切り口は 1 辺の長さが $\sqrt{2}$ cm の正六

角形になる。

周の長さは $\sqrt{2} \times 6 = 6\sqrt{2}$ **(cm)**

EH，HG，GC の中点をそれぞれ T，U，V とする。PU，SV，TQ の交点を O とすると，正六角形は △OPS と合同な 6 つの正三角形に分けられる。

(1)から，面積は $\dfrac{\sqrt{3}}{2} \times 6 = 3\sqrt{3}$ **(cm²)**

168 2 次方程式の利用 ★★★☆

答 (1) -3 (2) $x = 16$

解説

(1) $《50》 - 《64》$

$= 《2 \times 5 \times 5》 - 《2 \times 2 \times 2 \times 2 \times 2 \times 2》$

$= 3 - 6 = -3$

(2) $《6》 = 《2 \times 3》 = 2$

$《1000》 = 《2 \times 2 \times 2 \times 5 \times 5 \times 5》 = 6$

$《256》 = 《2 \times 2 \times 2 \times 2 \times 2 \times 2 \times 2 \times 2》$

$\qquad = 8$

よって，方程式は

$\qquad 2《x》^2 - 6《x》 - 8 = 0$

$\qquad 《x》^2 - 3《x》 - 4 = 0$

$\qquad (《x》 + 1)(《x》 - 4) = 0$

$《x》$ は自然数であるから $《x》 = 4$

最小の素数は 2 であるから，求める x は
$$x=2\times2\times2\times2=16$$

169　1 次関数と図形　★★★☆

答 (1)　$y=-x-1$　　(2)　$a=3$

(3)　$\dfrac{19}{7}$

考え方

(2)　台形 ABCD の面積を求め，2:1 の比に分けたときの小さい方の四角形について考える。

(3)　$\triangle BCP=\triangle BPQ$ のとき，2 つの三角形の底辺を BP とすると，点 Q は，点 C を通り直線 BP に平行な直線と直線 ℓ の交点である。

解説

(1)　直線 AC の傾きは -1 であるから，直線 AC の式を $y=-x+b$ とおく。

点 A は直線 AC 上にあるから
$$1=-1\times(-2)+b　よって　b=-1$$
したがって，求める直線の式は
$$y=-x-1$$

(2)　四角形 ABCD は，AD∥BC，AD⊥DC の台形である。

$$(台形 ABCD の面積)=\dfrac{1}{2}\times(3+4)\times3$$
$$=\dfrac{21}{2}$$

台形 ABCD の面積を 2:1 の比に分けるとき，2 つの面積は　$7,\ \dfrac{7}{2}$

辺 AD と y 軸の交点を E とする。

$a\geqq1$ であるから，直線 $y=ax$ は線分 DE と交わり，その交点を R とすると，点 R の x 座標は
$$1=ax から　x=\dfrac{1}{a}$$

直線 $y=ax$ と辺 BC の交点を S とすると，点 S の x 座標は
$$-2=ax から　x=-\dfrac{2}{a}$$
よって
$$(台形 RSCD の面積)$$
$$=\dfrac{1}{2}\times\left\{\left(1-\dfrac{1}{a}\right)+\left(1+\dfrac{2}{a}\right)\right\}\times3$$

$$=\dfrac{3}{2}\left(2+\dfrac{1}{a}\right)$$

したがって　$\dfrac{3}{2}\left(2+\dfrac{1}{a}\right)=\dfrac{7}{2}$

これを解いて　$a=3$

(3)　直線 ℓ の式は

$$y=-\dfrac{1}{2}x$$

点 P の座標は

$$\left(1,\ -\dfrac{1}{2}\right)$$

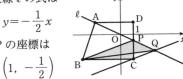

$\triangle BCP=\triangle BPQ$ のとき，$\triangle BCP$ と $\triangle BPQ$ の底辺を BP とすると，高さは等しい。また，点 Q の x 座標は正であるから，点 Q は，C を通り直線 BP に平行な直線と直線 ℓ の交点である。

直線 BP の傾きは $\dfrac{3}{8}$ であるから，直線

CQ の式は $y=\dfrac{3}{8}x+c$ とおける。

点 C$(1,\ -2)$ を通るから
$$-2=\dfrac{3}{8}\times1+c　よって　c=-\dfrac{19}{8}$$
したがって，直線 CQ の式は
$$y=\dfrac{3}{8}x-\dfrac{19}{8}$$

点 Q の x 座標は $\dfrac{3}{8}x-\dfrac{19}{8}=-\dfrac{1}{2}x$ の解で表される。これを解くと　$x=\dfrac{19}{7}$

したがって，点 Q の x 座標は　$\dfrac{19}{7}$

170　三平方の定理と平面図形　★★★★

答 (1)　$24\sqrt{3}$　　(2)　2　　(3)　$\dfrac{22}{7}$

考え方

(3)　(2) を利用する。(2) で定めた Q を Q_1，求める Q を Q_2 とすると　$DQ=DQ_1+Q_1Q_2$

$\triangle PQ_1Q_2=$(四角形 APQ$_2$D)$-$(四角形 APQ$_1$D)

より $\triangle PQ_1Q_2$ の面積，(2) より線分 PQ$_1$ の長さが求まるから，点 Q$_2$ から直線 PQ$_1$ に垂線 Q$_2$L をひき，線分 Q$_2$L の長さを求める。その後，$\triangle Q_1Q_2L$ において線分 Q$_1$Q$_2$ の長さを求める。

解説

(1) 頂点 A から辺 BC に垂線 AH をひくと

$$AH = \frac{\sqrt{3}}{2} \times 6 = 3\sqrt{3},$$

$$BH = \frac{1}{2} \times 6 = 3$$

頂点 D から辺 BC に垂線 DI をひくと

$$IC = 3$$

よって　　$BC = 3 + 5 + 3 = 11$

したがって，台形 ABCD の面積 T は

$$T = \frac{1}{2} \times (5 + 11) \times 3\sqrt{3} = \mathbf{24\sqrt{3}}$$

(2) $AD \parallel PQ$ のとき，$PQ \parallel BC$ であるから

$$\angle APQ = \angle ABC = 60°$$
$$\angle DQP = \angle DCB = 60°$$

頂点 A, D から辺 PQ に垂線 AJ, DK をひき，$AP = x$ とすると，(1) と同様に

$$PJ = KQ = \frac{1}{2}x, \quad AJ = DK = \frac{\sqrt{3}}{2}x$$

$$PQ = \frac{1}{2}x + 5 + \frac{1}{2}x = x + 5$$

したがって

$$S = \frac{1}{2} \times \{5 + (x+5)\} \times \frac{\sqrt{3}}{2}x$$
$$= \frac{\sqrt{3}}{4}x(x+10)$$

$T = 4S$ から　　$24\sqrt{3} = 4 \times \frac{\sqrt{3}}{4}x(x+10)$

整理すると　　$x^2 + 10x - 24 = 0$

これを解くと　　$x = 2, -12$

$x > 0$ であるから　　$x = 2$

よって　　$AP = \mathbf{2}$

(3) $T = 4S$ のとき　　$S = \frac{1}{4}T$

$T = 3S$ のとき　　$S = \frac{1}{3}T$

AP＝2 から，(2) で定めた Q を Q_1，求める Q を Q_2 とすると，右の図のような位置になる。

四角形 APQ_1D の面積は $\frac{1}{4}T$,

四角形 APQ_2D の面積は $\frac{1}{3}T$

であるから

$$\triangle PQ_1Q_2 = \frac{1}{12}T = \frac{1}{12} \times 24\sqrt{3} = 2\sqrt{3}$$

(2) から　　$PQ_1 = 5 + 2 = 7$

点 Q_2 から直線 PQ_1 に垂線 Q_2L をひくと，

$$\triangle PQ_1Q_2 = \frac{1}{2} \times 7 \times Q_2L \text{ から}$$

$$2\sqrt{3} = \frac{1}{2} \times 7 \times Q_2L$$

よって　　$Q_2L = \frac{4\sqrt{3}}{7}$

$PQ_1 \parallel BC$ から　　$\angle LQ_1Q_2 = \angle BCD = 60°$

$\triangle Q_1Q_2L$ において

$$Q_1Q_2 = \frac{2}{\sqrt{3}}Q_2L = \frac{2}{\sqrt{3}} \times \frac{4\sqrt{3}}{7} = \frac{8}{7}$$

したがって　　$DQ = 2 + \frac{8}{7} = \mathbf{\frac{22}{7}}$

▶ **第5回**　　→ 本冊 p.72〜73

171

答 (1)　31.4159

(2)　(ア) $\dfrac{1}{64}$　　(イ) $\dfrac{21}{64}$　　(3)　7

---

171 (1)　**式の計算の利用**　　★★☆☆

解説

3.14159×7.55052
　$+ 2.44948 \times 2.23606 + 0.90553 \times 2.44948$

$= 3.14159 \times 7.55052$
　$+ 2.44948 \times (2.23606 + 0.90553)$

$= 3.14159 \times 7.55052 + 2.44948 \times 3.14159$

$= 3.14159 \times (7.55052 + 2.44948)$

$= 3.14159 \times 10 = \mathbf{31.4159}$

171 (2)　**確率**　　★★★☆

考え方

(イ) 4枚のカードの数が2種類になるのは，3枚が同じで1枚だけ異なるときと，2種類の数が2枚ずつあるときである。

解説

取り出し方は全部で

$$4×4×4×4=256（通り）$$

4枚のカードの数がすべて同じになるのは 1，2，3，4 のいずれかで 4通り。

よって，求める確率は $\dfrac{4}{256}=$ ゔ $\dfrac{1}{64}$

次に，4つの箱を A，B，C，D とする。
4枚のカードの数が 2種類になるのは

[1] 3枚が同じで 1枚だけ異なるとき
　同じ数は 1，2，3，4 のいずれかで 4通り。
　異なる数は残りの 3通りずつある。
　異なる数が取り出される箱は A，B，C，D のいずれかで 4通り。
　よって，全部で　$4×3×4=48$（通り）

[2] 2種類の数が 2枚ずつあるとき
　2種類の数の組は {1，2}，{1，3}，{1，4}，{2，3}，{2，4}，{3，4} の 6通り。
　1種類目の数が取り出される 2つの箱の組は {A，B}，{A，C}，{A，D}，{B，C}，{B，D}，{C，D} の 6通り。
　2種類目の数が取り出される箱の組は，残りの 2つの箱になるから，全部で
　　$6×6=36$（通り）

よって，求める確率は $\dfrac{48+36}{256}=$ ゝ $\dfrac{21}{64}$

171 (3) 式の計算の利用 ★★★★

考え方

a でわると b 余る数　$a×$（整数）$+b$ の形に表す
奇数を 8 でわったときの余りは 1，3，5，7 のいずれかであり，n を整数とすると，奇数は $8n+1$，$8n+3$，$8n+5$，$8n+7$ のいずれかで表される。
まずは，2つの奇数の積を 8 でわったときの余りがどうなるかを考える。

解説

奇数を 8 でわったときの余りは 1，3，5，7 のいずれかであり，n を整数とすると，奇数は $8n+1$，$8n+3$，$8n+5$，$8n+7$ のいずれかで表される。

2つの奇数 $8m+a$，$8n+b$（m，n は整数，a，b は 1，3，5，7 のいずれか）の積について考える。

$$(8m+a)(8n+b)$$
$$=8(8mn+an+bm)+ab$$

$8mn+an+bm$ は整数であるから，
$8(8mn+an+bm)$ は 8 でわり切れる。
よって，2つの奇数 $8m+a$，$8n+b$ の積を 8 でわったときの余りは，ab を 8 でわったときの余りと等しい。このことから，1 から 30 までの奇数の積を 8 でわったときの余りは，それぞれの奇数を 8 でわったときの余りの積について考えればよい。

1 から 30 までの奇数を 8 でわったときの余りによって，右のように分類する。

余り	1	3	5	7
$n=0$	1	3	5	7
$n=1$	9	11	13	15
$n=2$	17	19	21	23
$n=3$	25	27	29	

$n=0$ のときの横に並んだ 4つの奇数の積を 8 でわったときの余りは

$$(1×3×5×7)÷8=105÷8=13 余り 1$$

$n=1$，2 のときも同様に，余りは 1
$n=3$ のときの横に並んだ 3つの奇数の積を 8 でわったときの余りは

$$(1×3×5)÷8=15÷8=1 余り 7$$

以上から，求める余りは

$$(1×1×1×7)÷8=7÷8=0 余り 7$$

172 文字式の利用 ★★★☆

答 (1) $X=12$，24，36，48
　　(2) $(m，n)=(14，4)，(21，6)，$
　　　　　　　　$(28，8)$
　　(3) $X=153846$

考え方

(1) 2桁の自然数　$10a+b$ と表す
　　　　　　　（十の位の数 a，一の位の数 b）
(3) 6桁の自然数も，文字のおき方次第で $10a+b$ と表すことができる。

解説

(1) $X=10a+b$ とおくと，$Y=10b+a$ と表される。

$Y=\dfrac{7}{4}X$ であるから

$$10b+a=\frac{7}{4}(10a+b)$$

整理すると $b=2a$

a, b は 1 桁の自然数であるから

$(a, b)=(1, 2), (2, 4), (3, 6), (4, 8)$

よって $X=12, 24, 36, 48$

(2) $Y=100n+m$ となる。

$Y=\frac{23}{8}X$ であるから

$$100n+m=\frac{23}{8}(10m+n)$$

整理すると $2m=7n$

m は 2 桁の自然数，n は 1 桁の自然数であるから

$(m, n)=(14, 4), (21, 6), (28, 8)$

(3) $X=10l+6$ とおくと，$Y=600000+l$ と表される。

$Y=4X$ であるから

$600000+l=4(10l+6)$

これを解くと $l=15384$

よって $X=153846$

173 放物線と直線 ★★★☆

答 (1) $y=\sqrt{3}x+6$　　(2) $(3, 9)$

　　(3) $15-5\sqrt{3}$

考え方

大きくつくって余分なものをけずる

(2) 点 B，R から x 軸に垂線 BB′，RR′ をひくと

$\triangle$BOR$=$（台形 BB′R′R）$-\triangle$OBB′$-\triangle$ORR′

(3) 直線 ℓ と直線 $y=4$ の交点を E とすると

（四角形 PBDQ）$=\triangle$ADQ$-\triangle$ABE$-\triangle$PBE

解説

(1) 点 Q は x 軸上にあり，点 P は線分 AQ の中点であるから，点 P の y 座標は 3

点 P は放物線 $y=x^2$ 上にあるから

$3=x^2$ よって $x=\pm\sqrt{3}$

したがって，点 P の座標は

$(-\sqrt{3}, 3)$

直線 ℓ は，傾きが $\sqrt{3}$，切片が 6 であるから，直線 ℓ の式は $y=\sqrt{3}x+6$

(2) 点 B の座標は $(-2, 4)$

点 R は放物線 $y=x^2$ 上にあるから，その

座標は (a, a^2) $(a>0)$ とおける。

点 B，R から x 軸に垂線 BB′，RR′ をひくと

$\triangle$BOR$=$（台形 BB′R′R）

$-\triangle$OBB′$-\triangle$ORR′

よって $15=\frac{1}{2}\times(a^2+4)\times(a+2)$

$-\frac{1}{2}\times2\times4-\frac{1}{2}\times a\times a^2$

整理すると $a^2+2a-15=0$

これを解くと $a=-5, 3$

$a>0$ であるから $a=3$

したがって，点 R の座標は $(3, 9)$

(3) 直線 BR の傾きは 1 であるから，直線 BR の式は $y=x+b$ とおける。

点 B を通るから

$4=-2+b$ すなわち $b=6$

よって

$y=x+6$

点 D の x 座標は

$0=x+6$ から

$x=-6$

直線 ℓ と直線 $y=4$ の交点を E とすると，点 E の x 座標は

$4=\sqrt{3}x+6$ から $x=-\frac{2\sqrt{3}}{3}$

したがって，求める面積は

$\triangle$ADQ$-\triangle$ABE$-\triangle$PBE

$=\frac{1}{2}\times(6-2\sqrt{3})\times6$

$-\frac{1}{2}\times\left(2-\frac{2\sqrt{3}}{3}\right)\times(6-4)$

$-\frac{1}{2}\times\left(2-\frac{2\sqrt{3}}{3}\right)\times(4-3)$

$=15-5\sqrt{3}$

174 三平方の定理と空間図形 ★★★★

答 (1) $18\sqrt{3}$ cm^3　　(2) $9\sqrt{3}$ cm^2

　　(3) $\dfrac{144\sqrt{3}}{25}$ cm^2　　(4) $\dfrac{42\sqrt{3}}{5}$ cm^3

考え方
(3) △OPR と △OBD の相似比から面積比を求める。△OBD＝△OAC と (2) より面積が求まる。
(4) 容器に残っている水の量を求めるため，三角錐 A-OPR と Q-OPR の体積を考える。

解説
(1) 頂点 O から直線 AC にひいた垂線は AC の中点 H で交わる。

$$AC=3\sqrt{2} \times \sqrt{2}=6 \,(cm),$$
$$AH=3 \,(cm),$$
$$OH=\sqrt{6^2-3^2}=3\sqrt{3} \,(cm)$$

よって，容器に入った水の量は

$$\frac{1}{3} \times (3\sqrt{2} \times 3\sqrt{2}) \times 3\sqrt{3}=18\sqrt{3} \,\textbf{(cm}^3\textbf{)}$$

(2) $\dfrac{1}{2} \times 6 \times 3\sqrt{3}=9\sqrt{3}$ **(cm²)**

(3) 平面 OAC 上で，AQ と PR の交点を S とし，点 A を通り直線 OC に平行な直線と直線 OH の交点を E とする。
△EAH と △OCH において

$$AH=CH,$$
$$\angle EHA=\angle OHC=90°,$$
$$\angle EAH=\angle OCH$$

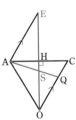

よって，△EAH≡△OCH であるから
$$EA=OC=6 \,(cm)$$
AE∥OC であるから
$$ES:OS=EA:OQ=6:4$$
$$OS:OH=4:\frac{6+4}{2}=4:5$$

PR∥BD から △OPR∽△OBD で，相似比は 4：5 であるから，面積比は

$$4^2:5^2=16:25$$

△OBD＝△OAC＝$9\sqrt{3}$ (cm²) であるから

$$\triangle OPR=\frac{16}{25} \times 9\sqrt{3}=\frac{144\sqrt{3}}{25} \,\textbf{(cm}^2\textbf{)}$$

(4) 容器に残っている水の量を求めるため，三角錐 A-OPR，Q-OPR の体積を考える。
点 Q から直線 OH に垂線 QI をひくと，

QI∥CH より

$$OQ:OC=QI:CH$$

4：6＝QI：3 から   QI＝2 (cm)
よって，容器に残っている水の量は

$$\frac{1}{3} \times \frac{144\sqrt{3}}{25} \times 3+\frac{1}{3} \times \frac{144\sqrt{3}}{25} \times 2$$
$$=\frac{1}{3} \times \frac{144\sqrt{3}}{25} \times (3+2)$$
$$=\frac{48\sqrt{3}}{5} \,(cm^3)$$

したがって，こぼれた水の量は

$$18\sqrt{3}-\frac{48\sqrt{3}}{5}=\frac{42\sqrt{3}}{5} \,\textbf{(cm}^3\textbf{)}$$

175 円 ★★★☆

答
(1) 略   (2) 略

考え方
(1) **3 辺が等しい** か **3 角が等しい** ことを証明する。ここでは，3 つの角がすべて 60° で等しいことを証明する。
(2) △AQR≡△PQC を証明する。

解説
(1) 条件から   ∠BAC＝60°
円に内接する四角形の対角の和は 180° であるから

$$\angle BPC=180°-60°=120°$$

四角形 BPCQ が平行四辺形であるから

$$\angle PBQ=180°-120°=60°$$

BP∥QC から   ∠RQC＝∠PBQ＝60°
また   ∠BRC＝∠BAC＝60°
よって

$$\angle RQC=\angle QRC=\angle RCQ=60°$$

したがって，△CRQ は正三角形である。
(2) △ACR と △BCQ において

$$AC=BC, \quad CR=CQ,$$
$$\angle ACR=60°-\angle QCA=\angle BCQ$$

よって   △ACR≡△BCQ
したがって   AR=BQ
四角形 BPCQ が平行四辺形であるから

$$BQ=PC \quad よって \quad AR=PC$$

ここで，△AQR と △PQC において

$$\angle ARQ=\angle ACB=60°$$

また，∠PCQ＝60° から

∠ARQ＝∠PCQ

(1) から　　　QR＝QC

よって　　　△AQR≡△PQC

すなわち　　AQ＝PQ

176

答 (1)　1, 21, 81, 441　　　(2)　42, 78

　　(3)　$(a, b)=(12, 20)$, $(27, 45)$,

　　　　　　$(48, 80)$

176 (1)　素因数分解　　　★★☆☆

考え方

n を自然数とすると，$2n$, $5n$ の形に表される数の一の位は 1 でないから，$3^4 \times 7^2$ の約数を調べる。

解説

n を自然数とする。

$2n$ の形に表される数は 2 の倍数（偶数）であるから，一の位は 1 でない。

$5n$ の形に表される数は 5 の倍数であるから，一の位は 1 でない。

よって，$3^4 \times 7^2$ の約数を調べればよい。

$3^4 \times 7^2$ の正の約数は

1,	1×7,	1×7^2,
3,	3×7,	3×7^2,
3^2,	$3^2 \times 7$,	$3^2 \times 7^2$,
3^3,	$3^3 \times 7$,	$3^3 \times 7^2$,
3^4,	$3^4 \times 7$,	$3^4 \times 7^2$

このうち，一の位が 1 となるのは

　　　1, 3×7, 3^4, $3^2 \times 7^2$

よって　　**1, 21, 81, 441**

176 (2)　素因数分解　　　★★★☆

考え方

求める 2 つの整数を，最大公約数を用いて表す。

解説

求める 2 つの整数の最大公約数を g とすると，2 つの整数は ga, gb （a, b は $a \leqq b$ の自然数で，a と b の最大公約数は 1）と表される。

このとき　　$gab=546$ ……①

$ga \times gb=3276$ から　　$gab \times g=3276$

よって，$546g=3276$ から　　$g=6$

① から　　$ab=91=1 \times 91=7 \times 13$

$a=1$, $b=91$ のとき，$ga=6 \times 1=6$ となり，2 桁の整数でないから問題に適さない。

$a=7$, $b=13$ のとき

　　$ga=6 \times 7=42$, $gb=6 \times 13=78$

これらは問題に適している。

よって，求める整数の組は　　**42, 78**

176 (3)　平方根の応用　　　★★★☆

解説

$a:b=3:5$ から　　$a=\dfrac{3}{5}b$ ……①

$$\sqrt{2a-b}=\sqrt{\dfrac{6}{5}b-b}=\sqrt{\dfrac{b}{5}}$$

これが自然数となるとき，$b=5n^2$ （n は自然数）の形で表される。

$n=1, 2, 3, \cdots$ のとき，順に

　　$b=5, 20, 45, 80, 125, \cdots$

b は 2 桁の自然数であるから

　　$b=20, 45, 80$

① から，求める (a, b) の組は

　　$(a, b)=(12, 20)$, $(27, 45)$, $(48, 80)$

別解　$a=3k$, $b=5k$ （k は $4 \leqq k \leqq 19$ の自然数）とする。

$$\sqrt{2a-b}=\sqrt{2 \times 3k-5k}=\sqrt{k}$$

これが自然数となるとき，$4 \leqq k \leqq 19$ から

　　$k=4, 9, 16$

よって，求める (a, b) の組は

　　$(a, b)=(12, 20)$, $(27, 45)$, $(48, 80)$

177　場合の数　　　★★★☆

答 (1)　12 通り　　　(2)　4 通り

　　(3)　24 通り

考え方

(3)　まず，1 が書かれた封筒に入れるカードの数字を考える。次に，5 が書かれた封筒に入れるカードの数字を考え，その後に，2, 3, 4 が書かれた封筒に入れるカードの数字を考える。

解説

(1) 封筒の数字とカードの数字がどちらも奇数であるか，どちらも偶数であればよい。

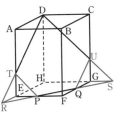

① ③ ⑤ ② ④

```
      3─5<2─4
1<       4─2
      5─3<2─4
           4─2

      1─5<2─4
3<       4─2
      5─1<2─4
           4─2

      1─3<2─4
5<       4─2
      3─1<2─4
           4─2
```

このとき，封筒①の3通りのそれぞれに対して，③は2通りずつあるから，①③⑤の入れ方は

$$3×2=6（通り）$$

この6通りすべてに対して，②④が2通りずつあるから

$$6×2=12（通り）$$

(2) 封筒の数字とカードの数字の和が3の倍数となるような組み合わせは，次の表のようになる。

封筒	1	2	3	4	5
カード	2	1	3	5	4

封筒	1	2	3	4	5
カード	2	4	3	5	1

封筒	1	2	3	4	5
カード	5	1	3	2	4

封筒	1	2	3	4	5
カード	5	4	3	2	1

よって，**4通り**ある。

(3) 1が書かれた封筒に入れるカードの数字は1と5以外であるから，2，3，4の3通りある。

5が書かれた封筒に入れるカードの数字は，2，3，4のうち，1が書かれた封筒に入れたカードの数字以外であるから，2通りある。

2，3，4が書かれた封筒に入れるカードの数字は，同じ数字以外で

$$2×2×1=4（通り）$$

よって，全部で $3×2×4=$**24（通り）**

178 三平方の定理と空間図形 ★★★

答 $\dfrac{7\sqrt{3}}{2}$

考え方

切り口の図形は五角形である。

解説

右の図のように，R，S，T，U を定める。

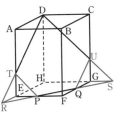

△FQP は FP＝FQ＝1（cm）の直角二等辺三角形であり，△ERP，△FQP，△GQS はすべて合同な三角形であるから

$$PE＝ER＝QG＝GS＝1（cm）$$

RE：RH＝SG：SH＝1：3 であるから

$$TE：DH＝UG：DH＝1：3$$

よって TE＝UG＝1（cm）

△TEP，△FQP，△QGU はすべて合同な直角二等辺三角形であるから

$$TP＝PQ＝QU＝\sqrt{2}（cm）$$

△ATD，△CUD は合同な直角二等辺三角形であるから

$$DT＝DU＝2\sqrt{2}（cm）$$

さらに TU＝EG＝$2\sqrt{2}$（cm）

点 D，P から直線 TU に垂線 DJ，PI をひくと

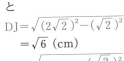

$$DJ＝\sqrt{(2\sqrt{2})^2-(\sqrt{2})^2}$$
$$＝\sqrt{6}（cm）$$

$$PI＝\sqrt{(\sqrt{2})^2-\left(\dfrac{\sqrt{2}}{2}\right)^2}$$
$$＝\dfrac{\sqrt{6}}{2}（cm）$$

よって，求める面積は

△DTU＋（台形PQUT）

$$＝\dfrac{1}{2}×2\sqrt{2}×\sqrt{6}+\dfrac{1}{2}×(\sqrt{2}+2\sqrt{2})×\dfrac{\sqrt{6}}{2}$$

$$＝\dfrac{7\sqrt{3}}{2}（cm^2）$$

（参考） △TRP≡△UQS であるから，△DRS と △TRP の面積比を求めて

$$△DRS－△TRP－△UQS$$

すなわち △DRS－△TRP×2

を求めてもよい。

答 (1) 略　(2) (ア) 5　(イ) 4

考え方

(2) (1) より EF＝BF であり，同様に AG＝EG となるから　　AG：GF：FB＝EG：GF：FE
さらに，△FEG と △FAM の関係に注目する。

解説

(1) △ECF と △BCF において
　　CE＝CB，∠CEF＝∠CBF＝90°，
　　CF＝CF
よって，直角三角形の斜辺と他の1辺がそれぞれ等しいから
　　△ECF≡△BCF
したがって　　EF＝BF

(2) EF＝BF＝x とすると　　AF＝6－x
　　（正方形 ABCD）
　　＝△AFM＋△BCF＋△MFC＋△DCM
であるから
$$36＝\frac{1}{2}×3×(6-x)+\frac{1}{2}×6×x$$
$$\quad+\frac{1}{2}×(x+3)×6+\frac{1}{2}×3×6$$
整理すると　　$\frac{9}{2}x＝9$
すなわち　　$x＝2$
よって　　AF＝6－2＝4
　　　　　MF＝3＋2＝5
また，(1) と同様に AG＝EG となるから
　　AG：GF：FB＝EG：GF：FE
　　　　　　　　　　　　…… ①
ここで，△FEG と △FAM において
　　∠EFG＝∠AFM
　　∠FEG＝∠FAM＝90°
よって，△FEG∽△FAM であるから，
① より
　　AG：GF：FB＝EG：GF：FE
　　　　　　　　＝AM：MF：FA
　　　　　　　　＝3：^{ア}**5**：^{イ}**4**

答 (1) 168 秒後　(2) 240 秒後

考え方

(2) A も B も高さが 15 cm になるまでに必要な水の量は等しい。(1)で求めた時間から，高さが 15 cm になる時間までの間に，水面の高さが等しくなるときがあるかどうかを調べる。

解説

(1) A，B の仕切りの左側の水面の高さがそれぞれ 15 cm，12 cm になるまでにかかる時間は順に
$$\frac{20×10×15}{25}＝120（秒），$$
$$\frac{20×15×12}{25}＝144（秒）$$
A，B の仕切りの右側の水面が1秒間で上昇する高さはそれぞれ
$$\frac{25}{20×10}＝\frac{1}{8}（cm），$$
$$\frac{25}{20×5}＝\frac{1}{4}（cm）$$
水を入れ始めてから t 秒後に，右側の水面の高さが等しくなるとすると
$$\frac{1}{8}×(t-120)＝\frac{1}{4}×(t-144)$$
これを解くと　　$t＝168$
すなわち　　**168 秒後**

(2) A も B も高さが 15 cm になるまでに必要な水の量は等しい。
よって，$\frac{20×20×15}{25}＝240$（秒）で高さが等しくなる。
また，168 秒後から B の仕切りの右側の水面の高さが 12 cm になるまでの水面上昇は B の方が早く，B の仕切りの右側の水面の高さが 12 cm になってから，A も B も高さが 15 cm になるまでの水面上昇は A の方が早いので，168 秒後から 240 秒後までは水面の高さは等しくならない。
よって，2 回目に等しくなるのは
　　240 秒後

181

答 (1) $x=-1$, $y=2$　　(2) $n=16$, 61
　　(3) (ア) 1　(イ) 21

181 (1)　連立方程式の解き方　★★☆☆

解説

$$\begin{cases} \dfrac{x-y}{3}+\dfrac{2}{5}(y-2)=0.2(1-3y) & \cdots\cdots ① \\ (3-2x):y=5:2 & \cdots\cdots ② \end{cases}$$

① から　　$x+2y=3$　　$\cdots\cdots$ ③
② から　　$4x+5y=6$　　$\cdots\cdots$ ④
③, ④ を解くと　　$x=-1$, $y=2$

181 (2)　平方根の応用　★★☆☆

解説

$60(n+1)(n^2-1)=2^2\times 3\times 5\times (n+1)^2(n-1)$
$\sqrt{60(n+1)(n^2-1)}$ が整数となるとき,
$n-1=3\times 5\times m^2$（m は自然数）の形に表される。

$m=1$ のとき　$n-1=15$ から　　$n=16$
$m=2$ のとき　$n-1=60$ から　　$n=61$
$m=3$ のとき　$n-1=135$ から　　$n=136$
n は 2 桁の整数であるから　　$m<3$
よって　　$n=16$, 61

181 (3)　2 次方程式の利用　★★★☆

考え方
$x^2-px+q=0$ の異なる 2 つの整数解を a, b
$(a<b)$ とすると　　$x^2-px+q=(x-a)(x-b)$

解説

$x^2-px+q=0$ の異なる 2 つの整数解を a,
b $(a<b)$ とすると

$\begin{aligned} x^2-px+q&=(x-a)(x-b) \\ &=x^2-(a+b)x+ab \end{aligned}$

よって　　$p=a+b$　$\cdots\cdots$ ①
　　　　　$q=ab$　$\cdots\cdots$ ②
q は素数であるから　　$a=1$, $b=q$
よって　　$p=q+1$
ここで, 素数は小さい順に
　　2, 3, 5, 7, 11, 13, $\cdots\cdots$
となり合う素数は 2 と 3 であるから
　　$p=3$, $q=2$

このとき, 2 次方程式は　$x^2-3x+2=0$
$(x-1)(x-2)=0$ から　　$x=1$, 2
よって, 2 つの整数解の組は $^{\text{ア}}1$ 組ある。
$p=10$ のとき, ① より　　$a+b=10$
a, b は $a<b$ で素数であるから
　　　　$a=3$, $b=7$
このとき, ② より　　$q=3\times 7=^{\text{イ}}21$

182　放物線と直線　★★★★

答 (1) $(6, 9)$　　(2) $(2, 1)$
　　(3) $\left(1-\sqrt{21},\ \dfrac{11-\sqrt{21}}{2}\right)$

考え方
(2) 点 P は線分 AC の垂直二等分線上にある。

解説
(1) 点 C の y 座標は 9 であるから
　　　　$9=\dfrac{1}{4}x^2$　　よって　$x=\pm 6$
　点 C の x 座標は正であるから, 求める座標は　$(6, 9)$
(2) 点 P は線分 AC の垂直二等分線上にある。
　P の x 座標は　　$\dfrac{-2+6}{2}=2$
　よって, 点 P の座標は　　$(2, 1)$
(3) 点 Q の座標を $\left(q, \dfrac{1}{4}q^2\right)$ とおくと,
　　AQ=PQ から　　$AQ^2=PQ^2$
　すなわち
　　$(-2-q)^2+\left(9-\dfrac{1}{4}q^2\right)^2$
　　　　$=(2-q)^2+\left(1-\dfrac{1}{4}q^2\right)^2$
　整理すると　　$q^2-2q-20=0$
　これを解くと　　$q=1\pm\sqrt{21}$
　$q<0$ であるから　　$q=1-\sqrt{21}$
　よって, 点 Q の座標は
　　$\left(1-\sqrt{21},\ \dfrac{11-\sqrt{21}}{2}\right)$
(参考) (3) は, 点 Q が線分 AP の垂直二等分線上にあることから求めてもよい。

答 (1) $\left(\dfrac{7}{3}, 0\right)$　(2) $\left(\dfrac{6}{5}, \dfrac{12}{5}\right)$

(3) $(18, 36)$，求める過程　略

考え方

(3) 3点P，Q，Rの座標はそれぞれ $(p, 2p)$，$(-p, 0)$，$\left(\dfrac{7}{3}p, 0\right)$ とおける。この3点の x 座標，y 座標がすべて整数になるのは，p が3の倍数のときである。
辺PQ上の格子点，辺PR上の格子点，辺QR上の格子点の数をそれぞれ数え上げる。

解説

(1) 直線 ℓ の式を $y=x+b$ とおく。
点 Q$(-1, 0)$ を通るから
$$0=-1+b$$
$$b=1$$

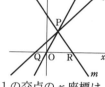

直線 $y=2x$，$y=x+1$ の交点の x 座標は $2x=x+1$ の解で表される。
これを解くと　　$x=1$
$y=x+1$ に代入すると　　$y=2$
直線 m の式を $y=-\dfrac{3}{2}x+c$ とおく。
点 P$(1, 2)$ を通るから
$$2=-\dfrac{3}{2}\times1+c \quad \text{すなわち} \quad c=\dfrac{7}{2}$$
よって，直線 m の式は $y=-\dfrac{3}{2}x+\dfrac{7}{2}$
であり，$y=0$ を代入すると　　$x=\dfrac{7}{3}$
したがって，点Rの座標は $\left(\dfrac{7}{3}, 0\right)$

(2) 点Pの座標を $(p, 2p)$ とし，
直線 ℓ の式を $y=x+d$，
直線 m の式を $y=-\dfrac{3}{2}x+e$ とすると，
点Pを通ることから
$$2p=p+d \quad \text{より} \quad d=p$$
$$2p=-\dfrac{3}{2}p+e \quad \text{より} \quad e=\dfrac{7}{2}p$$
よって

直線 ℓ の式は　　$y=x+p$
直線 m の式は　　$y=-\dfrac{3}{2}x+\dfrac{7}{2}p$
点Q，Rの x 座標はそれぞれ　$-p$，$\dfrac{7}{3}p$
よって，$\dfrac{7}{3}p-(-p)=4$ から　　$p=\dfrac{6}{5}$
すなわち，点Pの座標は $\left(\dfrac{6}{5}, \dfrac{12}{5}\right)$

(3) 3点P，Q，Rの座標はそれぞれ
$$(p, 2p), \quad (-p, 0), \quad \left(\dfrac{7}{3}p, 0\right)$$
とおける。この3点の x 座標，y 座標がすべて整数になるのは，p が3の倍数のときである。
n を正の整数として，$p=3n$ とおくと，3点P，Q，Rの座標はそれぞれ
$$(3n, 6n), \quad (-3n, 0), \quad (7n, 0)$$
[1]　辺PQ上の格子点の数
　　ℓ の傾きは1であるから，x 座標が整数ならば y 座標も整数になる。
　　よって　　$3n-(-3n)+1=6n+1$（個）
[2]　辺PR上の格子点の数
　　m の傾きは $-\dfrac{3}{2}$ であるから，x 座標が偶数ならば y 座標は整数になる。
　　よって　　$\dfrac{7n-3n}{2}+1=2n+1$（個）
[3]　辺QR上の格子点の数
　　$7n-(-3n)+1=10n+1$（個）
点P，Q，Rを2回ずつ数えているから
$$(6n+1)+(2n+1)+(10n+1)-3=108$$
これを解くと　　$n=6$
よって，点Pの座標は　**(18, 36)**

184　相似の応用　★★★☆

答 (1) 略　　(2) 略
(3) $(5+5\sqrt{5}\,)$ cm

考え方

(2)　△ABF∽△DBC と △BCF∽△BDA を示し，線分の比を利用する。
(3)　(2) で証明した等式を利用する。

解説

(1) △BCF と △BDA において
円周角の定理により
$$\angle BCF = \angle BDA \quad \cdots\cdots ①$$
また，∠CBF と ∠DBA について
$$\angle CBF = \angle CBD + \angle DBF$$
$$\angle DBA = \angle ABF + \angle DBF$$
∠ABF＝∠CBD より
$$\angle CBF = \angle DBA \quad \cdots\cdots ②$$
①，②より，2組の角がそれぞれ等しい
から　　　△BCF∽△BDA

(2) △ABF と △DBC において
仮定から　∠ABF＝∠DBC　……③
円周角の定理により
$$\angle BAF = \angle BDC \quad \cdots\cdots ④$$
③，④より，2組の角がそれぞれ等しい
から　　　△ABF∽△DBC
よって　　AB：AF＝DB：DC
したがって
$$AB \times DC = AF \times DB \quad \cdots\cdots ⑤$$
同様に，△BCF∽△BDA より
$$BC : BD = CF : DA$$
よって
$$BC \times DA = BD \times CF \quad \cdots\cdots ⑥$$
⑤＋⑥より
$$AB \times DC + BC \times DA$$
$$\qquad = AF \times DB + BD \times CF$$
すなわち
$$AB \times CD + BC \times DA$$
$$\qquad = (AF + CF) \times BD$$
したがって
$$AB \times CD + BC \times DA = AC \times BD$$

(3) AC の長さを x cm とする。
AC＝AD＝BD であるから，(2) より
$$10 \times 10 + 10 \times x = x \times x$$
よって　　$x^2 - 10x - 100 = 0$
これを解くと　　$x = 5 \pm 5\sqrt{5}$
$x > 0$ より　　$x = 5 + 5\sqrt{5}$
よって　　**AC＝$5 + 5\sqrt{5}$（cm）**

知っておくと便利！

4点 A, B, C, D が同じ円周
上にあるとき，円に内接する
四角形 ABCD の辺と対角線
について，次の等式が成り立
つ。

　　四角形 ABCD が円に内接
　するとき
　　　$AB \times CD + AD \times BC = AC \times BD$
　が成り立つ。
すなわち，円に内接する四角形の2組の対辺の積
の和は，対角線の積に等しい。
これをトレミーの定理という。
(2)では，この等式を証明している。

185　三平方の定理と空間図形　★★★★

答 (1) $h = \dfrac{\sqrt{6}}{3}$　　(2) $V = \dfrac{\sqrt{2}}{3}$

考え方

(1) 辺 BC の中点を M，正四面体の高さを AH と
し，△AMH と △ADH に三平方の定理を用い
て，AH² を2通りの式で表す。

(2) 辺 AB，AC，AD，BC，CD，DB の中点をそ
れぞれ E，F，G，I，J，K とすると，共通部分は，
底面が EIJG，高さ $\dfrac{1}{2}$FK の正四角錐を2つ合
わせた立体である。

解説

(1) 辺 BC の中点を M，正四面体の高さを
AH とする。
△ABC は正三角形であるから
$$AM = DM = \frac{\sqrt{3}}{2}AB = \sqrt{3}$$
MH＝x とすると，DH＝$\sqrt{3} - x$ であり
$$AH^2 = AM^2 - MH^2 = (\sqrt{3})^2 - x^2$$
$$AH^2 = AD^2 - DH^2 = 2^2 - (\sqrt{3} - x)^2$$
$$= 1 + 2\sqrt{3}x - x^2$$
から　　$3 - x^2 = 1 + 2\sqrt{3}x - x^2$
これを解くと　　$x = \dfrac{\sqrt{3}}{3}$
よって　　$AH = \sqrt{3 - \left(\dfrac{\sqrt{3}}{3}\right)^2} = \dfrac{2\sqrt{6}}{3}$
平面 QRS は辺 AB，AC，AD の中点を
通るから　　$h = \dfrac{1}{2}AH = \dfrac{\sqrt{6}}{3}$

難関

第7回

107

(2) 辺 AB，AC，AD，BC，CD，DB の中
点をそれぞれ E，
F，G，I，J，K
とすると，共通
部分は，右の図
の立体 FEIJGK
となり，この立
体は，底面が四
角形 EIJG，高さ
が $\dfrac{1}{2}$FK の正四

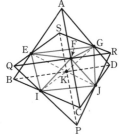

角錐を 2 つ合わ
せたものである。
点 F から CK
に垂線 FL をひ
くと，

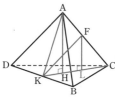

AF＝FC より

$$FL=\dfrac{1}{2}AH=\dfrac{\sqrt{6}}{3}$$

$CH=\dfrac{2\sqrt{3}}{3}$，$HL=LC=\dfrac{\sqrt{3}}{3}$ であるから

$$KL=\dfrac{2\sqrt{3}}{3}$$

よって

$$FK=\sqrt{\left(\dfrac{\sqrt{6}}{3}\right)^2+\left(\dfrac{2\sqrt{3}}{3}\right)^2}=\sqrt{2}$$

$EI=IJ=JG=GE=\dfrac{1}{2}AC=1$ であるか
ら，求める体積 V は

$$V=\left\{\dfrac{1}{3}\times(1\times1)\times\dfrac{\sqrt{2}}{2}\right\}\times2=\dfrac{\sqrt{2}}{3}$$

■ 第8回　　　　　→ 本冊 p.78〜79

186

答 (1)　3　　　(2)　5373, 5376, 5379

186　(1)　2 次方程式の利用　　★★★★

解説

$x^2+x-1=0$ を解くと　　$x=\dfrac{-1\pm\sqrt{5}}{2}$

よって　　　$a=\dfrac{-1+\sqrt{5}}{2}$，$b=\dfrac{-1-\sqrt{5}}{2}$

このとき

$$(a+1)^2=\left(\dfrac{1+\sqrt{5}}{2}\right)^2=\dfrac{3+\sqrt{5}}{2}$$

$$(b+1)^2=\left(\dfrac{1-\sqrt{5}}{2}\right)^2=\dfrac{3-\sqrt{5}}{2}$$

したがって　　$\dfrac{1}{(a+1)^2}+\dfrac{1}{(b+1)^2}$

$$=\dfrac{2}{3+\sqrt{5}}+\dfrac{2}{3-\sqrt{5}}$$

$$=\dfrac{2(3-\sqrt{5})+2(3+\sqrt{5})}{(3+\sqrt{5})(3-\sqrt{5})}$$

$$=\dfrac{12}{4}=3$$

186　(2)　文字式の利用　　★★★★

解説

もとの自然数の千の位の数を a，一の位の
数を b（a，b は 1 から 9 までの自然数）と
すると，もとの自然数は

　　$1000a+300+70+b=1000a+370+b$

入れかえた数は 15 の倍数であるから，入れ
かえた数の一の位の数 a は　　0 または 5
a は 1 から 9 までの自然数であるから

　　$a=5$

よって，もとの自然数は

　　$1000\times5+370+b=3\times1790+b$

これが 3 の倍数であるから　　$b=3$, 6, 9
したがって，もとの自然数は

　　5373, 5376, 5379

187　式の計算の利用　　★★★★

答 (1)　-12　　(2)　(11, 10), (5, 2)
　　(3)　(4, 4), (8, 2)

解説

(1)　$(7\circ2)=7-2=5$，$(3\circ5)=3-5=-2$
　　より

　　$(7\circ2)*(3\circ5)=(5-1)(-2-1)=\mathbf{-12}$

(2)　$x^2\circ y^2=x^2-y^2=(x+y)(x-y)$
　　よって　　$(x+y)(x-y)=21$
　　x，y は正の整数であるから

　　　　$x+y>x-y$

したがって，自然数の組 $(x+y, x-y)$
は　　　　　$(21, 1)$，$(7, 3)$

[1]　連立方程式 $\begin{cases} x+y=21 \\ x-y=1 \end{cases}$ を解くと

　　$x=11$，$y=10$ となり，問題に適する。

[2]　連立方程式 $\begin{cases} x+y=7 \\ x-y=3 \end{cases}$ を解くと

　　$x=5$，$y=2$ となり，問題に適する。

よって　　**$(11, 10)$，$(5, 2)$**

(3)　$(2x-1) \circ (x+1)$
　　$=(2x-1)-(x+1)=x-2$
　　$(3x-4y^2) \circ (3x-5y^2)$
　　$=(3x-4y^2)-(3x-5y^2)=y^2$
　よって
　　$\{(2x-1) \circ (x+1)\} * \{(3x-4y^2) \circ (3x-5y^2)\}$
　　$=(x-2)*y^2$
　　$=(x-3)(y^2-1)=(x-3)(y+1)(y-1)$
　x，y は正の整数であるから
　　$y+1>y-1 \geqq 0$，$x-3 \geqq -2$
　$y+1$ と $y-1$ の差は 2 であり，
　$15=1 \times 3 \times 5$ であるから，整数の組
　$(x-3, y+1, y-1)$ は
　　　　$(1, 5, 3)$，$(5, 3, 1)$
　よって，求める組 (x, y) は
　　　　$(4, 4)$，$(8, 2)$

188　放物線と直線　★★★★

答 (1)　$4 : 1$
　　(2)　(ア)　$2 : 3$　　(イ)　$a=1$

考え方
(1)　$\triangle$BCD $: \triangle$ODC を求める。
(2)(イ)　平行線を利用して，三角形の形を変え，面積
　の等しい三角形をさがす。

解説
(1)　点 B，O から直線 AC にひいた垂線を
　それぞれ BM，ON とする。$\triangle$BCD と
　$\triangle$ODC は，辺 CD が共通であるから，底
　辺をともに CD とみると，2 つの三角形
　の面積比は高さの比に等しい。
　ON $=t$ とすると，$\triangle$OAN，$\triangle$BAM はと
　もに 3 つの角が $30°$，$60°$，$90°$ の直角三角
　形であるから

AN $=\sqrt{3}\,t$,
AB $=$ AC $=2$AN $=2\sqrt{3}\,t$,
BM $=\dfrac{\sqrt{3}}{2}$AB $=3t$

よって　　　　　$\triangle$BCD $: \triangle$ODC $=3 : 1$
したがって　　　$\triangle$OBC $: \triangle$ODC $=$**$4 : 1$**

(2)　(ア)　(1) から　$\triangle$OAC $: \triangle$ABC $=1 : 3$
　直線 BC と y 軸との交点を F とすると，
　CN $=$ AN $=\sqrt{3}\,t$，AM $=\sqrt{3}\,t$ から
　　　CF $:$ FB $=$ CN $:$ NM
　　　　　　　$=\sqrt{3}\,t : 2\sqrt{3}\,t=1 : 2$
　よって，$\triangle$AFC $: \triangle$ABC $=1 : 3$ とな
　るから　　　　$\triangle$AFC $= \triangle$OAC
　したがって，A を通り四角形 OABC
　の面積を 2 等分する直線と y 軸との交
　点は F となる。
　　　$\triangle$ABE $: \triangle$AEO $=$ BE $:$ EO,
　　　$\triangle$BFE $: \triangle$EFO $=$ BE $:$ EO
　であるから
　　　$\triangle$ABF $: \triangle$AFO $=$ BE $:$ EO
　ここで，$\triangle$AFO $= \triangle$ACO であるから
　　　BE $:$ EO $=2 : 1$
　よって　　BE $:$ BO $=$**$2 : 3$**

(イ)　BE $:$ BO $=2 : 3$ から

$$\triangle\text{ABO}=\frac{3}{2}\triangle\text{ABE}=\frac{3}{2}\times\frac{2\sqrt{3}}{27}$$
$$=\frac{\sqrt{3}}{9}$$

また，AO $/\!/$ BC から

$$\triangle\text{ACO}=\triangle\text{ABO}=\frac{\sqrt{3}}{9}$$

点 A の y 座標を p とすると
　　点 A の座標は　　$(\sqrt{3}\,p,\ p)$,
　　点 C の座標は　　$(-\sqrt{3}\,p,\ p)$
よって

$$\triangle\text{ACO}=\frac{1}{2}\times 2\sqrt{3}\,p\times p=\sqrt{3}\,p^2$$

したがって，$\sqrt{3}\,p^2=\dfrac{\sqrt{3}}{9}$ から

$$p^2=\frac{1}{9}$$

$p>0$ から $p=\dfrac{1}{3}$

よって，点 A の座標は $\left(\dfrac{\sqrt{3}}{3},\ \dfrac{1}{3}\right)$

点 A は放物線 $y=ax^2$ 上の点であるから

$$\dfrac{1}{3}=a\times\left(\dfrac{\sqrt{3}}{3}\right)^2$$

したがって $\boldsymbol{a=1}$

189 場合の数 ★★★★

📖 (1) 4 通り (2) 42 通り

考え方
(1) 1 度も遠まわりをせず，最短経路で Goal に到着する場合を考える。
(2) **書き込んで求める**
経路の一部が欠けている場合は，経路の数を書き込んで数え上げると求めやすい。

解説
(1) 7 回の移動で Goal と書かれたマスに到着するのは，1 度も遠まわりをせず，最短経路で Goal に到着する場合である。
よって，右の図のように，A，B，C，D のマスのいずれかを通る経路があるから **4 通り**

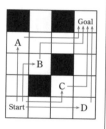

(2) (1)で，A，B，C，D のマスを通る経路を，それぞれ [A]，[B]，[C]，[D] とする。また，経路の途中で，あるマスから，そのとなりのマスに 1 往復することを，「ターン」と呼ぶことにする。ただし，経路の前方に 1 往復する場合は除く。
右の図は，E のマスでターンしたときの経路の例である。よって，ちょうど 9 回目の移動で Goal と書かれたマスに到着するのは，

[A]，[B]，[C]，[D] の経路において，それぞれ 1 回だけターンを行った場合である。

[1] [A] の経路について，それぞれのマスでターンすることができる場合の数を記入すると，右の図のようになる。
よって
$$1+1+2+1+3+1+2=11 \text{（通り）}$$

[2] [B]，[C]，[D] の経路についても，同様に記入すると，次の図のようになる。

[B]の経路　　[C]の経路　　[D]の経路

| | | |3|1|2| | | | | | |2| | | | | | |2| |
よって，
[B] の経路では
$$1+1+2+1+3+1+2=11 \text{（通り）}$$
[C] の経路では
$$1+1+2+1+2+1+2=10 \text{（通り）}$$
[D] の経路では
$$1+1+2+1+2+1+2=10 \text{（通り）}$$
[1]，[2] から，求める場合の数は
$$11+11+10+10=\boldsymbol{42} \text{（通り）}$$

190 三平方の定理と平面図形 ★★★★

📖 (1) $(5-\sqrt{5})$ cm

(2) (ア) $\dfrac{5\sqrt{2}-\sqrt{10}}{2}\pi$ cm

(イ) $\{24\sqrt{5}-40-(15-5\sqrt{5})\pi\}$ cm²

考え方
(1) 図 2 と図 3 を利用して，図 2 の △SRB において三平方の定理を用いる。
(2) G が動いてできる線を実際にかいて考える。
(ア) G が回転した角度を考える。
(イ) 長方形 ABCD から余分な部分の面積をひく。

解説

(1) 正方形
PQRS の 1 辺
の長さを x cm
とする。

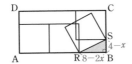

右の図の △SRB において
$$(8-2x)^2+(4-x)^2=x^2$$
整理すると $\qquad x^2-10x+20=0$
これを解くと $\qquad x=5\pm\sqrt{5}$
$0<x<4$ であるから $\qquad x=5-\sqrt{5}$
よって，求める長さは $\qquad$ $(5-\sqrt{5})$ cm

(2) (ア) G は右の図
の赤色の太線を
動き，回転した
角度は $a+b+c$
に等しい。

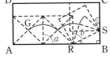

$$\begin{aligned}
c&=180°-90°-\angle RSB\\
&=90°-\angle RSB=\angle SRB
\end{aligned}$$
すなわち $\qquad a+b+c=180°$
さらに，この円の半径は
$$(5-\sqrt{5})\times\frac{\sqrt{2}}{2}=\frac{5\sqrt{2}-\sqrt{10}}{2}\text{ (cm)}$$
したがって，求める線の長さは
$$2\pi\times\frac{5\sqrt{2}-\sqrt{10}}{2}\times\frac{180}{360}$$
$$=\frac{5\sqrt{2}-\sqrt{10}}{2}\pi\text{ (cm)}$$

(イ) 右の図のよ
うに点をとる。
求める面積 S は
G，I，J，K，

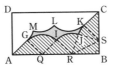

L，M で囲まれた部分である。
斜線部分の面積を T とすると
$$S=8\times4-2T\quad\cdots\cdots①$$
△GAQ，△IQR，△JRS，△SKC はす
べて合同であるから
$$\begin{aligned}
T=&\pi\left(\frac{5\sqrt{2}-\sqrt{10}}{2}\right)^2\times\frac{1}{2}\\
&+4\times\frac{1}{2}\times\left(\frac{5\sqrt{2}-\sqrt{10}}{2}\right)^2\\
&+\frac{1}{2}\times(2\sqrt{5}-2)(\sqrt{5}-1)
\end{aligned}$$

$$=\frac{15-5\sqrt{5}}{2}\pi+36-12\sqrt{5}\text{ (cm}^2)$$
したがって，① に代入すると
$$S=24\sqrt{5}-40-(15-5\sqrt{5})\pi\text{ (cm}^2)$$

第9回 → 本冊 p.80～81

191

答 (1) (ア) 6 (イ) $\dfrac{1}{24}$ (2) 10

191 (1) **面積の比** ★★★

考え方
🕐 中点連結定理 中点2つ 平行で半分

解説

(1) 中点連結定理により
$$DF/\!\!/BC,\quad DF=\frac{1}{2}BC$$
$DF/\!\!/BC$ から
$$AH:HE=AF:FC=1:1$$
$$HF:EC=AF:AC=1:2$$
よって $\qquad HF=\frac{1}{2}EC$

$BE=EC$ から $\qquad HF=\frac{1}{2}BE$
また，$DF/\!\!/BC$ から
$$HG:GE=HF:BE=1:2$$
よって $\qquad HG:HE=1:3$
$AH=HE$ から $\qquad HG:AE=1:6$
したがって，AE は HG の ^{ア}6倍
$△ABC=S$ とすると $\qquad △ABE=\frac{1}{2}S$
$GE:HE=2:3$ であるから
$$GE:AE=2:6=1:3$$
$△EGB:△ABE=GE:AE$ であるから
$△EGB:\dfrac{1}{2}S=1:3$ より $\quad △EGB=\dfrac{1}{6}S$
△HGF∽△EGB で，相似比は 1:2 であ
るから，面積比は $\qquad 1^2:2^2=1:4$
よって $\quad △HGF=\dfrac{1}{4}△EGB=\dfrac{1}{4}\times\dfrac{1}{6}S$
$$=\frac{1}{24}S$$

したがって　イ $\dfrac{1}{24}$ 倍

191 (2) 平方根の応用　★★★☆

解説

$\left(a-\dfrac{1}{2}\right)^2=-\left(a-b^2-\dfrac{17}{4}\right)$ より

$$a^2-a+\dfrac{1}{4}=-a+b^2+\dfrac{17}{4}$$

よって　$a^2-b^2=4$　……①

$\left(\sqrt{bc}-\dfrac{c}{\sqrt{2}}\right)\left(\sqrt{bc}+\dfrac{c}{\sqrt{2}}\right)=3$ より

$$bc-\dfrac{c^2}{2}=3$$

よって　$2bc-c^2=6$　……②

$$\begin{aligned}(a+b-c)(a-b+c)&=\{a+(b-c)\}\{a-(b-c)\}\\&=a^2-(b-c)^2\\&=a^2-b^2+2bc-c^2\end{aligned}$$

①，②から，求める式の値は　$4+6=\boldsymbol{10}$

192 三平方の定理と空間図形　★★★★

答 (1) $\dfrac{9}{4}$　(2) $\dfrac{25\sqrt{10}}{8}$

考え方

(2) 断面は五角形になる。線分 PQ の中点を M とすると，この五角形の面積は四角形 SMQR の面積の 2 倍になる。

解説

(1) 右の図のように，E，S をとる。
　AP∥BE，
　AP＝1，
　AQ＝1，
　BQ＝3
　であるから
　　BE＝3
　平面 OBC 上で，点 B を通り直線 RS に平行な直線と，直線 OC との交点を T とする。

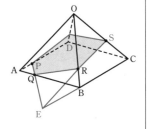

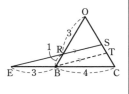

BT∥ES，BE＝3，CB＝4 であるから
　　ST：TC＝3：4
RS∥TB，OR＝3，RB＝1 であるから
　　OS：ST＝3：1＝9：3

したがって　　OS＝$4\times\dfrac{9}{9+3+4}=\dfrac{9}{4}$

(2) 線分 PQ の中点を M とする。断面は五角形になるが，その面積は四角形 SMQR の面積の 2 倍になる。
平面 OBC 上で，点 R から直線 OC に垂線 RV をひくと，△ORV は 3 つの角が 30°，60°，90° の直角三角形であるから

$$RV=\dfrac{3\sqrt{3}}{2},\quad OV=\dfrac{3}{2}$$

(1)から　　VS＝$\dfrac{9}{4}-\dfrac{3}{2}=\dfrac{3}{4}$

よって

$$RS=\sqrt{\left(\dfrac{3\sqrt{3}}{2}\right)^2+\left(\dfrac{3}{4}\right)^2}=\dfrac{3\sqrt{13}}{4}$$

平面 OBC 上で，点 S から直線 BC に垂線 SU をひくと，同様に

SC＝$\dfrac{7}{4}$ から　SU＝$\dfrac{7\sqrt{3}}{8}$，　CU＝$\dfrac{7}{8}$

EC＝7 から　　EU＝$7-\dfrac{7}{8}=\dfrac{49}{8}$

よって

$$ES=\sqrt{\left(\dfrac{7\sqrt{3}}{8}\right)^2+\left(\dfrac{49}{8}\right)^2}=\dfrac{7\sqrt{13}}{4}$$

また，MQ＝$\dfrac{\sqrt{2}}{2}$ であり，△BQE は直角二等辺三角形であるから　　QE＝$3\sqrt{2}$

△SME において，三平方の定理により

$$SM=\sqrt{\left(\dfrac{7\sqrt{13}}{4}\right)^2-\left(\dfrac{\sqrt{2}}{2}+3\sqrt{2}\right)^2}$$

$$=\dfrac{7\sqrt{5}}{4}$$

点 R から直線 QE に垂線 RW をひくと
　　SR：SE
　　$=\dfrac{3\sqrt{13}}{4}:\dfrac{7\sqrt{13}}{4}$
　　$=3:7$

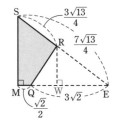

であるから

$$\text{RW} = \frac{4}{3+4} \times \text{SM}$$

$$= \frac{4}{7} \times \frac{7\sqrt{5}}{4} = \sqrt{5}$$

よって，四角形 SMQR の面積は

△SME−△RQE

$$= \frac{1}{2} \times \left(\frac{\sqrt{2}}{2} + 3\sqrt{2} \right) \times \frac{7\sqrt{5}}{4}$$

$$- \frac{1}{2} \times 3\sqrt{2} \times \sqrt{5}$$

$$= \frac{25\sqrt{10}}{16}$$

したがって，求める面積は $\dfrac{25\sqrt{10}}{8}$

193 放物線と直線 ★★★★

答 (1) $\left(8, \dfrac{64}{3} \right)$　(2) $\left(-7, \dfrac{49}{3} \right)$

(3) $\left(5, \dfrac{25}{3} \right)$,

$\left(3-\sqrt{46}, \dfrac{55}{3}-2\sqrt{46} \right)$,

$\left(3+\sqrt{46}, \dfrac{55}{3}+2\sqrt{46} \right)$

考え方

(1), (2) 知っておくと便利！ (→p.17) を利用。

(3) 面積が等しい三角形

底辺を共有 → 高さが等しい

△APC と △ABC は底辺を共有し，面積が等しいときは高さも等しい。よって，点 P は点 B を通り直線 AC に平行な直線上にある。ただし，この問題では点 P が直線 AC の下側だけでなく，上側にもあることに注意する。

解説

(1) 直線 AB の傾きは

$$\left(\frac{1}{3} - \frac{4}{3} \right) \div \{ 1-(-2) \} = -\frac{1}{3}$$

点 C の座標を $\left(c, \dfrac{1}{3}c^2 \right)$ とすると，直線 BC の傾きは

$$\left(\frac{1}{3}c^2 - \frac{1}{3} \right) \div (c-1) = \frac{1}{3}(c+1)$$

AB⊥BC から　$-\dfrac{1}{3} \times \dfrac{1}{3}(c+1) = -1$

これを解くと　$c=8$

よって，点 C の座標は $\left(8, \dfrac{64}{3} \right)$

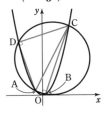

(2) A, B, C, D は同一円周上にあるから

∠ADC
$=180°-∠$ABC
$=90°$

点 D の座標を $\left(d, \dfrac{1}{3}d^2 \right)$ とすると，直線 AD の傾きは

$$\left(\frac{1}{3}d^2 - \frac{4}{3} \right) \div (d+2) = \frac{1}{3}(d-2)$$

直線 CD の傾きは

$$\left(\frac{1}{3}d^2 - \frac{64}{3} \right) \div (d-8) = \frac{1}{3}(d+8)$$

AD⊥CD から

$$\frac{1}{3}(d-2) \times \frac{1}{3}(d+8) = -1$$

整理すると　$d^2+6d-7=0$
$(d-1)(d+7)=0$ から　$d=1, -7$
$d \neq 1$ から　$d=-7$

よって，点 D の座標は $\left(-7, \dfrac{49}{3} \right)$

(3) 直線 AC の傾きは 2 であるから，点 B を通り，直線 AC に平行な直線 ℓ の式を $y=2x+b$ とおくと

$$\frac{1}{3} = 2+b$$

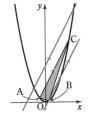

すなわち　$b=-\dfrac{5}{3}$

よって，直線 ℓ の式は　$y=2x-\dfrac{5}{3}$

点 P の x 座標は $\dfrac{1}{3}x^2 = 2x - \dfrac{5}{3}$ の解で表される。これを解くと　$x=1, 5$
$x \neq 1$ より　$x=5$

よって，点 P の座標は $\left(5, \dfrac{25}{3} \right)$

直線 AC の式を $y=2x+e$ とおくと，点

A は直線 AC 上にあることから

$$\frac{4}{3} = -4 + e \qquad \text{よって} \quad e = \frac{16}{3}$$

点 P が直線 AC に関して点 B と反対側にある場合，直線 AC に平行な直線の式を $y = 2x + f$ とおくと，切片について

$$f - \frac{16}{3} = \frac{16}{3} - \left(-\frac{5}{3} \right)$$

よって $\quad f = \frac{37}{3}$

すなわち，直線の式は $\quad y = 2x + \frac{37}{3}$

したがって，$y = 2x + \frac{37}{3}$ と $y = \frac{1}{3}x^2$ の交点も点 P となる。

点 P の x 座標は $\frac{1}{3}x^2 = 2x + \frac{37}{3}$ の解で表されるから $\quad x^2 - 6x - 37 = 0$

これを解くと $\quad x = 3 \pm \sqrt{46}$

よって，点 P の座標は

$$\left(3 - \sqrt{46}, \; \frac{55}{3} - 2\sqrt{46} \right),$$

$$\left(3 + \sqrt{46}, \; \frac{55}{3} + 2\sqrt{46} \right)$$

194 三平方の定理と平面図形 ★★★

📘 (1) 12　　(2) $\frac{3}{2}x + 12$　　(3) 216

考え方

(1) △AOP∽△RLA より，OA：LR を求める。

(3) 与えられた等式において，(2) で左辺の QM+RN を x の式で表しているから，右辺の QK+RL を x の式で表し，x の値，すなわち線分 OP の長さを求める。

解説

(1) △AOP と △RLA において

$$\angle AOP = \angle RLA = 90°$$
$$\angle OAP = 180° - 90° - \angle LAR$$
$$= 90° - \angle LAR = \angle LRA$$

2 組の角がそれぞれ等しいから

$$△AOP \backsim △RLA$$

よって $\quad OA : LR = OP : LA$

OA = a (cm) とすると

$$a : 9 = 8 : (18 - a)$$

よって $\quad a^2 - 18a + 72 = 0$

これを解くと $\quad a = 6, \; 12$

AP > AR であるから $\quad a = 12$

よって $\quad OA = \mathbf{12}$ (cm)

(2) (1) から $\quad OP : LA = 4 : 3$

すなわち，$x : LA = 4 : 3$ から

$$LA = \frac{3}{4}x$$

さらに，△RLA≡△PMQ であるから

$$QM + RN = LA + LO$$
$$= \frac{3}{4}x + \left(\frac{3}{4}x + 12 \right) = \mathbf{\frac{3}{2}x + 12}$$

(3) $QK + RL = (OP + PM) + RL$
$$= OP + 2RL$$

ここで $\quad RL : AO = 3 : 4$

RL : 12 = 3 : 4 から $\quad RL = 9$ (cm)

よって $\quad QK + RL = x + 18$ (cm)

(2) から $\quad \frac{3}{2}x + 12 = x + 18$

これを解くと $\quad x = 12$

したがって，AP = $12\sqrt{2}$ (cm)，AR = $9\sqrt{2}$ (cm) であるから，求める面積は $\quad 12\sqrt{2} \times 9\sqrt{2} = \mathbf{216}$ (cm²)

195 確率 ★★★

📘 (1) $\frac{7}{216}$　　(2) $\frac{13}{108}$　　(3) $\frac{5}{24}$

考え方

(3) c が 5 の倍数のとき，偶数のとき，5 の倍数でも偶数でもないときの 3 つの場合に分けて考える。

解説

さいころの目の出方は全部で

$$6 \times 6 \times 6 = 216 \; (\text{通り})$$

(1) $25 = 5^2$, $2 \le a + b \le 12$, $1 \le c \le 6$ より，N が 25 の倍数となるとき，$a + b$, c はともに 5 の倍数である。

これを満たす a, b, c の組 (a, b, c) は

(1, 4, 5), (2, 3, 5), (3, 2, 5),
(4, 1, 5), (4, 6, 5), (5, 5, 5),
(6, 4, 5) の 7 通り。

よって，求める確率は $\quad \frac{7}{216}$

(2) $15 = 3 \times 5$, $2 \leqq a+b \leqq 12$, $1 \leqq c \leqq 6$

　[1] $a+b$ が 3 の倍数，c が 5 の倍数のとき

　　$a+b$ が 3 の倍数となるような a，b の組 (a, b) は

　　$(1, 2)$, $(2, 1)$, $(1, 5)$, $(2, 4)$, $(3, 3)$, $(4, 2)$, $(5, 1)$, $(3, 6)$, $(4, 5)$, $(5, 4)$, $(6, 3)$, $(6, 6)$ の 12 通り。

　　c が 5 の倍数となるのは $c=5$ の 1 通りである。

　　a，b の組 12 通りにそれぞれ c が 1 通り考えられるから　12 通り

　[2] $a+b$ が 5 の倍数，c が 3 の倍数のとき

　　$a+b$ が 5 の倍数となるような a，b の組 (a, b) は

　　$(1, 4)$, $(2, 3)$, $(3, 2)$, $(4, 1)$, $(4, 6)$, $(5, 5)$, $(6, 4)$ の 7 通り。

　　c が 3 の倍数となるのは $c=3$, 6 の 2 通り。

　　a，b の組 7 通りに，それぞれ c が 2 通り考えられるから

　　　　　　$7 \times 2 = 14$（通り）

　よって，求める確率は　　$\dfrac{12+14}{216} = \dfrac{13}{108}$

(3) $10 = 2 \times 5$, $2 \leqq a+b \leqq 12$, $1 \leqq c \leqq 6$

　[1] c が 5 の倍数のとき

　　$a+b$ が偶数であれば N は 10 の倍数となる。$a+b$ が偶数となるような a，b の組 (a, b) は

　　$(1, 1)$, $(1, 3)$, $(1, 5)$, $(2, 2)$, $(2, 4)$, $(2, 6)$, $(3, 1)$, $(3, 3)$, $(3, 5)$, $(4, 2)$, $(4, 4)$, $(4, 6)$, $(5, 1)$, $(5, 3)$, $(5, 5)$, $(6, 2)$, $(6, 4)$, $(6, 6)$ の 18 通り。

　　c が 5 の倍数となるのは $c=5$ の 1 通り。

　　よって　　18 通り

　[2] c が偶数のとき

　　$a+b$ が 5 の倍数であれば N は 10 の倍数となる。$a+b$ が 5 の倍数となるような a，b の組は，(2) より 7 通り。c が偶数となるのは $c=2$, 4, 6 の 3 通り。

　　a，b の組 7 通りにそれぞれ c が 3 通り

考えられるから　　$7 \times 3 = 21$（通り）

　[3] c が 5 の倍数でも偶数でもないとき

　　$a+b$ が 10 の倍数であれば N は 10 の倍数となる。$a+b$ が 10 の倍数となるような a，b の組 (a, b) は $(4, 6)$, $(5, 5)$, $(6, 4)$ の 3 通り。

　　c が 5 の倍数でも偶数でもないのは $c=1$, 3 の 2 通り。

　　a，b の組 3 通りにそれぞれ c が 2 通り考えられるから　　$3 \times 2 = 6$（通り）

　よって，求める確率は

　　　　$\dfrac{18+21+6}{216} = \dfrac{5}{24}$

第 10 回　　　→ 本冊 p.82〜83

196

答 (1)　2

　　(2)　$(x-8y+4z)(x+4y-2z)$

196 (1)　平方根の計算　★★☆☆

解説

$\dfrac{\sqrt{3}+1}{\sqrt{2}} = x$, $\dfrac{\sqrt{3}-1}{\sqrt{2}} = y$ とおくと

$\left(\dfrac{\sqrt{3}+1}{\sqrt{2}}\right)^2 - 2\left(\dfrac{\sqrt{3}+1}{\sqrt{2}}\right)\left(\dfrac{\sqrt{3}-1}{\sqrt{2}}\right)$

$\qquad + \left(\dfrac{\sqrt{3}-1}{\sqrt{2}}\right)^2$

$= x^2 - 2xy + y^2 = (x-y)^2$

$= \left(\dfrac{\sqrt{3}+1}{\sqrt{2}} - \dfrac{\sqrt{3}-1}{\sqrt{2}}\right)^2 = \left(\dfrac{2}{\sqrt{2}}\right)^2 = \mathbf{2}$

196 (2)　因数分解　★★★☆

解説

$(x-6y+3z)(x+2y-z)$

$\quad + 5z(4y-z) - 20y^2$

$= \{x-3(2y-z)\}\{x+(2y-z)\}$

$\quad + 20yz - 5z^2 - 20y^2$

$= \{x-3(2y-z)\}\{x+(2y-z)\} - 5(2y-z)^2$

ここで，$2y-z = M$ とおくと

$\quad (x-3M)(x+M) - 5M^2$

$= x^2 - 2Mx - 8M^2$

$= (x-4M)(x+2M)$

よって　　$\{x-4(2y-z)\}\{x+2(2y-z)\}$
　　　　　$=(\boldsymbol{x-8y+4z})(\boldsymbol{x+4y-2z})$

197　連立方程式の利用　★★★☆

答 (1)　20 円　　　(2)　(ア)　$2x+y=2500$
　　(イ)　$z=1100$

考え方

(2)(ア)　1 日目との差額から，2 日目は，商品 X に値引きが適用されるだけでなく，商品 Y の値引き額が 1 日目より高いことがわかる。

解説

(1)　$400×0.05=\boldsymbol{20}$(円)

(2)　(ア)　$x<500$ である。
　　$y≧2000$ とすると 10 % の値引きがあり，X と Y をまとめて買ったときも 10 % の値引きがある。2 日目は 1 日目よりも 125 円安く買えたから，X のみの値引き額が 125 円となる。
　　$x<500$ より，これはありえない。
　　よって　　$500≦y<2000,\ x+y≧2000$
　　したがって
　　　　$x+0.95y-(x+y)×0.9=125$
　　整理すると　　$\boldsymbol{2x+y=2500}$　……①

(イ)　4 日目は 3 日目よりも 180 円安く買えたから
　　$x+0.95y+0.95z-(x+y+z)×0.9$
　　　$=180$
　　整理すると　$2x+y+z=3600$　……②
　　① を ② に代入すると
　　　　　　$2500+z=3600$
　　よって　　　$\boldsymbol{z=1100}$
　　これは問題に適している。

198　規則性　★★★★

答 (1)　$pq=n^2$

(2)　$\dfrac{1}{7}+\dfrac{1}{42},\ \dfrac{1}{8}+\dfrac{1}{24},\ \dfrac{1}{9}+\dfrac{1}{18},$

　　　$\dfrac{1}{10}+\dfrac{1}{15},\ \dfrac{1}{12}+\dfrac{1}{12}$

(3)　25 通り

考え方

(3)　$\dfrac{1}{216}=\dfrac{1}{216+p}+\dfrac{1}{216+q}$　$(p≦q)$ と表せるとする。(1)から pq の値を求め，これを満たす自然数の組 $(p,\ q)$ を考える。

解説

(1)　$\dfrac{1}{n+p}+\dfrac{1}{n+q}=\dfrac{2n+p+q}{(n+p)(n+q)}$
　　よって　　$\dfrac{1}{n}=\dfrac{2n+p+q}{(n+p)(n+q)}$
　　この両辺に $n(n+p)(n+q)$ をかけると
　　　　$(n+p)(n+q)=n(2n+p+q)$
　　整理すると　　$\boldsymbol{pq=n^2}$

(2)　$\dfrac{1}{6}=\dfrac{1}{6+p}+\dfrac{1}{6+q}$　$(p≦q)$ と表される
　　とすると，(1)から　　$pq=36$
　　これを満たす自然数の組 $(p,\ q)$ は
　　$(1,\ 36),\ (2,\ 18),\ (3,\ 12),\ (4,\ 9),\ (6,\ 6)$
　　よって　　$\dfrac{1}{7}+\dfrac{1}{42},\ \dfrac{1}{8}+\dfrac{1}{24},\ \dfrac{1}{9}+\dfrac{1}{18},$
　　　$\dfrac{1}{10}+\dfrac{1}{15},\ \dfrac{1}{12}+\dfrac{1}{12}$

(3)　$\dfrac{1}{216}=\dfrac{1}{216+p}+\dfrac{1}{216+q}$　$(p≦q)$ と表されるとすると，(1)から
　　　　$pq=216^2=2^6×3^6$
　　これを満たす自然数の組 $(p,\ q)$ の数は，$p≦q$ となる自然数 p を考えればよい。
　　よって
　　　$1×1,\ 1×3,\ 1×3^2,\ 1×3^3,\ 1×3^4,$
　　　$2×1,\ 2×3,\ 2×3^2,\ 2×3^3,\ 2×3^4,$
　　　$2^2×1,\ 2^2×3,\ 2^2×3^2,\ 2^2×3^3,$
　　　$2^3×1,\ 2^3×3,\ 2^3×3^2,\ 2^3×3^3,$
　　　$2^4×1,\ 2^4×3,\ 2^4×3^2,$
　　　$2^5×1,\ 2^5×3,$
　　　$2^6×1,\ 2^6×3$
　　したがって，全部で　　**25 通り**

199　三平方の定理と空間図形　★★★★

答 (1)　$\dfrac{12}{5}$ cm　　(2)　$\dfrac{12}{5}$ cm^3

(3)　$\dfrac{3\sqrt{7}}{4}≦l≦\dfrac{12}{5}$

考え方

(2) △CAM を 3 点 A, B, M をふくむ平面と垂直となるように回転させたとき, 点 P からこの平面にひいた垂線の長さは最大になるから, 四面体 PABM の体積も最大になる。

(3) 点 H は直線 CD 上を動き, H が D に一致するとき, l の値は最大になる。また, 点 H が辺 AB と直線 CD の交点に一致するとき, l の値は最小になる。

解説

(1) $AB^2 + CA^2 = BC^2$ より, △ABC は ∠A＝90° の直角三角形である。

点 A は点 M を中心, 線分 BC を直径とする円周上にあるから

$$AM = BM = \frac{5}{2} \text{ (cm)}$$

ここで

$$\triangle AMC = \frac{1}{2} \triangle ABC = \frac{1}{2} \times 6 = 3 \text{ (cm}^2)$$

一方, $\triangle AMC = \frac{1}{2} \times AM \times CD$ であるから

$$\frac{1}{2} \times \frac{5}{2} \times CD = 3$$

よって $CD = \dfrac{12}{5} \textbf{ (cm)}$

(2) △CAM を 3 点 A, B, M をふくむ平面と垂直となるように回転させたとき, 四面体 PABM の体積が最大になる。
(1) より, 求める最大の体積は

$$\frac{1}{3} \times 3 \times \frac{12}{5} = \frac{12}{5} \text{ (cm}^3)$$

(3) 点 H は直線 CD 上を動き, H が D に一致するとき, l の値は最大になり

$$l = \frac{12}{5}$$

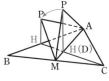

また, 点 H が辺 AB と直線 CD の交点に一致するとき, l の値は最小になる。

直線 CD と辺 AB の交点を E とする。

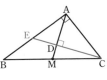

直角三角形 ADC において

$$AD = \sqrt{3^2 - \left(\frac{12}{5}\right)^2} = \frac{9}{5} \text{ (cm)}$$

△AEC∽△DAC から

$$AE : DA = CA : CD$$

$$AE : \frac{9}{5} = 3 : \frac{12}{5} \qquad AE = \frac{9}{4} \text{ (cm)}$$

H が E に一致するとき

$$PH = \sqrt{3^2 - \left(\frac{9}{4}\right)^2} = \frac{3\sqrt{7}}{4} \text{ (cm)}$$

l の値の範囲は $\dfrac{3\sqrt{7}}{4} \leq l \leq \dfrac{12}{5}$

200 放物線と直線 ★★★★

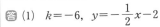

答 (1) $k = -6$, $y = -\dfrac{1}{2}x - 2$

(2) $\left(-\dfrac{4}{3}, -\dfrac{4}{3}\right)$

(3) (ア) $\left(\dfrac{4}{3}, -\dfrac{4}{3}\right)$

(イ) $\left(-\dfrac{10}{3}, 1\right)$, $\left(2, -\dfrac{5}{3}\right)$,

$\left(-\dfrac{2}{3}, -3\right)$, $\left(-6, -\dfrac{1}{3}\right)$

解説

(1) 点 C の座標は $(2, -3)$

点 C は双曲線 $y = \dfrac{k}{x}$ 上にあるから

$$-3 = \frac{k}{2} \qquad \text{すなわち} \quad \boldsymbol{k = -6}$$

よって, 点 A の座標は $(-6, 1)$

直線 AC の傾きは $-\dfrac{1}{2}$ であるから, 直線 AC の式は $y = -\dfrac{1}{2}x + b$ とおける。

点 A$(-6, 1)$ を通るから

$$1 = -\frac{1}{2} \times (-6) + b$$

よって $b = -2$

したがって, 求める直線の式は

$$\boldsymbol{y = -\frac{1}{2}x - 2}$$

(2) 放物線 $y=ax^2$ は点 $(2, -3)$ を通るから

$$-3=a \times 2^2 \quad \text{よって} \quad a=-\frac{3}{4}$$

点 E の x 座標は $-\frac{3}{4}x^2 = -\frac{1}{2}x-2$ の

解で表される。

これを解くと $\quad x=2, \ -\frac{4}{3}$

よって, 点 E の座標は $\left(-\frac{4}{3}, \ -\frac{4}{3}\right)$

(3) (ア) 2点 E, F は y 軸に関して対称で

あるから, 点 F の座標は $\left(\dfrac{4}{3}, \ -\dfrac{4}{3}\right)$

(イ) △CEP の
面積と
△CEF の面
積が等しくな
る点 P は, 右
の図のように
4 点考えられ
る。

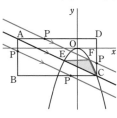

点 F を通り, 直線 AC に平行な直線の

式を $y=-\frac{1}{2}x+c$ とおくと

$$-\frac{4}{3}=-\frac{1}{2} \times \frac{4}{3}+c$$

よって $\quad c=-\frac{2}{3}$

すなわち $\quad y=-\frac{1}{2}x-\frac{2}{3}$

したがって, 辺 AD, DC 上にある点 P
の座標はそれぞれ

$$\left(-\frac{10}{3}, \ 1\right), \left(2, \ -\frac{5}{3}\right)$$

次に, 点 P が直線 AC に関して点 F と
反対側にある場合, その直線の式を

$y=-\frac{1}{2}x+d$ とおくと, 切片について

$$-2-d=-\frac{2}{3}-(-2)$$

よって $\quad d=-\frac{10}{3}$

すなわち $\quad y=-\frac{1}{2}x-\frac{10}{3}$

したがって, 辺 BC, AB 上にある点 P
の座標はそれぞれ

$$\left(-\frac{2}{3}, \ -3\right), \left(-6, \ -\frac{1}{3}\right)$$

▶ 第 11 回   → 本冊 p.84～85

201

> **答** (1) (ア) $\dfrac{25}{7}$ (イ) $2-\dfrac{5\sqrt{7}}{7}$
>
>   (2) $\dfrac{28\sqrt{14}}{3}$

201 (1) **平方根の応用** ★★☆☆

解説

(ア) $(1-0.02) \div (-0.1) \times \left(-\dfrac{5}{7}\right)^3$

$=(-9.8) \times \left(-\dfrac{125}{343}\right)$

$=\dfrac{98}{10} \times \dfrac{125}{343} = \dfrac{25}{7}$

(イ) $-\sqrt{(1-0.02) \div (-0.1) \times \left(-\dfrac{5}{7}\right)^3}$

$=-\sqrt{\dfrac{25}{7}} = -\dfrac{5\sqrt{7}}{7}$

$1 < \dfrac{25}{7} < 4$ から $\quad 1 < \dfrac{5\sqrt{7}}{7} < 2$

すなわち $\quad -2 < -\dfrac{5\sqrt{7}}{7} < -1$

よって, 小数部分は

$$-\dfrac{5\sqrt{7}}{7}-(-2)=2-\dfrac{5\sqrt{7}}{7}$$

201 (2) **三平方の定理と空間図形** ★★★☆

解説

正四角錐の 1 辺の長さを a とする。

1 辺の長さが a の正三角形の面積は

$$\frac{1}{2} \times a \times \left(a \times \frac{\sqrt{3}}{2}\right) = \frac{\sqrt{3}}{4}a^2$$

よって, この正四角錐の表面積は

$$\frac{\sqrt{3}}{4}a^2 \times 4 + a^2 = (\sqrt{3}+1)a^2$$

$(\sqrt{3}+1)a^2 = 28(\sqrt{3}+1)$ から $\quad a^2=28$

$a>0$ であるから $\quad a=2\sqrt{7}$

1辺の長さが $2\sqrt{7}$ の正四角錐において，底面の対角線の長さは $2\sqrt{7} \times \sqrt{2} = 2\sqrt{14}$ であるから，高さを h とすると

$$h = \sqrt{(2\sqrt{7})^2 - (\sqrt{14})^2} = \sqrt{14}$$

したがって，求める体積は

$$\frac{1}{3} \times (2\sqrt{7} \times 2\sqrt{7}) \times \sqrt{14} = \frac{28\sqrt{14}}{3}$$

202 放物線と直線　★★★☆

答 (1) $(2, 4)$ 　　(2) $(4, 16)$

　　 (3) 700π 　　(4) $\dfrac{1924}{25}\pi$

考え方 (3), (4) 💡 体積は 大きくつくって余分をけずる

解説
(1) 点 A の座標は $(-1, 1)$
　　点 A を通り傾きが 1 の直線 ② の式は
　　　　　　$y = x + 2$
　　点 B の x 座標は $x + 2 = x^2$ の解で表される。これを解くと　$x = -1, 2$
　　よって，点 B の座標は　**$(2, 4)$**
(2) 点 B を通り傾きが -1 の直線 ③ の式は　　　　$y = -x + 6$
　　点 C の x 座標は $-x + 6 = x^2$ の解で表される。これを解くと　$x = -3, 2$
　　よって，点 C の座標は　$(-3, 9)$
　　点 C を通り傾きが 1 の直線 ④ の式は
　　　　　　$y = x + 12$
　　点 D の x 座標は $x + 12 = x^2$ の解で表される。これを解くと　$x = -3, 4$
　　よって，点 D の座標は　**$(4, 16)$**
(3) 直線 ④ と x 軸の交点を E，点 D から x 軸に垂線をひき，x 軸との交点を F とする。E$(-12, 0)$ であるから
　　　　$EF = 4 - (-12) = 16$
　　△OCD を x 軸の周りに 1 回転させてできる立体は，△DEF を x 軸の周りに 1 回転させてできる立体から，△ODF と △OCE を x 軸の周りに 1 回転させてできる立体を除いたものである。
　　よって，求める立体の体積は

$$\frac{1}{3} \times \pi \times 16^2 \times 16$$

$$- \left(\frac{1}{3} \times \pi \times 16^2 \times 4 + \frac{1}{3} \times \pi \times 9^2 \times 12 \right)$$

$$= 700\pi$$

(4) 点 $(0, 16)$ を G，点 $(0, 12)$ を H，点 $(3, 9)$ を I とする。また，直線 $y = -x + 12$ と直線 OD の交点を J とすると，点 J の x 座標は $\dfrac{12}{5}$ である。
　　△OCD を y 軸の周りに 1 回転させてできる立体は，△ODG と △OIH を y 軸の周りに 1 回転させてできる立体から，△DGH と △OJH を y 軸の周りに 1 回転させてできる立体を除いたものである。
　　よって，求める立体の体積は

$$\frac{1}{3} \times \pi \times 4^2 \times 16 + \frac{1}{3} \times \pi \times 3^2 \times 12$$

$$- \left\{ \frac{1}{3} \times \pi \times 4^2 \times 4 + \frac{1}{3} \times \pi \times \left(\frac{12}{5} \right)^2 \times 12 \right\}$$

$$= \frac{1924}{25}\pi$$

203 連立方程式の利用　★★★☆

答 $x = 18, \ y = 4$

考え方
学校から会場まで行くのにかかった時間を，先生の車，最初に車に乗った6人，途中で車に乗った6人の3つの場合に分けて x, y の式で表し，連立方程式をつくる。

解説
学校から会場まで行くのにかかった時間を，次の3つの場合に分けて x, y の式で表す。
[1] 先生の車は

$$\left(\frac{x}{40} + \frac{x-y}{40} + \frac{22-y}{40} \right) \text{時間}$$

[2] 最初に車に乗った6人は

$$\left(\frac{x}{40} + \frac{22-x}{5} \right) \text{時間}$$

[3] 途中で車に乗った6人は

$$\left(\frac{y}{5} + \frac{22-y}{40} \right) \text{時間}$$

この3つの式で連立方程式をつくると

$$\begin{cases} \dfrac{x}{40} + \dfrac{22-x}{5} = \dfrac{x}{40} + \dfrac{x-y}{40} + \dfrac{22-y}{40} \\ \dfrac{x}{40} + \dfrac{22-x}{5} = \dfrac{y}{5} + \dfrac{22-y}{40} \end{cases}$$

式を順に ①，② とおくと

①×40 から

$x + 8(22-x) = x + x - y + 22 - y$

整理すると　　　$9x - 2y = 154$　……③

②×40 から

$x + 8(22-x) = 8y + 22 - y$

整理すると　　　$x + y = 22$　　　……④

③+2×④ から

$11x = 198$　　　よって　$x = 18$

これと④から　　　$y = 4$

これらは問題に適している。

204 場合の数 ★★★★

答 (1)　6通り　　　(2)　16通り

　　(3)　70通り

考え方
(2)　1回～5回で終了する場合のそれぞれに対して，目の出方を数える。

(3)　5回のさいころの目の和が10になる場合を考え，そのそれぞれに対して，目の出方を数える。ただし，途中で目の和が5になる場合は数えないことに注意する。

解説
(1)　1回目に5以外の目が出て，2回の目の和が5または10になるときであるから

　　　(1回目, 2回目)=(1, 4), (2, 3), (3, 2), (4, 1), (4, 6), (6, 4)の**6通り**。

(2)　1回で終了する場合

　　　目の出方は5の1通り。

　　　2回で終了する場合

　　　目の和が5となるときの4通り。

　　　3回で終了する場合

　　　目の和が5となる組は

　　　　　(1, 1, 3), (1, 2, 2)

　　　それぞれ3通りあるから6通り。

　　　4回で終了する場合

　　　目の和が5となる組は

　　　　　(1, 1, 1, 2)

　　　2が何回目に出るかで4通り。

5回で終了する場合

　　　5回とも1の目の場合で1通り。

以上から，全部で

　　　$1 + 4 + 6 + 4 + 1 = 16$（通り）

(3)　5回のさいころの目の和が10になる場合である。5つの目の和が10となる組は

　　　(1, 1, 1, 1, 6), (1, 1, 1, 2, 5),
　　　(1, 1, 1, 3, 4), (1, 1, 2, 2, 4),
　　　(1, 1, 2, 3, 3), (1, 2, 2, 2, 3),
　　　(2, 2, 2, 2, 2)

このそれぞれに対して，目の出方を数える。ただし，途中で目の和が5になる場合は除く。

(1, 1, 1, 1, 6) のとき

　　　6が何回目に出るかで5通り。

(1, 1, 1, 2, 5) のとき

　　　2と5がそれぞれ何回目に出るかで

　　　　　$5 \times 4 = 20$（通り）

　　　このうち，(5, 1, 1, 1, 2) や

　　　(1, 1, 1, 2, 5) のように，5が1回目と5回目に出る場合は途中で目の和が5になり，それぞれ4通りある。

　　　これらを除くと　　　$20 - 8 = 12$（通り）

(1, 1, 1, 3, 4) のとき

　　　(1, 1, 1, 2, 5) のときと同様に20通り。このうち，(1, 4) と (1, 1, 3) の並べ方でそれぞれ前と後にくる場合は途中で目の和が5になり，全部で

　　　　　$(2 \times 3) \times 2 = 12$（通り）

　　　ある。これを除くと

　　　　　$20 - 12 = 8$（通り）

(1, 1, 2, 2, 4) のとき

　　　(1, 1, 2, 2) の4つの数の並べ方が6通りで，そのそれぞれに対して4の並べ方が5通りあるから

　　　　　$6 \times 5 = 30$（通り）

　　　このうち，(1, 4) と (1, 2, 2) の並べ方で上と同様に12通りあり，これを除くと

　　　　　$30 - 12 = 18$（通り）

(1, 1, 2, 3, 3) のとき

　　　(1, 1, 2, 2, 4) のときと同様に考えて

18 通り

(1, 2, 2, 2, 3) のとき

(1, 1, 1, 3, 4) のときと同様に考えて
8 通り

(2, 2, 2, 2, 2) のとき　　1 通り。

以上から，求める目の出方は

$$5+12+8+18+18+8+1=\textbf{70}\ (通り)$$

205　平行線と線分の比　　★★★☆

答 (1) （点 S の位置）　線分 DC の中点

　　　（理由）　略

　　(2) ∠A $=180°-x$

考え方

(1) 中点連結定理を利用する。

(2) 点 A, P を頂点とする平行四辺形を考え，四角形 PQRS が平行四辺形であることを利用する。

解説

(1) △BED において，中点連結定理により

$$PQ /\!/ DB,\quad PQ=\frac{1}{2}DB$$

点 S を線分 DC の中点にとると，

△BCD において，中点連結定理により

$$SR /\!/ DB,\quad SR=\frac{1}{2}DB$$

よって，PQ $/\!/$ SR，PQ$=$SR が成り立つから，四角形 PQRS は平行四辺形である。したがって，点 S は**線分 DC の中点**の位置にとる。

(2) △DCE において，中点連結定理により

　　　PS $/\!/$ EC　すなわち　PS $/\!/$ AC

直線 PS と辺 AB の交点を T，直線 PQ と辺 AC の交点を U とすると，四角形 ATPU は，2 組の対辺がそれ

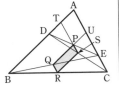

ぞれ平行であるから，平行四辺形である。

よって

$$\angle A=\angle TPU=\angle QPS=\textbf{180}°-\textbf{\textit{x}}$$

206

答 (1)　$n=45$　　　(2)　-2　　　(3)　$\dfrac{5}{6}$

206 (1)　素因数分解　　★★★☆

解説

k を自然数として

$$8864=nk^2+44$$

となればよい。ただし，$n>44$ である。

$nk^2=8820$ から　　$k^2=\dfrac{2^2\times3^2\times5\times7^2}{n}$

n は 2 桁の自然数で，$n>44$ であるから

$$n=3^2\times5=45$$

206 (2)　2 次方程式の解き方　　★★★☆

解説

$x^2-ax-2=0$ が $x=b$ を解にもつから

$$b^2-ab-2=0$$

すなわち　$b(b-a)=2$　……①

$x^2-bx-2=0$ が $x=c$ を解にもつから

$$c^2-bc-2=0$$

すなわち　$c(c-b)=2$　……②

① より，b，$b-a$ の組 $(b,\ b-a)$ は

　$(1,\ 2)$，$(2,\ 1)$，$(-1,\ -2)$，$(-2,\ -1)$

すなわち，a，b の組 $(a,\ b)$ は

　$(-1,\ 1)$，$(1,\ 2)$，$(1,\ -1)$，$(-1,\ -2)$

$(a,\ b)=(-1,\ 1)$ のとき

　$abc>0$ より　$c<0$　　② より　$c=-1$

　このとき，$a=c$ となり，問題に適さない。

$(a,\ b)=(1,\ 2)$ のとき

　$abc>0$ より　$c>0$

　このとき，② を満たす整数 c は存在しない。

$(a,\ b)=(1,\ -1)$ のとき

　$abc>0$ より　$c<0$　　② より　$c=-2$

　これは条件を満たす。

$(a,\ b)=(-1,\ -2)$ のとき

　$abc>0$ より　$c<0$

　このとき，② を満たす整数 c は存在しない。

以上より　　$c=\textbf{−2}$

考え方

$\sqrt{\dfrac{3b}{2a}}$ が無理数となるような場合の数が多いから，有理数となるような場合の数を考える。

解説

$$\sqrt{\frac{3b}{2a}}=\frac{\sqrt{3b}}{\sqrt{2a}}=\frac{\sqrt{6ab}}{2a}$$

$\sqrt{\dfrac{3b}{2a}}$ が無理数になるとは，$\dfrac{\sqrt{6ab}}{2a}$ が無理数になることであり，$\sqrt{6ab}$ が無理数になることと同じ意味である。

また，$\sqrt{6ab}$ が無理数になるとは，$\sqrt{6ab}$ が有理数にならないことであるから，$\sqrt{6ab}$ が有理数になるときを考える。

さいころの目の出方は　$6\times6=36$（通り）

$\sqrt{6ab}$ が有理数になるのは $ab=6\times1^2$，6×2^2 のときであるから，これを満たす組 (a, b) は $(1, 6)$，$(2, 3)$，$(3, 2)$，$(6, 1)$，$(4, 6)$，$(6, 4)$ の 6 通り。

よって，無理数になるのは

$$36-6=30 \text{（通り）}$$

したがって，求める確率は　$\dfrac{30}{36}=\dfrac{5}{6}$

207 放物線と直線 ★★★★

答 (1)　$(2, 2\sqrt{3})$　　(2)　$a=\dfrac{\sqrt{3}}{9}$

　　(3)　$(-2+2\sqrt{5},\ 6\sqrt{3}-2\sqrt{15})$

解説

(1) 点 B から x 軸に垂線 BH をひくと，

$\angle\text{BOH}=60°$ から　$\text{OH}:\text{BH}=1:\sqrt{3}$

点 B の座標を $\left(t, \dfrac{\sqrt{3}}{2}t^2\right)$ とすると

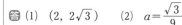

$$t:\frac{\sqrt{3}}{2}t^2=1:\sqrt{3}$$

$t>0$ であるから　　$t=2$

よって，点 B の座標は　$(2, 2\sqrt{3})$

(2) △OAB は正三角形で $\angle\text{APO}=90°$ であるから　　$\text{AP}=\text{BP}$

(1) より点 B の座標は $(2, 2\sqrt{3})$ であるから，点 A の座標は　$(4, 0)$

よって，点 P の座標は　　$(3, \sqrt{3})$

点 P は ② のグラフ上にあるから

$$\sqrt{3}=a\times3^2 \quad \text{よって}\quad a=\frac{\sqrt{3}}{9}$$

(3) 点 Q の座標を $\left(s, \dfrac{\sqrt{3}}{2}s^2\right)$ とすると，

OQ＝QP であるから，点 P の座標は

$$(2s, \sqrt{3}s^2)$$

$\sqrt{3}s^2=a\times(2s)^2$ から　$(4a-\sqrt{3})s^2=0$

$s\neq0$ であるから　　$4a-\sqrt{3}=0$

すなわち　　$a=\dfrac{\sqrt{3}}{4}$

直線 AB の式を $y=-\sqrt{3}x+b$ とすると，点 A を通ることから

$$0=-\sqrt{3}\times4+b$$

よって　　$b=4\sqrt{3}$

点 P の x 座標は　$\dfrac{\sqrt{3}}{4}x^2=-\sqrt{3}x+4\sqrt{3}$

の解で表される。

これを解くと　　$x=-2\pm2\sqrt{5}$

$x>0$ であるから　　$x=-2+2\sqrt{5}$

したがって，点 P の座標は

$$(-2+2\sqrt{5},\ 6\sqrt{3}-2\sqrt{15})$$

208 三平方の定理と平面図形 ★★★☆

答 (1)　$\dfrac{3}{28}a^2\ \text{cm}^2$　　(2)　$\dfrac{3\sqrt{2}}{2}a\ \text{cm}$

　　(3)　$\dfrac{1}{6}a^2\ \text{cm}^2$　　(4)　$3\sqrt{2}a\ \text{cm}$

考え方

(1) △GTC と △AGC，△AGC と △ABC の面積比を考える。

(3), (4) △EPQ，△FRS，△GTC の相似比を利用する。

解説

(1) AB∥DC から

$$\text{AT}:\text{TC}=\text{AG}:\text{JC}=3:1$$

$$\triangle\text{GTC}=\frac{1}{4}\triangle\text{AGC}=\frac{1}{4}\times\frac{6}{7}\times\triangle\text{ABC}$$

$$=\frac{3}{14}\times\frac{1}{2}\times a\times a=\frac{3}{28}a^2\ (\text{cm}^2)$$

(2) $CG = GJ = \sqrt{\left(\dfrac{1}{7}a\right)^2 + a^2}$

$\qquad = \dfrac{5\sqrt{2}}{7}a$ (cm)

$CT = \dfrac{1}{4}AC = \dfrac{1}{4} \times \sqrt{2}\,a = \dfrac{\sqrt{2}}{4}a$ (cm)

(1)から $\qquad GT : TJ = AG : JC = 3 : 1$

よって

$\qquad GT = \dfrac{3}{4}GJ = \dfrac{3}{4} \times \dfrac{5\sqrt{2}}{7}a$

$\qquad\qquad = \dfrac{15\sqrt{2}}{28}a$ (cm)

したがって，求める周の長さは

$\qquad \dfrac{5\sqrt{2}}{7}a + \dfrac{\sqrt{2}}{4}a + \dfrac{15\sqrt{2}}{28}a$

$\qquad = \dfrac{3\sqrt{2}}{2}\boldsymbol{a}$ **(cm)**

(3) $PE /\!/ RF /\!/ TG$，$EQ /\!/ FS /\!/ GC$ から

$\qquad \triangle EPQ \backsim \triangle FRS \backsim \triangle GTC$

相似比は

$\qquad EP : FR : GT = AE : AF : AG$

$\qquad\qquad\qquad\quad = 1 : 2 : 3$

よって，面積比は $\quad 1^2 : 2^2 : 3^2 = 1 : 4 : 9$

$\triangle GTC = S$ (cm²) とすると

$\triangle EPQ = \dfrac{1}{9}S$ (cm²)，$\triangle FRS = \dfrac{4}{9}S$ (cm²)

であるから

$\qquad \triangle EPQ + \triangle FRS + \triangle GTC$

$\qquad = \left(\dfrac{1}{9} + \dfrac{4}{9} + 1\right)S = \dfrac{14}{9} \times \dfrac{3}{28}a^2$

$\qquad = \dfrac{1}{6}\boldsymbol{a}^2$ **(cm²)**

(4) $\triangle GTC$ の周の長さを l cm とすると，求める周の長さの和は

$\qquad \left(\dfrac{1}{3} + \dfrac{2}{3} + 1\right)l = 2l = 2 \times \dfrac{3\sqrt{2}}{2}a$

$\qquad\qquad\qquad\qquad = 3\sqrt{2}\,\boldsymbol{a}$ **(cm)**

---

209 連立方程式の利用 ★★★☆

答 (1) りんご5個，みかん3個

(2) $x = 125$，$y = 95$

考え方

(1) りんごを a 個，みかんを b 個買う予定であったとして，方程式をつくる。

解説

(1) りんごを a 個，みかんを b 個買う予定であったとすると $\quad a + b = 8$ …… ①

また，条件から

$\qquad ax + by + 90 = a(x + 20) + b(y + 10) - 40$

整理すると $\quad 2a + b = 13$ …… ②

①，② を解くと $\quad a = 5$，$b = 3$

よって $\qquad$ **りんご5個，みかん3個**

(2) B店でりんごが2割引きであるとすると

$\qquad \dfrac{80}{100}(x + 20) = \dfrac{4}{5}x + 16$ (円)

B店でみかんの個数を1個増やして買うと

$\qquad 5\left(\dfrac{4}{5}x + 16\right) + 4(y + 10)$

$\qquad = 4x + 4y + 120$

A店で買う場合と合計金額が等しいから

$\qquad 5x + 3y + 90 = 4x + 4y + 120$

整理すると $\quad x - y = 30$ …… ③

次に，りんごとみかんの個数を逆にすると

$\qquad 4\left(\dfrac{4}{5}x + 16\right) + 5(y + 10)$

$\qquad = \dfrac{16}{5}x + 5y + 114$

よって

$\qquad 5x + 3y + 90 - 11 = \dfrac{16}{5}x + 5y + 114$

整理すると $\quad 9x - 10y = 175$ …… ④

③，④ を解くと $\quad \boldsymbol{x = 125}$，$\boldsymbol{y = 95}$

210 三平方の定理と空間図形 ★★★★

答 (1) ［図］3つの太線の三角形のいずれか

(2) $\dfrac{1}{2}$

(3) $\sqrt{3}$

考え方

(2) できる六面体は，2つの三角錐 D-ABC と D-BCF を合わせたものである。

(3) 六面体を3点 A，D，F を通る平面で切断したときの切断面について考える。

難関

第12回

123

(1) 図 1 の太線でかいた 3 つの三角形のうちいずれかである。

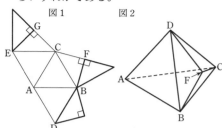

図 1　　　　図 2

(2) 展開図を組み立てると，図 2 のようになる。2 つの三角錐 D–ABC と D–BCF に分けて考える。

　[1] 三角錐 D–ABC について

　　点 D から平面 ABC に垂線 DH をひくと △HAB, △HBC, △HCA はすべて合同であるから

　　　　$\angle AHB = \angle BHC = \angle CHA = 120°$

　辺 BC の中点を M とすると，
　△BHM ≡ △CHM であり，△BHM は $\angle BHM = 60°$，$\angle BMH = 90°$ の直角三角形であるから

$$BH : \frac{\sqrt{2}}{2} = 2 : \sqrt{3} \qquad BH = \frac{\sqrt{6}}{3}$$

$$DH = \sqrt{(\sqrt{2})^2 - \left(\frac{\sqrt{6}}{3}\right)^2} = \frac{2\sqrt{3}}{3}$$

$$AM = \sqrt{(\sqrt{2})^2 - \left(\frac{\sqrt{2}}{2}\right)^2} = \frac{\sqrt{6}}{2}$$

　　よって，三角錐 D–ABC の体積は

$$\frac{1}{3} \times \left(\frac{1}{2} \times \sqrt{2} \times \frac{\sqrt{6}}{2}\right) \times \frac{2\sqrt{3}}{3} = \frac{1}{3}$$

　[2] 三角錐 D–BCF について

　　$\angle DFB = \angle DFC = 90°$ であるから，DF は底面の △BCF に垂直である。
　　$\angle BFC = 90°$ であるから，△BCF は直角三角形である。

　　よって，三角錐 D–BCF の体積は

$$\frac{1}{3} \times \left(\frac{1}{2} \times 1 \times 1\right) \times 1 = \frac{1}{6}$$

　[1]，[2] から，求める体積は

$$\frac{1}{3} + \frac{1}{6} = \frac{1}{2}$$

(3) 点 A，D，F を通る平面で切断すると点 M を通るから，右の図のようになる。

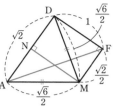

△MAD は二等辺三角形であるから

$$DN = \frac{\sqrt{2}}{2}$$

$$MN = \sqrt{\left(\frac{\sqrt{6}}{2}\right)^2 - \left(\frac{\sqrt{2}}{2}\right)^2} = 1$$

以上により，四角形 MFDN は長方形であるから　　$\angle ADF = 90°$
よって　　　$AF = \sqrt{(\sqrt{2})^2 + 1^2} = \sqrt{3}$

第 13 回　　→ 本冊 p.88〜89

211

🅐 (1) $x = -\dfrac{\sqrt{21}}{7}$，$y = \dfrac{2\sqrt{35}}{7}$

　(2) 64 番目

211 (1)　**根号をふくむ計算**　★★★☆

解説

$$\begin{cases} \sqrt{3}\,x + \sqrt{5}\,y = \sqrt{7} & \cdots\cdots ① \\ \dfrac{1}{\sqrt{3}}x + \dfrac{1}{\sqrt{5}}y = \dfrac{1}{\sqrt{7}} & \cdots\cdots ② \end{cases}$$

② の両辺に 3 をかけて整理すると

$$\sqrt{3}\,x + \frac{3\sqrt{5}}{5}y = \frac{3\sqrt{7}}{7} \qquad \cdots\cdots ③$$

①－③ から　　$\dfrac{2\sqrt{5}}{5}y = \dfrac{4\sqrt{7}}{7}$

よって　　$y = \dfrac{4\sqrt{7}}{7} \times \dfrac{5}{2\sqrt{5}} = \dfrac{2\sqrt{35}}{7}$

① に代入すると

$$\sqrt{3}\,x + \sqrt{5} \times \frac{2\sqrt{35}}{7} = \sqrt{7}$$

よって　　$\sqrt{3}\,x = -\dfrac{3\sqrt{7}}{7}$

したがって $x=-\dfrac{\sqrt{21}}{7}$

211 (2) 場合の数　★★★☆

考え方
まず，5桁の整数が1□□□□の形，2□□□□の形のときの場合の数を数える。次に，31□□□の形，32□□□の形のときの場合の数を数え，その後，34□□□の形の整数を具体的にあげて考える。

解説

5桁の整数が 1□□□□ の形のとき
$4\times3\times2\times1=24$（通り）
2□□□□ の形のとき，同様に 24 通り。
31□□□ の形のとき　$3\times2\times1=6$（通り）
32□□□ の形のとき，同様に 6 通り。
34□□□ の形のとき，小さい順に
34125, 34152, 34215, 34251, 34512,
34521 であるから，34251 は
$24\times2+6\times2+4=$**64**（番目）

212 放物線と直線　★★★★

答 (1) 5　(2) $\dfrac{75}{2}$

考え方
(2) 点 C から直線 BH にひいた垂線と BH との交点を Q とし，$\triangle ABC\equiv\triangle QBC$ であることを利用する。

解説

(1) 点 B の x 座標は $\dfrac{2}{9}x^2=\dfrac{4}{3}x+6$ の解
で表される。これを解くと　$x=-3,\ 9$
よって，点 B の座標は　$(-3,\ 2)$
点 B から y 軸にひいた垂線を考えると
$AB=\sqrt{3^2+(6-2)^2}=$**5**

(2) 点 C から直線 BH にひいた垂線と BH との交点を Q とし，直線 CQ と直線
$y=\dfrac{4}{3}x+6$ の交点を R とする。
$\triangle ABC$ と $\triangle QBC$ において
$\angle BAC=\angle BQC=90°,$
$\angle ABC=\angle QBC,\ BC=BC$
よって，$\triangle ABC\equiv\triangle QBC$ であるから
$BQ=BA=5$

したがって，点 Q の座標は　$(-3,\ -3)$
点 R の y 座標は -3 であるから
$$-3=\dfrac{4}{3}x+6\qquad よって\quad x=-\dfrac{27}{4}$$
よって，点 R の座標は　$\left(-\dfrac{27}{4},\ -3\right)$
点 C の座標を $(t,\ -3)$ とおき，
$\triangle BQC=\dfrac{1}{2}(\triangle ARC-\triangle BRQ)$ の両辺を
t で表すと
$$\dfrac{1}{2}\times(t+3)\times5$$
$$=\dfrac{1}{2}\times\left\{\dfrac{1}{2}\times\left(t+\dfrac{27}{4}\right)\times9-\dfrac{1}{2}\times\dfrac{15}{4}\times5\right\}$$
よって　$\dfrac{5}{2}t+\dfrac{15}{2}=\dfrac{9}{4}t+\dfrac{21}{2}$
これを解くと　　$t=12$
したがって
$$\triangle ABC=\triangle BQC=\dfrac{5}{2}\times12+\dfrac{15}{2}=\boldsymbol{\dfrac{75}{2}}$$

（参考）(2)では，**知っておくと便利！**
（→p.17）を用いて，直線 AC の式から
t の値を求めることもできる。

213 三平方の定理と平面図形　★★★★

答 (1) $2\sqrt{2}+\sqrt{6}$　(2) 2
　　(3) $2-\dfrac{3\sqrt{2}}{2}+\sqrt{3}-\dfrac{\sqrt{6}}{2}$

考え方
(2) 点 P から直線 OC にひいた垂線と，直線 OC との交点を J とする。$\triangle PCJ$ において，三平方の定理を利用する。
(3) $\triangle BPC$ の面積は，$\triangle OBP$ と $\triangle OPC$ の面積を合わせたものから，$\triangle OBC$ の面積を除いたものである。

解説

(1) $\angle AOB=360°\div8=45°$
であり，点 B から直線 OA にひいた垂線と，直線 OA との交点を I とすると，
$\triangle BOI$ は直角二等辺三角形であるから
$$BI=\dfrac{1}{\sqrt{2}}BO=\dfrac{\sqrt{2}+\sqrt{6}}{\sqrt{2}}$$
$$=1+\sqrt{3}$$

よって，△OAB の面積は

$$\frac{1}{2} \times OA \times BI$$

$$= \frac{1}{2} \times (\sqrt{2} + \sqrt{6}) \times (1 + \sqrt{3})$$

$$= \frac{1}{2} (4\sqrt{2} + 2\sqrt{6}) = \boldsymbol{2\sqrt{2} + \sqrt{6}}$$

(2) ∠AOC＝90°，∠AOP＝60° であるから ∠POC＝30° であり，点 P から直線 OC にひいた垂線と，直線 OC との交点を J とすると

$$PJ = \frac{1}{2} OP = \frac{\sqrt{6} + \sqrt{2}}{2}$$

$$OJ = \frac{\sqrt{3}}{2} OP = \frac{3\sqrt{2} + \sqrt{6}}{2}$$

$$CJ = OC - OJ$$

$$= \sqrt{2} + \sqrt{6} - \frac{3\sqrt{2} + \sqrt{6}}{2}$$

$$= \frac{\sqrt{6} - \sqrt{2}}{2}$$

よって

$$PC^2 = PJ^2 + CJ^2$$

$$= \left(\frac{\sqrt{6} + \sqrt{2}}{2}\right)^2 + \left(\frac{\sqrt{6} - \sqrt{2}}{2}\right)^2$$

$$= 4$$

PC＞0 より　　PC＝**2**

(3) △OBP におい
て，点 B から直線
OP にひいた垂線
と，直線 OP との
交点を K とする。
また，△OPC にお

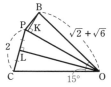

いて，点 O から直線 PC にひいた垂線と，直線 PC との交点を L とする。
点 L は線分 CP の中点であるから

$$\angle POL = \angle COL = 15°$$

$$\angle BOK = 45° - 15° \times 2 = 15°$$

仮定から　　OP＝OB
よって，直角三角形の斜辺と 1 つの鋭角がそれぞれ等しいから

$$\triangle OPL \equiv \triangle OBK$$

したがって　　$BK = PL = \frac{1}{2} \times PC = 1$

ここで

$$\triangle OBP = \frac{1}{2} \times OP \times BK$$

$$= \frac{\sqrt{2}}{2} + \frac{\sqrt{6}}{2}$$

また

$$\triangle OPC$$

$$= \frac{1}{2} \times OC \times PJ$$

$$= \frac{1}{2} \times (\sqrt{2} + \sqrt{6}) \times \frac{\sqrt{2} + \sqrt{6}}{2}$$

$$= 2 + \sqrt{3}$$

$$\triangle OBC = \triangle OAB = 2\sqrt{2} + \sqrt{6}$$

△BPC の面積は，△OBP と △OPC の面積を合わせたものから，△OBC の面積を除いたものである。
よって，求める面積は

$$\left(\frac{\sqrt{2}}{2} + \frac{\sqrt{6}}{2}\right) + (2 + \sqrt{3}) - (2\sqrt{2} + \sqrt{6})$$

$$= \boldsymbol{2 - \frac{3\sqrt{2}}{2} + \sqrt{3} - \frac{\sqrt{6}}{2}}$$

214　三平方の定理と空間図形　★★★★

答 (1) $\dfrac{4\sqrt{3}}{3}$　　(2) $\dfrac{2\sqrt{3}}{3}$

(3) $3 + \sqrt{13}$　　(4) $\dfrac{\sqrt{3}}{2}$

考え方
(1) 頂点 A から底面 BCDE に垂線 AH をひいて，AH の長さを求める。
(2) 辺 BC の中点を I，辺 DE の中点を J とし，△AIJ において AO の長さを求める。
(3) 四角形 BCPQ は QP∥BC，QB＝PC の台形であるから，4 辺の長さの和は QP＋BC＋PC×2 を求めればよい。
(4) 平面 BCPQ と面 AED の位置関係を確認する。

解説
(1) 正四角錐 A-BCDE の頂点 A から底面に垂線 AH をひくと，H は正方形 BCDE の対角線の交点である。

よって，BD$=2\sqrt{2}$ から　　BH$=\sqrt{2}$
$$\mathrm{AH}=\sqrt{(\sqrt{5})^2-(\sqrt{2})^2}=\sqrt{3}$$
求める体積は
$$\frac{1}{3}\times(2\times2)\times\sqrt{3}=\frac{4\sqrt{3}}{3}$$

(2) 辺 BC の中点を I，辺 DE の中点を J とすると
$$\mathrm{IJ}=\mathrm{CD}=2$$
$$\mathrm{AI}=\mathrm{AJ}=\sqrt{(\sqrt{5})^2-1^2}=2$$
よって，△AIJ は正三角形である。
AJ の中点を K とすると，△AOK は 3 つの角が 30°，60°，90° の直角三角形であるから
$$\mathrm{AO}=\mathrm{AK}\times\frac{2}{\sqrt{3}}=1\times\frac{2}{\sqrt{3}}=\frac{2\sqrt{3}}{3}$$

(3) (2)から，IK は 3 点 B，C，球の中心 O を通る平面上にあり，K は PQ 上の点である。
よって，点 P，Q はそれぞれ辺 AD，AE の中点であるから
$$\mathrm{PQ}=\frac{1}{2}\mathrm{ED}=1$$
また　　$\mathrm{IK}=\sqrt{2^2-1^2}=\sqrt{3}$
四角形 BCPQ は QP∥BC，QB=PC の台形になるから
$$\mathrm{PC}=\sqrt{(\sqrt{3})^2+\left(\frac{2-1}{2}\right)^2}=\frac{\sqrt{13}}{2}$$
したがって，4 辺の長さの和は
$$1+2+\frac{\sqrt{13}}{2}\times2=3+\sqrt{13}$$

(4) (3)より，IK⊥AJ，IK⊥PQ であるから，平面 BCPQ は面 AED と垂直に交わる。
四角形 BCPQ の面積は
$$\frac{1}{2}\times(1+2)\times\sqrt{3}=\frac{3\sqrt{3}}{2}$$
求める体積は
$$\frac{1}{3}\times\frac{3\sqrt{3}}{2}\times1=\frac{\sqrt{3}}{2}$$

215 式の計算の利用　　★★★★

(1) $f(15)=8$，$f(16)=8$，$f(17)=16$
(2) (ア) $f(p)=p-1$
(イ) $f(pq)=pq-p-q+1$
(ウ) $f(pq)=f(p)\times f(q)$，過程　略

考え方
(2)(イ) p，q は互いに異なる素数であるから，$f(pq)$ は pq までの数のうち p の倍数と q の倍数を除いた数の個数である。
(ウ) 因数分解を利用して，(イ)の結果を整理する。

解説
(1) 15 との最大公約数が 1 となる数は
　　1，2，4，7，8，11，13，14
16 との最大公約数が 1 となる数は
　　1，3，5，7，9，11，13，15
よって　　$f(15)=8$，$f(16)=8$
17 は素数であるから，17 との最大公約数が 1 となるのは 16 以下の自然数である。
よって　　$f(17)=16$

(2) (ア) p は素数であるから，p との最大公約数が 1 となるのは $p-1$ 以下の自然数である。
よって　　$f(p)=p-1$
(イ) p，q は互いに異なる素数であるから，$f(pq)$ は pq までの数のうち p の倍数と q の倍数を除いた数の個数である。

p の倍数は　　$\dfrac{pq}{p}=q$ （個）

q の倍数は　　$\dfrac{pq}{q}=p$ （個）

このとき，pq は 2 回数えていることに注意すると
$$f(pq)=pq-(p+q-1)$$
$$=pq-p-q+1$$
(ウ) $f(pq)=pq-p-q+1$
$$=p(q-1)-(q-1)$$
$$=(p-1)(q-1)$$
したがって　　$f(pq)=f(p)\times f(q)$

216

答 (1)　19　　(2)　(ア)　$(x-y)(x+y+2)$
　　(イ)　$(10, 8)$, $(6, 2)$

216 (1)　根号をふくむ式の計算　★★☆☆

解説

$$\frac{(5\sqrt{2}-2\sqrt{3})(2\sqrt{6}+7)}{\sqrt{2}}$$

$$-\frac{(3\sqrt{2}+2\sqrt{3})(5-\sqrt{6})}{\sqrt{3}}$$

$$=(5-\sqrt{6})(2\sqrt{6}+7)-(\sqrt{6}+2)(5-\sqrt{6})$$

$$=(5-\sqrt{6})(5+\sqrt{6})=\mathbf{19}$$

216 (2)　式の計算の利用　★★★☆

解説

(ア)　$x^2-y^2+2x-2y$
　　　$=(x+y)(x-y)+2(x-y)$
　　　$=\mathbf{(x-y)(x+y+2)}$

(イ)　$x^2-y^2+2x-2y-40=0$
　　(ア)から　　$(x-y)(x+y+2)-40=0$
　　すなわち　$(x-y)(x+y+2)=40$　…①
　　x, y は正の整数であるから，
　　$x+y+2>0$ より　　$x-y>0$
　　$(x+y+2)-(x-y)=2(y+1)>0$ から
　　　　$x+y+2>x-y$　……②
　　差が偶数であるから
　　$x-y$, $x+y+2$ はともに偶数，またはともに奇数である。　……③
　　①，②，③ から

$$\begin{cases} x-y=2 \\ x+y+2=20 \end{cases} \text{または} \begin{cases} x-y=4 \\ x+y+2=10 \end{cases}$$

　　これを解くと，順に
　　　$(x, y)=\mathbf{(10, 8)}$, $\mathbf{(6, 2)}$

217　確率　★★★☆

答 (1)　$\dfrac{1}{27}$　　(2)　$\dfrac{161}{2187}$

考え方

「PASS」という連続した文字と，どの文字が入ってもよい箇所を並べて，全体でどのような文字の並べ方があるのかパターンに分けて考える。
(2)では，重複する場合に注意する。

解説

□ にはどの文字が入ってもよいものとする。

(1)　6個の文字の並べ方は全部で　3^6 通り
　　「PASS」という連続した文字が並ぶとき
　　　　　PASS□□，□PASS□，
　　　　　□□PASS
　　の3種類の並べ方がある。
　　残りの文字は A, P, S のいずれでもよいから，その選び方は 3^2 通りある。

　　よって，求める確率は　　$\dfrac{3^2\times 3}{3^6}=\dfrac{1}{27}$

(2)　(1)と同様に考えると
　　[1]　PASS□□□□
　　[2]　□PASS□□□
　　[3]　□□PASS□□
　　[4]　□□□PASS□
　　[5]　□□□□PASS□
　　[6]　□□□□□PASS
　　の6種類の並べ方がある。
　　これらの並べ方はそれぞれ　3^5 通り
　　ただし
　　(A)　PASSPASS□
　　(B)　PASS□PASS
　　(C)　□PASSPASS
　　について，(A)は[1]と[5]，(B)は[1]と[6]，(C)は[2]と[6]に2回数えられているから，並べ方は全部で
　　　　$(3^5\times 6-3\times 3)$ 通り
　　よって，求める確率は

$$\frac{3^5\times 6-3\times 3}{3^9}=\frac{3^3\times 6-1}{3^7}=\frac{161}{2187}$$

218　2次方程式の利用　★★★★

答 (1)　15　　(2)　$(2, 6)$, $(3, 5)$

考え方

押し間違えたときの計算結果と押し間違えなかったときの計算結果の差を n を用いて表し，方程式をつくる。

解説

(1)　押し間違えたときの計算結果と押し間違えなかったときの計算結果の差は

$$n \times (n+1) - \{n + (n+1)\}$$
$$= n^2 + n - 2n - 1 = n^2 - n - 1$$
$1+2+3+\cdots\cdots+10=55$ であるから
$$11+12+13+\cdots\cdots+20=55+10\times10$$
$$=155$$
よって　$n^2 - n - 1 = 364 - 155$
すなわち　$n^2 - n - 210 = 0$
これを解くと　$n = -14,\ 15$
n は自然数であるから　$n = \mathbf{15}$

(2)　$1+2+3+\cdots\cdots+10=55$ であるから
$$m + (m+1) + (m+2) + \cdots\cdots + (m+9)$$
$$= (55-10) + 10m = 10m + 45$$
よって　$n^2 - n - 1 = 94 - (10m + 45)$
整理すると　$n(n-1) = 10(5-m)$
n, $n-1$ はともに 0 以上であるから,
$5-m$ は 0 以上の数である。
$m=1$ のとき
　　$n(n-1) = 40$
　　これを満たす自然数 n は存在しない。
$m=2$ のとき
　　$n(n-1) = 30$　　よって　$n=6$
$m=3$ のとき
　　$n(n-1) = 20$　　よって　$n=5$
$m=4$ のとき
　　$n(n-1) = 10$
　　これを満たす自然数 n は存在しない。
$m=5$ のとき
　　$n(n-1) = 0$　　よって　$n=1$
このうち,「$m=5$ のとき $n=1$」は和を
計算する 10 個の自然数の中に 1 がふ
くまれないから, 適さない。
したがって　　$(m, n) = (2,\ 6),\ (3,\ 5)$

219　三平方の定理と平面図形　★★★★

答 (1)　3　　(2)　略　　(3)　$7:6:3$

考え方
(1)　△AHQ と △ACP の関係を利用する。
(2)　4点 A, R, H, Q は 1 つの円周上にあるから
　　$\angle QRH = \angle QAH$
　　また, 4点 B, P, H, R も 1 つの円周上にある
　　から　$\angle PRH = \angle PBH$
　　これらと △ACP と △BCQ の関係を用いて
　　$\angle QRH = \angle PRH$ を示す。

(3)　点 H は △PQR の内心であるから
　　△PQH：△QRH：△RPH＝PQ：QR：RP
　　三角形の相似の関係を利用して, 線分 PQ, QR,
　　RP の長さを求める。

解説
(1)　△AHQ と △ACP において
　　$\angle HAQ = \angle CAP$
　　$\angle AQH = \angle APC = 90°$
　　よって, △AHQ∽△ACP であるから
　　AH：AC＝AQ：AP
　　AH＝x とすると　　$x:6 = 2:(x+1)$
　　$x^2 + x - 12 = 0$ から　$(x-3)(x+4)=0$
　　$x>0$ であるから　　$x=3$
　　したがって　　AH＝**3**

(2)　$\angle ARH = \angle AQH = 90°$ から, 4点 A,
　　R, H, Q は 1 つの円周上にある。
　　よって　　$\angle QRH = \angle QAH$　……①
　　次に, $\angle BRH = \angle BPH = 90°$ から, 4点
　　B, P, H, R は 1 つの円周上にある。
　　よって　　$\angle PRH = \angle PBH$　……②
　　ここで, △ACP と △BCQ において
　　$\angle ACP = \angle BCQ$
　　$\angle APC = \angle BQC = 90°$
　　よって, △ACP∽△BCQ であるから
　　$\angle CAP = \angle CBQ$　……③
　　①, ②, ③ から　　$\angle QRH = \angle PRH$
　　すなわち　$\angle QRC = \angle PRC$

(3)　(2)と同様に
　　$\angle RPA = \angle QPA$,
　　$\angle PQB = \angle RQB$
　　よって, 点 H は
　　△PQR の内心で
　　あるから

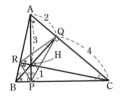

　　　　△PQH：△QRH：△RPH
　　＝PQ：QR：RP
　　また　　PC＝$\sqrt{6^2 - 4^2} = 2\sqrt{5}$
　　　　　　HQ＝$\sqrt{3^2 - 2^2} = \sqrt{5}$
　　　　　　HC＝$\sqrt{1^2 + (2\sqrt{5})^2} = \sqrt{21}$
　　次に, △AHQ∽△BHP であるから
　　AH：BH＝HQ：HP
　　$3:BH = \sqrt{5}:1$　　BH＝$\dfrac{3\sqrt{5}}{5}$

$$AQ:BP=HQ:HP$$
$$2:BP=\sqrt{5}:1 \qquad BP=\frac{2\sqrt{5}}{5}$$

$\triangle CHQ \backsim \triangle BHR$ であるから
$$QC:RB=CH:BH$$
$$4:RB=\sqrt{21}:\frac{3\sqrt{5}}{5}$$
$$RB=\frac{4\sqrt{105}}{35}$$

$\triangle CHP \backsim \triangle AHR$ であるから
$$CP:AR=CH:AH$$
$$2\sqrt{5}:AR=\sqrt{21}:3$$
$$AR=\frac{2\sqrt{105}}{7}$$

以上により
$$BC=BP+PC=\frac{2\sqrt{5}}{5}+2\sqrt{5}$$
$$=\frac{12\sqrt{5}}{5},$$
$$AB=AR+RB=\frac{2\sqrt{105}}{7}+\frac{4\sqrt{105}}{35}$$
$$=\frac{2\sqrt{105}}{5}$$

$\triangle AHB \backsim \triangle QHP$ であるから
$$BA:PQ=AH:QH$$
$$\frac{2\sqrt{105}}{5}:PQ=3:\sqrt{5}$$
$$PQ=\frac{2\sqrt{21}}{3}$$

$\triangle RHQ \backsim \triangle BHC$ であるから
$$QR:CB=HQ:HC$$
$$QR:\frac{12\sqrt{5}}{5}=\sqrt{5}:\sqrt{21}$$
$$QR=\frac{4\sqrt{21}}{7}$$

$\triangle CHA \backsim \triangle PHR$ であるから
$$AC:RP=HC:HP$$
$$6:RP=\sqrt{21}:1 \qquad RP=\frac{2\sqrt{21}}{7}$$

したがって
$$\triangle PQH:\triangle QRH:\triangle RPH$$
$$=PQ:QR:RP$$
$$=\frac{2\sqrt{21}}{3}:\frac{4\sqrt{21}}{7}:\frac{2\sqrt{21}}{7}=\boldsymbol{7:6:3}$$

---

220 三平方の定理と空間図形 ★★★☆

答 (1) $2\sqrt{11}$ (2) 16 (3) $\dfrac{6\sqrt{22}}{11}$

(4) $\dfrac{4\sqrt{2}}{3}$

考え方

(4) 点 R から辺 BF に垂線 RJ をひくと，四角錐 R-BFPC の体積について，
$$\frac{1}{3}\times(台形\ BFPC)\times RJ$$
$$=(もとの直方体の体積)\times\frac{1}{12}$$
が成り立つから，線分 RJ の長さが求められる。

解説

(1) $BE=4\sqrt{2}$ より $BQ=2\sqrt{2}$ であるから
$$CQ=\sqrt{(2\sqrt{2})^2+6^2}=\boldsymbol{2\sqrt{11}}$$

(2) $\dfrac{1}{3}\times\left(\dfrac{1}{2}\times4\times6\right)\times4=\boldsymbol{16}$

(3) $\triangle ACF=\dfrac{1}{2}\times AF\times CQ$
$$=\frac{1}{2}\times4\sqrt{2}\times2\sqrt{11}$$
$$=4\sqrt{22}$$

三角錐 B-ACF の底面を $\triangle ACF$ とすると，高さは BI であるから，三角錐 B-ACF の体積について
$$\frac{1}{3}\times4\sqrt{22}\times BI=16 から \qquad BI=\boldsymbol{\dfrac{6\sqrt{22}}{11}}$$

(4) 点 R から辺 BF に垂線 RJ をひく。
このとき，台形 BFPC を底面とする四角錐 R-BFPC の高さは，RJ である。
FP=3 であるから，立体の体積について
$$\frac{1}{3}\times\left\{\frac{1}{2}\times(6+3)\times4\right\}\times RJ$$
$$=(4\times4\times6)\times\frac{1}{12}$$
よって $RJ=\dfrac{4}{3}$

$\triangle RJF$ は直角二等辺三角形であるから
$$FR=\sqrt{2}\,RJ=\boldsymbol{\dfrac{4\sqrt{2}}{3}}$$

221

答 (1) A の速さ：毎時 16 km，B の速さ：毎時 $\dfrac{32}{3}$ km，PQ 間：10 km

(2) 11

221 (1) 連立方程式の利用 ★★★☆

解説

A，B の速さをそれぞれ毎時 x km，毎時 y km，PQ 間の距離を z km とする。

A，B が PQ 間にかかった時間について

$$\frac{z-2}{x}=\frac{z-2}{y}-\frac{15}{60}$$

すなわち $\dfrac{z-2}{y}-\dfrac{z-2}{x}=\dfrac{1}{4}$

A が B に追いついてから再び出会うまでに A，B が進んだ距離の合計は

$$2\times2=4\,(\text{km})$$

よって $\dfrac{9}{60}x+\dfrac{9}{60}y=4$

すなわち $x+y=\dfrac{80}{3}$

A が P に到着したとき，A，B が進んだ時間について

$$\frac{2z}{x}=\frac{2z-4}{y}-\frac{15}{60}$$

すなわち $\dfrac{z-2}{y}-\dfrac{z}{x}=\dfrac{1}{8}$

以上から
$$\begin{cases}\dfrac{z-2}{y}-\dfrac{z-2}{x}=\dfrac{1}{4} & \cdots\cdots ① \\[2mm] x+y=\dfrac{80}{3} & \cdots\cdots ② \\[2mm] \dfrac{z-2}{y}-\dfrac{z}{x}=\dfrac{1}{8} & \cdots\cdots ③\end{cases}$$

① $-$ ③ から $\dfrac{2}{x}=\dfrac{1}{8}$ よって $x=16$

② に代入すると

$$16+y=\frac{80}{3}\quad\text{よって}\quad y=\frac{32}{3}$$

$x=16$，$y=\dfrac{32}{3}$ を ① に代入すると

$$(z-2)\div\frac{32}{3}-\frac{(z-2)}{16}=\frac{1}{4}$$

整理すると $z-2=8$ よって $z=10$

したがって，

A，B の速さはそれぞれ

毎時 16 km，毎時 $\dfrac{32}{3}$ km

PQ 間は 10 km

221 (2) 円 ★★★☆

考え方

点 O を中心とする円を考える。

解説

直線 CO と円の交点のうち，C でない方を E とする。

$\triangle$ACD と $\triangle$EBD において

$$\angle CAD=\angle BED$$
$$\angle ACD=\angle EBD$$

よって，$\triangle$ACD ∞ $\triangle$EBD であるから

$$CD:BD=AD:ED$$

すなわち，$1:7=3:ED$ から $ED=21$

したがって $OA=OC=(21+1)\div2=\mathbf{11}$

知っておくと便利！

円の 2 つの弦について，次の方べきの定理が成り立つ。

① 円の 2 つの弦 AB，CD の交点，またはそれらの延長の交点を P とすると

PA×PB=PC×PD

② 円の外部の点 P から円にひいた接線の接点を C とする。P を通る直線がこの円と 2 点 A，B で交わるとき

PA×PB=PC²

① を利用すると，(2) は DE×DC＝DB×DA が成り立つから，DE×1＝7×3 より DE＝21 と求まる。

答 (1) $\angle EBD = x°$, $\angle AOB = 2x°$,
$\angle CAD = mx°$,
$\angle CFE = (m+2)x°$,
$\angle ACE = 90° - x°$,
$\angle CEF = 90° - (m+1)x°$
(2) $(m, x) = (1, 18), (3, 10),$
$(6, 6), (21, 2)$

(2) △CEF は CE=CF の二等辺三角形であるか
ら $\angle CEF = \angle CFE$ (1)の結果を利用する。

解説
(1) OB=OD から
$\angle \mathbf{EBD} = \angle ADB = \mathbf{x°}$
△OBD の内角と外角の性質により
$\angle \mathbf{AOB} = x° + x° = \mathbf{2x°}$
弧の長さと円周角の大きさは比例するか
ら
$\angle \mathbf{CAD} = m \angle EBD = \mathbf{mx°}$
△AFO の内角と外角の性質により
$\angle \mathbf{CFE} = mx° + 2x° = \mathbf{(m+2)x°}$
AD は直径であるから $\angle ACD = 90°$
$\angle ECD = \angle EBD = x°$ であるから
$\angle \mathbf{ACE} = \mathbf{90° - x°}$
BE は直径であるから $\angle BDE = 90°$
$\angle CED = \angle CAD = mx°$
△DEB において
$\angle \mathbf{CEF} = 180° - (90° + mx° + x°)$
$= \mathbf{90° - (m+1)x°}$
(2) 条件から $\angle CEF = \angle CFE$
(1)から $90° - (m+1)x° = (m+2)x°$
よって $(2m+3)x = 90$ ...... ①
m, x は正の整数, $2m+3$ は 3 より大き
い奇数であるから, ① を満たす $2m+3$,
x の値の組は
$(5, 18), (9, 10), (15, 6), (45, 2)$
したがって, 考えられる m と x の値の組
は
$(m, x) = (1, 18), (3, 10),$
$(6, 6), (21, 2)$

答 (1) 略 (2) 略 (3) $\dfrac{2\sqrt{46}}{5}$

(1) △PAM と △POA の関係に注目する。
(2) △PEM と △PON の関係に注目する。
(3) △OCN において, 三平方の定理を利用して線
分 OC の長さを求める。
線分 ON の長さは, △OEN において三平方の定
理を利用する。EN=PN−PE であるから,
△APC と △DPA の関係と(2)の結果を用いて
線分 PE の長さを求める。

解説
(1) △PAM と △POA において
$\angle APM = \angle OPA$
2 つの接線 PA, PB は直線 PO に関して
対称であるから $PO \perp AB$
よって $\angle PMA = 90°$
また, $\angle PAO = 90°$ から
$\angle PMA = \angle PAO$
よって, △PAM∽△POA であるから
$PA : PO = PM : PA$
したがって $PA^2 = PO \times PM$ ...... ①
(2) △PEM と △PON において
$\angle EPM = \angle OPN$
$\angle PME = 90° = \angle PNO$
よって, △PEM∽△PON であるから
$PE : PO = PM : PN$
したがって $PO \times PM = PE \times PN$
① から $PA^2 = PE \times PN$ ...... ②
(3) △PAC と △PDA において
$\angle APC = \angle DPA$
接線と弦のつくる角の定理により
$\angle PAC = \angle PDA$
よって, △PAC∽△PDA であるから
$PA : PD = PC : PA$
したがって $PA^2 = PC \times PD$
PC=3, PD=7 であるから $PA^2 = 21$
$PN = PC + \dfrac{1}{2}(PD - PC) = 5$ であるから,
② より $21 = PE \times 5$
よって $PE = \dfrac{21}{5}$

したがって $\quad$ EN$=$PN$-$PE$=\dfrac{4}{5}$

$$ON^2=OE^2-EN^2=2^2-\left(\dfrac{4}{5}\right)^2=\dfrac{84}{25}$$

$$OC^2=ON^2+CN^2=\dfrac{84}{25}+2^2=\dfrac{184}{25}$$

よって，求める半径は $\quad \sqrt{\dfrac{184}{25}}=\dfrac{2\sqrt{46}}{5}$

(参考) (3)では，知っておくと便利！(→p.76) を利用して $\angle$PAC$=\angle$PDA を示した。
また，PA$^2=$PC$\times$PD は，
知っておくと便利！(→p.131) の ② の式と同じ意味である。

224 放物線と直線 ★★★☆

答 (1) $a=\dfrac{1}{3}$ $\qquad$ (2) $\ 3$

(3) $\left(4,\ \dfrac{41}{3}\right)$ $\quad$ (4) $\left(0,\ \dfrac{82}{3}\right)$

考え方
(4) $\angle$OBA$=\angle$OEA から，**円周角の定理の逆**を利用して，点 E がどのような円の円周上にあるかを考える。

解説
(1) $\dfrac{1}{3}=a\times(-1)^2$ $\quad$ よって $\ a=\dfrac{1}{3}$

(2) 直線 OA の傾きは $\quad -\dfrac{1}{3}$

$\angle$AOB$=90°$ から，直線 OB の傾きは $\ 3$

(3) 直線 OB の式は $\quad y=3x$

点 B の x 座標は $\dfrac{1}{3}x^2=3x$ の解で表される。これを解くと $\quad x=0,\ 9$

したがって，点 B の座標は $\quad (9,\ 27)$

点 M の座標は $\quad \left(4,\ \dfrac{41}{3}\right)$

(4) $\angle$OBA$=\angle$OEA から，円周角の定理の逆により，4 点 E，A，O，B は同一円周上にある。よって，点 E は $\triangle$AOB の外接円と y 軸の正の部分との交点である。また，$\angle$AOB$=90°$ より，4 点 E，A，O，B を通る円について，線分 AB は直径であり，円の中心は M である。
このとき，点 E の y 座標は，点 M の y 座

標の 2 倍であるから $\qquad \dfrac{82}{3}$

したがって，点 E の座標は $\quad \left(0,\ \dfrac{82}{3}\right)$

225 三平方の定理と空間図形 ★★★★

答 (1) $\dfrac{40\sqrt{2}}{3}$ $\qquad$ (2) $\ 2\sqrt{3}$

(3) $\dfrac{4\sqrt{6}}{3}$

考え方
(1) 直接求めることができない立体の体積であるから **大きくつくって余分をけずる**
(2) 2 点 M，N をふくむ平面による切り口を考える。
(3) (2)で考えた切り口の面積を 2 通りに表す。

解説
(1) 右の図のように P，Q，R，S，T，U を定めると $\quad$ QS$=4\sqrt{2}$
点 P から QS に垂線 PV をひくと，QV$=2\sqrt{2}$ から

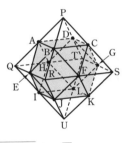

$$PV=\sqrt{4^2-(2\sqrt{2})^2}=2\sqrt{2}$$

よって，正八面体 PQRSTU の体積は

$$\left\{\dfrac{1}{3}\times(4\times4)\times2\sqrt{2}\right\}\times2=\dfrac{64\sqrt{2}}{3}$$

取り去る 1 つの正四角錐 P-ABCD と正八面体の上半分 P-QRST は相似であり，相似比は PA：PQ$=1$：2 であるから，体積比は $\quad 1^3$：$2^3=1$：8

したがって，求める体積は

$$\dfrac{64\sqrt{2}}{3}-\dfrac{64\sqrt{2}}{3}\times\dfrac{1}{2}\times\dfrac{1}{8}\times6=\dfrac{40\sqrt{2}}{3}$$

(2) MN をふくむ平面 PEUG を考える。

$$PE=\sqrt{4^2-2^2}=2\sqrt{3}$$

よって $\quad$ PE$=$EU$=$UG$=$GP$=2\sqrt{3}$
四角形 PEUG はひし形であり
$\quad$ PG$\parallel$EU

M，N は PE と GU の中点であるから
$$PG \parallel EU \parallel MN$$
したがって　　$MN=PG=EU=\boldsymbol{2\sqrt{3}}$

(3) 求める高さは点 E から GU にひいた
垂線の長さであり，その長さを h とする。
$PU=4\sqrt{2}$，$GE=4$，$GU=2\sqrt{3}$ であるか
ら，ひし形の面積について
$$2\sqrt{3} \times h = \frac{1}{2} \times 4 \times 4\sqrt{2}$$

よって　　$h=\boldsymbol{\dfrac{4\sqrt{6}}{3}}$

▶第 16 回　　→ 本冊 p.94〜95

226

答 (1) $\dfrac{5}{6}$ 　　(2) 3754

　　(3) $a+b=6$，$ab=1$，$a^2+b^2=34$

226 (1)　四則混合計算　　★★☆☆

【解説】

$$\frac{1}{1\times2}+\frac{1}{2\times3}+\frac{1}{3\times4}+\frac{1}{4\times5}+\frac{1}{5\times6}$$

$$=\frac{2-1}{2\times1}+\frac{3-2}{3\times2}+\frac{4-3}{4\times3}+\frac{5-4}{5\times4}+\frac{6-5}{6\times5}$$

$$=\left(1-\frac{1}{2}\right)+\left(\frac{1}{2}-\frac{1}{3}\right)+\left(\frac{1}{3}-\frac{1}{4}\right)$$

$$+\left(\frac{1}{4}-\frac{1}{5}\right)+\left(\frac{1}{5}-\frac{1}{6}\right)$$

$$=1-\frac{1}{6}=\frac{5}{6}$$

226 (2)　1 次方程式の利用　　★★★☆

【解説】

もとの 4 桁の整数の下 3 桁の数を x とする
と，もとの 4 桁の整数は　　$3000+x$
よって　　$10x+3=2(3000+x)+35$
これを解くと　　$x=754$
したがって，もとの 4 桁の整数は　　**3754**

226 (3)　式の計算の利用　　★★★☆

【解説】

$$\begin{cases} 5ab+3a+3b-23=0 & \cdots\cdots\; ① \\ ab+2a+2b-13=0 & \cdots\cdots\; ② \end{cases}$$

$$\begin{array}{ll} ① & 5ab+\ 3a+\ 3b-23=0 \\ ②\times5 & \underline{-)\ 5ab+10a+10b-65=0} \\ & \hphantom{5ab}-\ 7a-\ 7b+42=0 \end{array}$$

よって，$-7(a+b)=-42$ から
$$\boldsymbol{a+b=6}$$

$$\begin{array}{ll} ①\times2 & 10ab+6a+6b-46=0 \\ ②\times3 & \underline{-)\ \ 3ab+6a+6b-39=0} \\ & \ \ 7ab\hphantom{+6a+6b}-\ 7=0 \end{array}$$

よって　　$\boldsymbol{ab=1}$

また，$(a+b)^2=a^2+2ab+b^2$ であるから，
$6^2=a^2+2\times1+b^2$ より　　$\boldsymbol{a^2+b^2=34}$

227　放物線と直線　　★★★★

答 (1) $d=6a+b-6c$

　　(2) $\dfrac{1}{k}=\dfrac{6a+b-5c}{a+b}$

　　(3) $c=-\dfrac{4}{3}$，$k=\dfrac{3}{8}$

【考え方】
(3) 点 C が直線 AB 上にあることと (2) の結果か
ら，c の 2 次方程式を導く。

【解説】

(1) △OAC の底辺を AC，△OBD の底辺
を DB とすると，2 つの三角形の高さが
等しいから，底辺の比が面積の比になる。
$AC:DB=(a-c):(d-b)$ であるから
$$(a-c):(d-b)=1:6$$
よって　　$\boldsymbol{d=6a+b-6c}$

(2) $A(a, a^2)$，$B(b, b^2)$，$C(c, kc^2)$，
$D(d, kd^2)$ とおける。

直線 AB の傾きは　$\dfrac{b^2-a^2}{b-a}=a+b$

直線 CD の傾きは　$\dfrac{kd^2-kc^2}{d-c}=k(c+d)$

$a+b=k(c+d)$ から　　$\dfrac{1}{k}=\dfrac{c+d}{a+b}$

(1) より，$d=6a+b-6c$ であるから
$$\dfrac{1}{k}=\dfrac{c+(6a+b-6c)}{a+b}=\boldsymbol{\dfrac{6a+b-5c}{a+b}}$$

(3) $a=-1$，$b=2$ のとき
$$\dfrac{1}{k}=\dfrac{6\times(-1)+2-5c}{-1+2}=-5c-4 \quad\cdots\; ③$$

また，$A(-1, 1)$，$B(2, 4)$ であるから，

直線 AB の傾きは 1 となり，直線 AB の
式は $y=x+n$ とおける。
点 A を通るから
　　　　$1=-1+n$　　すなわち　$n=2$
よって，直線 AB の式は　　$y=x+2$
点 C は直線 AB 上にあるから
　　　　　$kc^2=c+2$
よって　　$\dfrac{1}{k}=\dfrac{c^2}{c+2}$　……④

③，④ から　　　$-5c-4=\dfrac{c^2}{c+2}$

整理すると　　$3c^2+7c+4=0$

これを解くと　　$c=-\dfrac{4}{3},\ -1$

$c<-1$ から　　$c=-\dfrac{4}{3}$

③ から　　　$k=\dfrac{3}{8}$

228　確率　　　★★★★

難関
第16回

答 (1)　$\dfrac{5}{12}$　　(2)　$\dfrac{5}{18}$　　(3)　$\dfrac{19}{36}$

　　(4)　$\dfrac{7}{36}$

考え方
(2)　a^2 と b^2 の差の絶対値を考えるから，$a \geqq b$ の
ときと $a<b$ のときを考える。
(4)　$x^2-ax+b=0$ を解くと $x=\dfrac{a\pm\sqrt{a^2-4b}}{2}$ で
あるから，$x^2-ax+b=0$ の解が有理数になるの
は $\sqrt{a^2-4b}$ が有理数になるときである。

解説
目の出方は，全部で　　$6\times6=36$（通り）
(1)　和が 7 より小さい組 $(a,\ b)$ は
　　(1, 1), (1, 2), (1, 3), (1, 4), (1, 5),
　　(2, 1), (2, 2), (2, 3), (2, 4), (3, 1),
　　(3, 2), (3, 3), (4, 1), (4, 2), (5, 1)
　　の 15 通り。

　　よって，求める確率は　　$\dfrac{15}{36}=\dfrac{5}{12}$

(2)　$a \geqq b$ とすると　　$a^2-b^2=a+b$
　　よって　　$(a+b)(a-b-1)=0$
　　$a+b>0$ であるから
　　　$a-b-1=0$　　すなわち　$a=b+1$

よって
$(a,\ b)=(2,\ 1),\ (3,\ 2),\ (4,\ 3),\ (5,\ 4),$
　　　$(6,\ 5)$ の 5 通り。
$a<b$ のときも同様に，5 通り。

よって，求める確率は　　　$\dfrac{5+5}{36}=\dfrac{5}{18}$

(3)　$a^2 \geqq 4b$ となるのは
$(a,\ b)=(2,\ 1),\ (3,\ 1),\ (3,\ 2),\ (4,\ 1),$
　　　$(4,\ 2),\ (4,\ 3),\ (4,\ 4),\ (5,\ 1),$
　　　$(5,\ 2),\ (5,\ 3),\ (5,\ 4),\ (5,\ 5),$
　　　$(5,\ 6),\ (6,\ 1),\ (6,\ 2),\ (6,\ 3),$
　　　$(6,\ 4),\ (6,\ 5),\ (6,\ 6)$
の 19 通り。

　　よって，求める確率は　　$\dfrac{19}{36}$

(4)　$x^2-ax+b=0$ を解くと
　　　　$x=\dfrac{a\pm\sqrt{a^2-4b}}{2}$

$x^2-ax+b=0$ の解が有理数になるのは
$\sqrt{a^2-4b}$ が有理数になるときであるか
ら
$(a,\ b)=(2,\ 1),\ (3,\ 2),\ (4,\ 3),\ (4,\ 4),$
　　　$(5,\ 4),\ (5,\ 6),\ (6,\ 5)$ の 7 通り。

よって，求める確率は　　　$\dfrac{7}{36}$

229　三平方の定理と平面図形　★★★★

答 (1)　4　　(2)　$5\sqrt{7}$　　(3)　$12\sqrt{2}$

考え方
(2)　図形の中に現れる　直角を見つける
　∠EFC が直角であれば，△ECF と △EDF にそ
れぞれ三平方の定理を用いることにより，線分
EF の長さを求めることができる。
(3)　点 D から線分 AC に垂線をひいて考える。

解説
(1)　$AE=x$ (cm)，$BE=y$ (cm) とすると
　　　$CE=24-x$ (cm)，$DE=21-y$ (cm)
　　△ABE と △DCE において
　　　　　∠ABE ＝ ∠DCE
　　　　　∠BAE ＝ ∠CDE
　　であるから
　　　　△ABE ∽ △DCE
　　相似比は 6：24＝1：4 であるから

$x:(21-y)=1:4$ より

$\qquad 4x+y=21$ ……①

$y:(24-x)=1:4$ より

$\qquad x+4y=24$ ……②

①，②を解くと $\quad x=4,\ y=5$

よって $\qquad$ AE=**4** (cm)

(2) 直線 EO′ と円 O′ の交点で，E でない
ものを G とすると

$\qquad\qquad \angle AGE+\angle AEG=90°$

また $\quad \angle AGE=\angle ABE=\angle ACD$

$\angle AEG=\angle CEF$ であるから

$\qquad \angle ACD+\angle CEF=\angle AGE+\angle AEG$

$\qquad\qquad\qquad\qquad =90°$

したがって $\qquad \angle EFC=90°$

EF=h (cm)，CF=z (cm) とすると，
EC=20 (cm)，ED=16 (cm) であるから

$\triangle$ECF において $\qquad h^2=20^2-z^2$

$\triangle$EDF において $\qquad h^2=16^2-(24-z)^2$

よって $\qquad 20^2-z^2=16^2-(24-z)^2$

これを解くと $\qquad z=15$

すなわち $\qquad h^2=175$

$h>0$ であるから $\qquad h=5\sqrt{7}$

すなわち $\quad$ EF=$5\sqrt{7}$ (cm)

(3) 点 D から AC に垂線 DH をひく。

$\triangle$CDH と $\triangle$CEF において

$\qquad\qquad \angle DCH=\angle ECF,$

$\qquad\qquad \angle DHC=\angle EFC=90°$

よって，$\triangle$CDH∽$\triangle$CEF であるから

$\qquad\qquad$ DH：EF=CD：CE

DH：$5\sqrt{7}$ =24：20 から

$\qquad$ DH=$6\sqrt{7}$ (cm)

また $\qquad$ CH：CF=CD：CE

CH：15=24：20 から $\qquad$ CH=18 (cm)

したがって，AH=6 (cm) であるから

$\qquad\qquad$ AD=$\sqrt{6^2+(6\sqrt{7})^2}$=**12$\sqrt{2}$** (cm)

230 三平方の定理と空間図形 ★★★★

答 (1) AL=$2\sqrt{6}$，OA=$6+2\sqrt{3}$，

$\qquad$ LM=$6\sqrt{2}-2\sqrt{6}$

(2) $2\sqrt{6}-3\sqrt{2}$

考え方

① 立体の問題 平面上で考える

(1) 立体の展開図で考える。

(2) 正四角錐 OABCD を真上から見た図で考える。

解説

(1) 正四角錐
OABCD の展開
図の一部は右の
図のようになる。

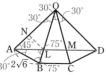

$\angle AOB=30°$ から

$\qquad\qquad \angle OAB=\angle OBA=75°$

また，OA=OD，$\angle AOD=90°$ であるか
ら $\qquad\qquad \angle OAL=45°$

以上から，角の大きさは図のようになる。

$\triangle$ABL は AB=AL の二等辺三角形であ
るから $\qquad$ **AL=$2\sqrt{6}$**

点 L から線分 OA に垂線 LN をひくと，
$\triangle$NAL は直角二等辺三角形であるから

$\qquad\qquad$ NA=NL=$\dfrac{1}{\sqrt{2}}$AL=$2\sqrt{3}$

また，$\triangle$ONL は 3 つの角が 30°，60°，
90° の直角三角形であるから

$\qquad\qquad$ ON=$\sqrt{3}$NL=6

よって

$\qquad\qquad$ **OA=$6+2\sqrt{3}$**

$\qquad$ **LM**=AD-2AL=$\sqrt{2}$ OA-2AL

$\qquad\qquad$ =$\sqrt{2}\times(6+2\sqrt{3})-2\times2\sqrt{6}$

$\qquad\qquad$ =$6\sqrt{2}-2\sqrt{6}$

(2) (1)から $\qquad$ OB=OA=$6+2\sqrt{3}$，

$\qquad\qquad\qquad$ OL=2NL=$4\sqrt{3}$

よって

$\qquad$ LB=$6-2\sqrt{3}$

辺 AD の中点を
E とすると

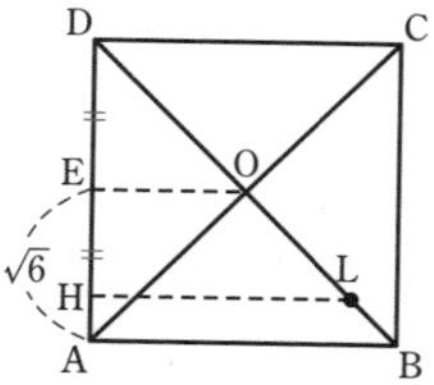

$\qquad$ EA：HA

$\qquad$ =OB：LB

EA=$\sqrt{6}$ である
から

$\qquad\qquad$ AH=$\sqrt{6}\times\dfrac{LB}{OB}=\sqrt{6}\times\dfrac{6-2\sqrt{3}}{6+2\sqrt{3}}$

$\qquad\qquad\qquad$ =$2\sqrt{6}-3\sqrt{2}$

231

答 (1) 28 (2) $\dfrac{7}{12}$

231 (1) データの活用 ★★☆☆

考え方

日曜日の最高気温と土曜日の最高気温をそれぞれ文字でおき，方程式をつくる。

解説

日曜日の最高気温を x 度，土曜日の最高気温を y 度とする。

7 日間の最高気温の平均は 27 度であるから

$$\frac{x+33+32+29+22+21+y}{7}=27$$

整理すると $x+y=52$ …… ①

前半 3 日間の平均は，後半 4 日間の平均よりも 7 度高いから

$$\frac{x+33+32}{3}=\frac{29+22+21+y}{4}+7$$

整理すると $4x-3y=40$ …… ②

①，② を解くと $x=28,\ y=24$

よって，7 日間の最高気温を低い順に並べると 21, 22, 24, 28, 29, 32, 33

したがって，中央値は 28 度

231 (2) 確率 ★★☆☆

考え方

図をかいて考える。

解説

(2) 目の出方は，全部で
6×6=36（通り）
あるから，点 P の座標 $(x,\ y)$ も全部で 36 通り

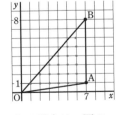

このうち，点 P が △OAB の内部にある場合は，図の・をつけた 21 通り

よって，求める確率は $\dfrac{21}{36}=\dfrac{7}{12}$

232 放物線と直線 ★★★★

答 (1) $A_2(-2,\ 4)$, $A_3(3,\ 9)$

(2) $324\sqrt{2}$ (3) $n=12$

考え方

(2) $OA_1+A_2A_3+A_4A_5+\cdots\cdots+A_{16}A_{17}$ と $A_1A_2+A_3A_4+A_5A_6+\cdots\cdots+A_{17}A_{18}$ に分けて計算し，最後にたす。

(3) 平方の差は 和と差の積 に因数分解

解説

(1) 直線 OA_1 の式は $y=x$ であるから，点 A_1 の x 座標は $x^2=x$ の解で表される。

これを解くと $x=0,\ 1$

よって，点 A_1 の座標は $(1,\ 1)$

直線 A_1A_2 は傾きが -1 で点 A_1 を通るから，y 軸との交点の座標は $(0,\ 2)$

よって，直線 A_1A_2 の式は $y=-x+2$

点 A_2 の x 座標は $x^2=-x+2$ の解で表される。これを解くと $x=1,\ -2$

よって，点 A_2 の座標は $(-2,\ 4)$

同様に，直線 A_2A_3 の式は $y=x+6$

点 A_3 の x 座標は $x^2=x+6$ の解で表される。これを解くと $x=-2,\ 3$

よって，点 A_3 の座標は $(3,\ 9)$

(2) A_4, A_5, $\cdots\cdots$, A_{17}, A_{18} と順に点をとると

$A_4(-4,\ (-4)^2)$, $A_5(5,\ 5^2)$, $\cdots\cdots$, $A_{17}(17,\ 17^2)$, $A_{18}(-18,\ (-18)^2)$

ここで，

$$S_1=OA_1+A_2A_3+A_4A_5+\cdots\cdots+A_{16}A_{17}$$

$$S_2=A_1A_2+A_3A_4+A_5A_6+\cdots\cdots+A_{17}A_{18}$$

とすると

$$S_1=\sqrt{2}+(2+3)\times\sqrt{2}+(4+5)\times\sqrt{2}+\cdots\cdots+(16+17)\times\sqrt{2}$$
$$=(1+2+\cdots\cdots+17)\times\sqrt{2}$$
$$=(18\times17\div2)\times\sqrt{2}=153\sqrt{2}$$

$$S_2=(1+2)\times\sqrt{2}+(3+4)\times\sqrt{2}+\cdots\cdots+(17+18)\times\sqrt{2}$$
$$=(1+2+\cdots\cdots+18)\times\sqrt{2}$$
$$=(153+18)\times\sqrt{2}=171\sqrt{2}$$

よって，求める値は
$$S_1+S_2=(153+171)\times\sqrt{2}=324\sqrt{2}$$

(3) $\mathrm{OA_1}^2-\mathrm{A_1A_2}^2+\mathrm{A_2A_3}^2-\mathrm{A_3A_4}^2$
$\qquad+\cdots\cdots+\mathrm{A_{n-2}A_{n-1}}^2-\mathrm{A_{n-1}A_n}^2$

$=2\times1^2-2\times3^2+2\times5^2-2\times7^2$
$\qquad+\cdots\cdots+2\times(n-2+n-1)^2$
$\qquad\qquad-2\times(n-1+n)^2$

$=2\times\{1^2-3^2+5^2-7^2+9^2-11^2$
$\qquad\qquad+\cdots\cdots+(2n-3)^2-(2n-1)^2\}$

$=2\times\{(1+3)(1-3)+(5+7)(5-7)$
$\qquad\qquad+(9+11)(9-11)$
$\qquad\qquad+\cdots\cdots+(4n-4)\times(-2)\}$

$=-4\times\{4+12+20+\cdots\cdots+(4n-4)\}$

$=-16\times\{1+3+5+\cdots\cdots+(n-1)\}$

$576=16\times36$ であるから
$$1+3+5+\cdots\cdots+(n-1)=36$$
$1+3+5+7+9+11=36$ であるから
$$n-1=11 \qquad よって \quad \boldsymbol{n=12}$$

233 三平方の定理と平面図形 ★★★★

答 (1) (ア) 1　(イ) x　(ウ) x
　　　(エ) 1　(オ) x^2
(2) $x=\sqrt{2}$, $y=\sqrt{3}$　(3) $4\sqrt{3}\,\pi$

考え方
(1) △ABC と △DEC，△AEB と △DEC の関係に注目する。
(3) $\boldsymbol{a^2+b^2=c^2}$ が成り立つならば　直角三角形
△ABC において　三平方の定理の逆　を利用し，できる立体の形を考える。

解説
(1) △ABC と △DEC において
$$\angle BAC=\angle EDC,$$
$$\angle ACB=\angle ADB=\angle ABD=\angle DCE$$
よって，△ABC∽△DEC であるから
$$AB:AC=DE:DC={}^{\mathcal{P}}\boldsymbol{1}:{}^{\mathcal{A}}\boldsymbol{x}$$
また，△AEB と △DEC において
$$\angle ABE=\angle DCE,\quad\angle AEB=\angle DEC$$
よって，△AEB∽△DEC であるから
$$AB:AE=DC:DE={}^{\mathcal{D}}\boldsymbol{x}:{}^{\mathcal{x}}\boldsymbol{1}$$
$AB:AC=1:x=x:x^2$ であるから
$$AE:AC=1:{}^{\mathcal{オ}}\boldsymbol{x^2}$$

(2) $AE:AC=1:2$ であるから，(1) より
$$x^2=2$$
$x>0$ であるから　$x=\sqrt{2}$
△ABC∽△DEC であるから
$$AC:DC=BC:EC$$
$2y:x=3\sqrt{2}:y$ より　$2y^2=3\sqrt{2}\,x$
$x=\sqrt{2}$ から　$y^2=3$
$y>0$ であるから　$\boldsymbol{y=\sqrt{3}}$

(3) (1) より，△ABC∽△DEC であるから
$$AB:DE=BC:EC$$
$AB:1=3\sqrt{2}:\sqrt{3}$ より　$AB=\sqrt{6}$
$AC=2y=2\sqrt{3}$ であるから
$$AB^2+AC^2=18=BC^2$$
よって，△ABC は ∠BAC=90° の直角三角形である。
したがって，できる立体は点 A を中心とする半径 $\sqrt{6}$ の円を底面とする高さ $2\sqrt{3}$ の円錐であるから，求める体積は
$$\frac{1}{3}\times\{\pi\times(\sqrt{6})^2\}\times2\sqrt{3}=\boldsymbol{4\sqrt{3}\,\pi}$$

234 式の計算の利用 ★★★★

答 (1) 1　(2) 120 個　(3) 60

考え方
(2) $225=3^2\times5^2$ から，分子になる数は 3 の倍数でも 5 の倍数でもない数である。
(3) まずは分子の和を求める。3 の倍数の和と 5 の倍数の和をたしたものから 15 の倍数の和をひいたものを，1 から 224 までの和からひけばよい。

解説
(1) 小さい順に並べると
$$\frac{1}{15},\frac{2}{15},\frac{4}{15},\frac{7}{15},\frac{8}{15},\frac{11}{15},\frac{13}{15},\frac{14}{15}$$
よって，求める和は　$\dfrac{4}{15}+\dfrac{11}{15}=\boldsymbol{1}$

(2) $225=3^2\times5^2$ から，分子になる数は 3 の倍数でも 5 の倍数でもない数である。
1 から 224 までの整数のうち
3 の倍数の個数は
$$224\div3=74\ 余り\ 2 \quad から \quad 74\ 個$$
5 の倍数の個数は
$$224\div5=44\ 余り\ 4 \quad から \quad 44\ 個$$

この中で，3の倍数であり5の倍数でもある15の倍数の個数は

$$224 \div 15 = 14 \text{ 余り } 14 \quad \text{から} \quad 14 \text{個}$$

よって　　$224 - (74 + 44 - 14) = 120$

したがって，求める個数は　　**120個**

(3) まずは分子のみを考える。

1から224までの整数の和をSとすると

$$S = 1 + 2 + 3 + \cdots\cdots + 224$$

$$
\begin{array}{r}
S = 1 + 2 + \cdots\cdots + 223 + 224 \\
+)\ \ S = 224 + 223 + \cdots\cdots + 2 + 1 \\
\hline
2S = 225 + 225 + \cdots\cdots + 225 + 225
\end{array}
$$

$$2S = 225 \times 224 \qquad S = 25200$$

同様に，3の倍数の和は

$$3 + 6 + \cdots\cdots + 219 + 222$$
$$= 225 \times 74 \div 2 = 8325$$

5の倍数の和は

$$5 + 10 + \cdots\cdots + 215 + 220$$
$$= 225 \times 44 \div 2 = 4950$$

15の倍数の和は

$$15 + 30 + \cdots\cdots + 195 + 210$$
$$= 225 \times 14 \div 2 = 1575$$

よって，分子の和は

$$25200 - (8325 + 4950 - 1575) = 13500$$

したがって，求める和は　　$\dfrac{13500}{225} = \mathbf{60}$

235 三平方の定理と空間図形　★★★★

答 (1) $\dfrac{\sqrt{3}}{3}$　　(2) $\dfrac{\sqrt{3}}{18}$

　　(3) (ア) $\dfrac{5\sqrt{3}}{12}$　　(イ) $\dfrac{61}{192}$

考え方

(2) 相似な図形の面積比は　相似比の2乗

(1)の結果と$\dfrac{\sqrt{3}}{9}$を比較して考える。

(3) 平面Qを図にかいて考える。

解説

(1) 点Aと平面Pとの距離をkとすると，kは△BDEを底面とする三角錐 A-BDE の高さである。△BDE は BD=DE=EB=$\sqrt{2}$ の正三角形である。点Bから DE に垂線 BR をひくと

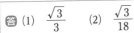

$$BR = \sqrt{(\sqrt{2})^2 - \left(\dfrac{\sqrt{2}}{2}\right)^2} = \dfrac{\sqrt{6}}{2}$$

$$\triangle BDE = \dfrac{1}{2} \times \sqrt{2} \times \dfrac{\sqrt{6}}{2} = \dfrac{\sqrt{3}}{2}$$

三角錐 A-BDE の体積について

$$\dfrac{1}{3} \times \dfrac{\sqrt{3}}{2} \times k = \dfrac{1}{3} \times \left(\dfrac{1}{2} \times 1 \times 1\right) \times 1$$

よって　　$k = \dfrac{\sqrt{3}}{3}$

(2) (1)より，$\dfrac{\sqrt{3}}{9} = \dfrac{1}{3}k$ であるから，平面 Q と辺 AB，AD，AE の交点をそれぞれ J，K，L とすると

AJ : AB = AK : AD = AL : AE = 1 : 3

△JKL も正三角形であるから，△JKL∽△BDE で相似比は　　1 : 3

切り口の面積をSとすると

$$S : \dfrac{\sqrt{3}}{2} = 1^2 : 3^2 \qquad \text{よって} \quad S = \dfrac{\sqrt{3}}{18}$$

(3) (ア) I を通るときの平面 Q は右の図のようになる。図のように点を定めると，点Aと平面Pとの距離と，点Aと平面Qとの距離の比は AB : AS に等しい。

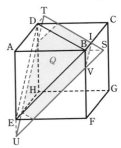

DB∥TS より，∠BSI＝45° であるから

$$BS = BI$$

よって　　AB : AS = 4 : 5

点Aと平面Qとの距離をhとすると

$$\dfrac{\sqrt{3}}{3} : h = 4 : 5 \text{ であるから} \quad h = \dfrac{5\sqrt{3}}{12}$$

(イ) A をふくむ方の立体は三角錐 S-AUT から三角錐 S-BVI と合同なものを3つ除いたものである。

よって，求める体積は，

$$\dfrac{1}{3} \times \left(\dfrac{1}{2} \times \dfrac{5}{4} \times \dfrac{5}{4}\right) \times \dfrac{5}{4}$$

$$- \left\{\dfrac{1}{3} \times \left(\dfrac{1}{2} \times \dfrac{1}{4} \times \dfrac{1}{4}\right) \times \dfrac{1}{4}\right\} \times 3$$

$$= \frac{61}{192}$$

第18回　　　　　　　　→ 本冊 p.98〜99

236

 (1) $\dfrac{16}{25}$　　(2) 28 桁

　　(3) (ア) $1+\sqrt{2}$　　(イ) $1-\sqrt{2}$
　　　　(ウ) -1　　(エ) -2

236 (1) 四則混合計算　　★★☆☆

解説

分子は　$\dfrac{3}{4}+\dfrac{1}{20}=\dfrac{4}{5}$

分母について

$$\dfrac{1}{1+\dfrac{1}{2}}=\dfrac{1}{\dfrac{3}{2}}=\dfrac{2}{3},$$

$$\dfrac{7}{12}+\dfrac{1}{1+\dfrac{1}{2}}=\dfrac{7}{12}+\dfrac{2}{3}=\dfrac{5}{4}$$

であるから, 与えられた式は

$$\dfrac{4}{5}\div\dfrac{5}{4}=\dfrac{16}{25}$$

236 (2) 不等式の利用　　★★★☆

考え方

20^{21} について不等式をつくる。

解説

　　$20^{21}=(2\times10)^{21}=2^{21}\times10^{21}$

$2^{10}=1024$ であるから　$10^3<2^{10}<2\times10^3$

各辺を 2 乗すると　　$10^6<2^{20}<4\times10^6$

さらに各辺を 2 倍すると

　　$2\times10^6<2^{21}<8\times10^6$

よって

　　$2\times10^6\times10^{21}<2^{21}\times10^{21}<8\times10^6\times10^{21}$

すなわち　$2\times10^{27}<2^{21}\times10^{21}<8\times10^{27}$

したがって, $10^{27}<20^{21}<10^{28}$ であるから,

20^{21} は　　**28 桁**

(参考)　正の数 N が k 桁の整数であると
き $10^{k-1}\leqq N<10^k$ が成り立つ。

236 (3) 2 次方程式の利用　　★★☆☆

解説

$x^2-2x-1=0$ を解くと　　$x=1\pm\sqrt{2}$

よって　　$a=^{ア}1+\sqrt{2}$,　$b=^{イ}1-\sqrt{2}$

　　　$a+b=(1+\sqrt{2})+(1-\sqrt{2})=2$

　　　$ab=(1+\sqrt{2})(1-\sqrt{2})=1-2=-1$

$x=2,\ -1$ が 2 次方程式 $x^2+cx+d=0$ の

解であるから　$\begin{cases}4+2c+d=0\\1-c+d=0\end{cases}$

これを解くと　　$c=^{ウ}-1$, $d=^{エ}-2$

(参考)　(ウ), (エ)は, 知っておくと便利!

　　(→p.49)を用いて求めてもよい。

237　三平方の定理と空間図形　　★★★★

 $20\pi+6\sqrt{3}$

解説

S_1, S_3 の中心を
それぞれ O_1, O_3
とし, S_1, S_2, S_3
と P の接点をそ
れぞれ P_1, P_2,
P_3 とする。

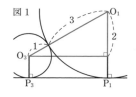

図 1

図 1 から
　　$P_1P_3=\sqrt{4^2-2^2}=2\sqrt{3}$

P_1 を中心とする半径 $2\sqrt{3}$ の円と P_2 を中
心とする半径 $2\sqrt{3}$ の円の交点を A, B とし,
P_1P_2 と AB の交点を C とする。

P_3 が動く範囲は　　図 2
図 2 の太線の部分
である。

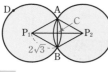

図 2

$P_1P_2=6$ から
　　$P_1C=3$
　　$BC=\sqrt{(2\sqrt{3})^2-3^2}=\sqrt{3}$

よって　　$BC:P_1B:P_1C=1:2:\sqrt{3}$

すなわち　$\angle BP_1C=30°$

したがって, 求める面積は

　　$2\times\{(おうぎ形 P_1ADB)+\triangle P_1AB\}$

$=2\times\left\{\pi\times(2\sqrt{3})^2\times\dfrac{300}{360}+\dfrac{1}{2}\times2\sqrt{3}\times3\right\}$

$=20\pi+6\sqrt{3}$

答 (1) $\dfrac{7}{36}$　(2) $\dfrac{1}{2}$　(3) $\dfrac{5}{54}$

　　(4) $\dfrac{19}{108}$

考え方

(3)　3個のさいころの目がすべて異なるとき，どの3つの数の組み合わせでも，$a<b<c$ を満たすような目の出方は1通りしかない。

解説

目の出方は全部で 6^3 通り

(1)　$\dfrac{3}{a}+\dfrac{2}{b}$ の値が整数となるような組 (a, b) は

(1, 1), (1, 2), (2, 4), (3, 1), (3, 2), (5, 5), (6, 4) の7通り。

C の目の出方は6通りあるから，求める確率は $\dfrac{7\times6}{6^3}=\dfrac{7}{36}$

(2)　$a+b+c$ が奇数になるのは，

　　[1]　3つの数がすべて奇数

　　[2]　2つの数が偶数で1つが奇数

の場合である。

[1]　目の出方は　$3\times3\times3=27$（通り）

[2]　たとえば a が奇数であるとき

　　　$3\times3\times3=27$（通り）

b, c が奇数であるときも27通りずつあるから，全部で　27×3（通り）

よって，求める確率は　$\dfrac{27\times4}{6^3}=\dfrac{1}{2}$

(3)　3個のさいころの目がすべて異なるような目の出方は　$6\times5\times4$（通り）

このうち，さいころの目が1, 2, 3のとき，目の出方は

(1, 2, 3), (1, 3, 2), (2, 1, 3), (2, 3, 1), (3, 1, 2), (3, 2, 1)

の6通りあるが，$a<b<c$ を満たすのは

　　$a=1$, $b=2$, $c=3$

のときの1通りしかない。

同様に，どの3つの数の組み合わせでも，$a<b<c$ を満たすような目の出方は1通りしかない。

よって，$a<b<c$ となるような目の出方は

$$\dfrac{6\times5\times4}{6}=20\text{（通り）}$$

したがって，求める確率は　$\dfrac{20}{6^3}=\dfrac{5}{54}$

(4)　$\sqrt{abc}$ が整数となるのは，k を整数として $abc=k^2$ を満たすときである。

$k=1$, 2, 3, …… のとき，3個のさいころの目の数の組み合わせは次のようになる。

$abc=1$ のとき　　(1, 1, 1)

$abc=4$ のとき　　(1, 1, 4), (1, 2, 2)

$abc=9$ のとき　　(1, 3, 3)

$abc=16$ のとき　(1, 4, 4), (2, 2, 4)

$abc=25$ のとき　(1, 5, 5)

$abc=36$ のとき　(1, 6, 6), (2, 3, 6), (3, 3, 4)

$abc=64$ のとき　(4, 4, 4)

$abc=100$ のとき　(4, 5, 5)

$abc=144$ のとき　(4, 6, 6)

3個のさいころの目の数の組み合わせが (1, 1, 1), (4, 4, 4) のとき

　　目の出方は1通りずつある。

(2, 3, 6) のとき

　　目の出方は　$3\times2\times1=6$（通り）

それ以外の組み合わせのとき

　　目の出方は3通りずつある。

よって，全部で

　　$1\times2+6+3\times10=38$（通り）

したがって，求める確率は　$\dfrac{38}{6^3}=\dfrac{19}{108}$

239　三平方の定理と座標平面　★★★☆

答 (1)　(ア)　$\sqrt{2a}$　　(イ)　a^2-4a+9

　　(ウ)　1　　(2)　$\dfrac{3}{2}\pi$　　(3)　$2\sqrt{3}$

考え方

(3)　△PCS と △CRS の底辺をそれぞれ PC, CR と考えると，底辺と高さはそれぞれ等しいから

　　　　△PRS=2△PCS

解説

(1) $a=\dfrac{1}{2}x^2$

$x>0$ であるから $x={}^{\text{ア}}\sqrt{2a}$

点 P の座標は $(\sqrt{2a},\ a)$，点 C の座標は $(0,\ 3)$ であるから

$CP^2=(\sqrt{2a})^2+(a-3)^2={}^{\text{イ}}\boldsymbol{a^2-4a+9}$

$CP^2=6$ から $a^2-4a+9=6$

これを解くと $a=1,\ 3$

点 P は原点 O に近い方の点であるから

$a={}^{\text{ウ}}\boldsymbol{1}$

(2) (1)より，点 Q の y 座標は 3 であるから $\angle QCS=90°$

よって，求める面積は

$$\pi\times(\sqrt{6})^2\times\dfrac{90}{360}=\dfrac{3}{2}\pi$$

(3) $\triangle PCS$ と $\triangle CRS$ の底辺をそれぞれ PC，CR と考えると，底辺と高さはそれぞれ等しいから $\triangle PRS=2\triangle PCS$

(1)より，点 P の x 座標は $\sqrt{2}$ であるから，求める面積は

$$2\times\left(\dfrac{1}{2}\times\sqrt{6}\times\sqrt{2}\right)=2\sqrt{3}$$

240 三平方の定理と空間図形 ★★★★

答 (1) 五 (2) $3\sqrt{2}+6\sqrt{13}$
(3) 75

考え方

展開図から見取図をかく

見取図に記号を書き込む。基準となる3点 A，B，C が見やすい位置になるように書き込むと考えやすい。

解説

(1) 展開図を組み立てると下の左の図のようになり，切り口の形は五角形 AEBCD である。

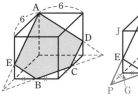 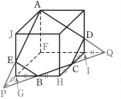

(2) (1)の右の図のように F，G，H，I，J，P，Q を定める。

$\angle HBC=\angle HCB=45°$，
$BG=BH=HC=CI$

から $PG=CH=CI$

$PG:PF=1:3$ であるから，

$AF/\!/EG$ より $EG:AF=1:3$

$EG=\dfrac{1}{3}AF=2$ であるから $JE=4$

よって $AD=AE=\sqrt{6^2+4^2}=2\sqrt{13}$

$DC=EB=\sqrt{2^2+3^2}=\sqrt{13}$

また $BC=\sqrt{2}\,BH=3\sqrt{2}$

したがって，切り口の周の長さは

$2\sqrt{13}+\sqrt{13}+3\sqrt{2}+\sqrt{13}+2\sqrt{13}$
$=3\sqrt{2}+6\sqrt{13}$

(3) 2つに分かれた立体のうち，点 F をふくむ方の立体が小さい。

三角錐 A-FPQ の体積は

$$\dfrac{1}{3}\times\left\{\dfrac{1}{2}\times(6+3)\times(6+3)\right\}\times6=81$$

三角錐 E-PGB の体積は

$$\dfrac{1}{3}\times\left(\dfrac{1}{2}\times3\times3\right)\times2=3$$

よって，求める体積は $81-3\times2=\boldsymbol{75}$

第 19 回 → 本冊 p.100〜101

241

答 (1) $\dfrac{3(7-4\sqrt{3})}{4}$
(2) (ア) $a=5$ (イ) $a=1,\ 3$

241 (1) 三平方の定理と平面図形 ★★★☆

解説

BC の中点を M，内接円の中心を O_1，外接円の中心を O_2，AB と円 O_1 の接点を D とする。

$\angle BAM=60°$

よって，$\triangle ABM$，$\triangle AO_1D$ はともに3つの角が

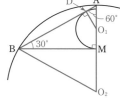

$30°$，$60°$，$90°$ の直角三角形である。
AD$=1$ とすると $O_1D=\sqrt{3}$，$O_1A=2$
したがって AM$=2+\sqrt{3}$
$$AB=2AM=2(2+\sqrt{3})$$
$\triangle O_2AB$ において，$O_2A=O_2B$ より
$\angle O_2BA=\angle O_2AB=60°$ であるから，
$\triangle O_2AB$ は正三角形である。
よって $O_2A=AB$
したがって
$$S_1:S_2=O_1D^2:O_2A^2$$
$$=(\sqrt{3})^2:\{2(2+\sqrt{3})\}^2=3:4(2+\sqrt{3})^2$$
$$=\frac{3}{4(2+\sqrt{3})^2}:1=\frac{3(7-4\sqrt{3})}{4}:1$$

241 (2) 2次方程式の利用 ★★☆☆

解説

(ア) $x^2-(a^2-4a+5)x+5a(a-4)=0$
整理すると
$$\{x-(a^2-4a)\}(x-5)=0$$
よって $x=a^2-4a$，5
この2次方程式の解が1つになるから
$$a^2-4a=5$$
これを解くと $a=-1$，5
a は正の整数であるから $\boldsymbol{a=5}$

(イ) 2次方程式の2つの解の差の絶対値
が8になるから
$a^2-4a-5=8$ のとき
$$a^2-4a-13=0$$
これを解くと $a=2\pm\sqrt{17}$
a は正の整数であるから，問題に適さ
ない。
$5-(a^2-4a)=8$ のとき
$$a^2-4a+3=0$$
これを解くと $a=1$，3
a は正の整数であるから，ともに問題
に適している。
したがって $\boldsymbol{a=1}$，**3**

242 作図 ★★★☆

答 略

考え方
$75°$ は $150°$ の半分であるから，$150°$ の作図を考え
る。$150°=180°-30°$ である。

→$180°$ は直線，$60°$ は正三角形の作図，角度の半分
は角の二等分線の作図

解説

① 線分 AB
を A の左側
に向かって延
長し，適当な
ところに点
D をとる。

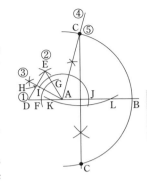

② 2点 A，D
を中心とする
線分 AD が
半径の円をか
き，2円の交
点のうちの1つを E とする。

③ 点 A を中心とする円をかき，線分 AD，
AE との交点を F，G とする。そして，2
点 F，G を中心とする同じ半径の円をか
き，その交点の1つと点 A を通る直線を
ひく。

④ ③ でひいた直線と線分 DE の交点を
H とする。点 A を中心とする円をかき，
線分 AH，AB との交点を I，J とする。2
点 I，J を中心とする同じ半径の円をかき，
その交点の1つと点 A を通る直線をひ
く。

⑤ 点 A を中心とする線分 AB が半径の
円と ④ でひいた直線の交点が C である。
また，C を中心とする円と直線 AB との
交点を K，L とする。K，L を中心とす
る同じ半径の円の交点の1つと点 C を通
る直線をひく。この直線と点 A を中心
とする線分 AB が半径の円との交点も C
である。

243 三角形・四角形と計量 ★★★☆

答 600

考え方
点 O から，辺 AD，AB，BC にそれぞれ垂線をひ
き，いくつかの図形に分けて考える。

解説

点Oから，辺 AD，
AB，BC にそれぞれ
垂線 OE，OF，OG を
ひく。

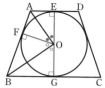

$\triangle$AEO と $\triangle$AFO に
おいて，OE＝OF より，
直角三角形の斜辺と他の 1 辺がそれぞれ等
しいから　$\triangle$AEO≡$\triangle$AFO
よって　　$\angle$AOE＝$\angle$AOF　……①
同様にして，$\triangle$BFO≡$\triangle$BGO であるから
　　$\angle$BOF＝$\angle$BOG　……②
3 点 E，O，G は一直線上にあるから，①，
② より　　$\angle$AOB＝90°
四角形 ABGE の面積は $\triangle$ABO の面積の
2 倍であるから，四角形 ABGE の面積は
$$\left(\frac{1}{2}\times20\times15\right)\times2=300 \text{ (cm}^2)$$
四角形 ABCD は線分 EG に関して対称で
あるから，求める面積は
$$300\times2=\boldsymbol{600} \text{ (cm}^2)$$

244　三平方の定理と空間図形　★★★★

答 (1)　$18+9\sqrt{3}$　　(2)　$2\sqrt{6}$
　　(3)　$18\sqrt{2}$

考え方
(1) 点 C から直線 AB にひいた垂線が O を通る
ときに面積が最大となる。
(2) 円周角は中心角の半分であるから
点 D は，$\angle$AIB＝120° となる点 I を中心とし，
半径 IA の円の円周上にある。
(3) $\angle$AEB＝45° となる点 E は，$\angle$AKB＝90° と
なる点 K を中心とし，半径 KA の円の円周上に
ある。求める体積は　$\frac{1}{3}\times\triangle$ABE$\times$OK

解説
(1)　点 C から直線 AB にひ
いた垂線 CH が O を通る
ときに面積が最大となる。
$\triangle$OAH は 3 辺の比が
$1:2:\sqrt{3}$ の直角三角形
であるから
$$OH=3\sqrt{3} \text{ (cm)}$$

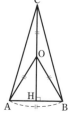

$\triangle$ABC
$$=\frac{1}{2}\times6\times(6+3\sqrt{3})$$
$$=\boldsymbol{18+9\sqrt{3}} \text{ (cm}^2)$$

(2)　$\angle$ADB＝60° となる
点 D は，$\angle$AIB＝120°
となる点 I を中心とし，
半径 IA の円の点 I があ
る側の $\overset{\frown}{AB}$ 上にある。
このとき，OI は平面
ABD に垂直であるから，
求める距離は OI の長さ
である。

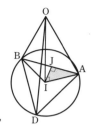

点 I から直線 AB に垂線 IJ をひくと，
$\triangle$AIJ は 3 つの角が 30°，60°，90° の直角
三角形であるから
$$AI=2\sqrt{3} \text{ (cm)}$$
よって
$$OI=\sqrt{6^2-(2\sqrt{3})^2}=\boldsymbol{2\sqrt{6}} \text{ (cm)}$$

(3)　$\angle$AEB＝45° となる点 E は，
$\angle$AKB＝90° となる点 K を中心とし，半
径 KA の円の円周上にある。
$\triangle$AKB は直角二等辺
三角形であるから
$$AK=3\sqrt{2} \text{ (cm)}$$
$$OK=\sqrt{6^2-(3\sqrt{2})^2}$$
$$=3\sqrt{2} \text{ (cm)}$$

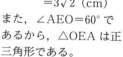

また，$\angle$AEO＝60° で
あるから，$\triangle$OEA は正
三角形である。
よって　　　AE＝6 (cm)
$\triangle$AKE において，三平方の定理の逆に
より　　　$\angle$AKE＝90°
よって，B，K，E は一直線上にある。
したがって，求める体積は
$$\frac{1}{3}\times\left(\frac{1}{2}\times6\times6\right)\times3\sqrt{2}=\boldsymbol{18\sqrt{2}} \text{ (cm}^3)$$

245 式の計算の利用 ★★★★

答 (1) 18 個

    (2) ① (ア) $kl+4k+4l+16$

        (イ) $kl+3k+3l+9$　(ウ) $k+l+7$

        (エ) $k+l=3$　(オ) 2　(カ) 3

        (キ) 24, 56, 60, 88

    ② 理由 略，$m=2$

考え方

(1) $n=2^a×3^b×5^c$ として，樹形図を利用する。

(2)① (ア) ～ (ウ)

まず，$1000x$，$100x$ を $2^a×3^b×5^c$ の形で表す。
【条件】を満たす n は，$1000x$ の正の約数であり，$100x$ の正の約数でない整数である。$100x$ の約数は $1000x$ の約数であるから，n の個数は，$1000x$ の正の約数の個数から $100x$ の約数の個数をひいたものである。

解説

(1) $x=75=3×5^2$，$1000=2^3×5^3$，

$100=2^2×5^2$ であるから，

$\dfrac{x}{n}×1000=\dfrac{2^3×3×5^5}{n}$ が整数となり，

$\dfrac{x}{n}×100=\dfrac{2^2×3×5^4}{n}$ が整数とならない。

$n=2^a×3^b×5^c$ とすると，a，c の値にかかわらず　$b=0$ または $b=1$

また，$a=3$ または $c=5$ であればよい。

よって，a，b，c の組の樹形図は，次のようになる。

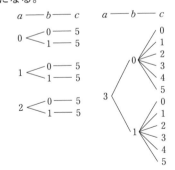

したがって　**18 個**

(2) ① $x=2^k×5^l×A$ であるから

$$1000x=2^{k+3}×5^{l+3}×A$$

$1000x$ の正の約数の個数は

$$\{(k+3)+1\}×\{(l+3)+1\}×m$$
$$=(^{ア}\,kl+4k+4l+16)×m$$

また　　　$100x=2^{k+2}×5^{l+2}×A$

$100x$ の正の約数の個数は

$$\{(k+2)+1\}×\{(l+2)+1\}×m$$
$$=(^{イ}\,kl+3k+3l+9)×m$$

【条件】を満たす n は，$1000x$ の正の約数であり，$100x$ の正の約数でない整数である。$100x$ の約数は $1000x$ の約数であるから，n の個数は

$$(kl+4k+4l+16)×m$$
$$-(kl+3k+3l+9)×m$$
$$=(^{ウ}\,k+l+7)×m$$

$k+l+7≧7$ であり，n の個数が 20 個であるとき，$(k+l+7,\ m)$ の組は

$$(k+l+7,\ m)=(10,\ 2),\ (20,\ 1)$$

すなわち，$(k+l,\ m)$ の組は

$$(k+l,\ m)=(3,\ 2),\ (13,\ 1)$$

$k+l=13$ とすると

$$x=2^k×5^l×A≧2^{13}×5^0×A>100$$

となり，問題に適さない。

よって　　$^{エ}\,k+l=3$

また，$m=2$ であるから，x の 2，5 以外の素因数は 1 つだけであり，この素因数を p とすると　$x=2^k×5^l×p$

[1] $k=0$ のとき　$l=3$

よって

$$x=2^0×5^3×p=125p>100$$

となり，問題に適さない。

[2] $k=1$ のとき　$l=2$

よって　$x=2^1×5^2×p=50p$

$p≧3$ であるから，$x≧150>100$ となり，問題に適さない。

[3] $k=2$ のとき　$l=1$

よって　$x=2^2×5^1×p=20p$

$p=3$ のとき，$x=60$ となり，問題に適している。

$p≧7$ のとき，$x>100$ となり，問題に適さない。

[4] $k=3$ のとき　$l=0$

よって　$x=2^3×5^0×p=8p$

$p=3$ のとき $x=24$，

難関

第19回

145

$p=7$ のとき $x=56$,

$p=11$ のとき $x=88$

となり，問題に適している。

$p\geqq 13$ のとき，$x>100$ となり，問題に適さない。

[1]〜[4] から $k={}^\text{オ}2$ または $k={}^\text{カ}3$

よって，求める数は

$$x={}^\text{キ}24,\ 56,\ 60,\ 88$$

② n の個数は $\{(k+l+7)\times m\}$ 個であり，$k+l+7\geqq 7$ であるから

$$(k+l+7,\ m)=(10,\ 2),\ (20,\ 1)$$

すなわち

$$(k+l,\ m)=(3,\ 2),\ (13,\ 1)$$

$k+l=13$ のとき，

$$x=2^k\times 5^l\times A\geqq 2^{13}\times 5^0\times A>100$$

となり，問題に適さない。

よって，$m=2$ となり 1 つに決まる。

知っておくと便利！

正の整数 N の素因数分解が

$N=p^a\times q^b\times r^c\times\cdots\cdots$ であるとき，N の正の約数の個数は $(a+1)\times(b+1)\times(c+1)\times\cdots\cdots$

▶ **第 20 回** → 本冊 p.102〜103

246

答 (1) $a=3+\sqrt{13}$

(2) $(a,\ b)=\left(3,\ -\dfrac{5}{3}\right),\ \left(-2,\ -\dfrac{10}{9}\right)$

246 (1) 2 次方程式の利用 ★★★★

解説

$0\leqq b<1$ であるから $0\leqq b^2<1$

$a^2+b^2=44$ より，a^2 の値の範囲は

$$43<a^2\leqq 44$$

よって，$36<a^2<49$ であるから，a の整数部分は 6 である。

したがって $b=a-6$

この式を $a^2+b^2=44$ に代入すると

$$a^2+(a-6)^2=44$$

整理すると $a^2-6a-4=0$

これを解くと $a=3\pm\sqrt{13}$

$a>0$ であるから $\boldsymbol{a=3+\sqrt{13}}$

246 (2) 関数 $y=ax^2$ の基礎 ★★★★

考え方

$a>0$, $a<0$, $b>0$, $b<0$ のそれぞれの場合について調べる。

解説

「$a=0$, $b\neq 0$」，「$a\neq 0$, $b=0$」，「$a=b=0$」のときは問題に適さないから

$$a\neq 0\ \text{かつ}\ b\neq 0$$

$-3\leqq x\leqq 2$ のとき

$y=ax-6$ の y の変域について

$a>0$ のとき

$$-3a-6\leqq y\leqq 2a-6\quad\cdots\cdots\text{①}$$

$a<0$ のとき

$$2a-6\leqq y\leqq -3a-6\quad\cdots\cdots\text{②}$$

$y=bx^2$ の y の変域について

$b>0$ のとき $0\leqq y\leqq 9b\quad\cdots\cdots\text{③}$

$b<0$ のとき $9b\leqq y\leqq 0\quad\cdots\cdots\text{④}$

① と ③ が一致するとき

$$-3a-6=0\ \text{かつ}\ 2a-6=9b$$

これを解くと $a=-2,\ b=-\dfrac{10}{9}$

これらは，$a>0$, $b>0$ を満たさない。

① と ④ が一致するとき

$$-3a-6=9b\ \text{かつ}\ 2a-6=0$$

これを解くと $a=3,\ b=-\dfrac{5}{3}$

これらは，$a>0$, $b<0$ を満たす。

② と ③ が一致するとき

$$2a-6=0\ \text{かつ}\ -3a-6=9b$$

よって $a=3,\ b=-\dfrac{5}{3}$

これらは，$a<0$, $b>0$ を満たさない。

② と ④ が一致するとき

$$2a-6=9b\ \text{かつ}\ -3a-6=0$$

よって $a=-2,\ b=-\dfrac{10}{9}$

これらは，$a<0$, $b<0$ を満たす。

以上より

$$(\boldsymbol{a},\ \boldsymbol{b})=\left(3,\ -\frac{5}{3}\right),\ \left(-2,\ -\frac{10}{9}\right)$$

答 (1) 略　　(2) 略

解説

(1) （円の面積）$=\pi\times1^2=\pi$

$n=6$ のとき，円の中心と正六角形の頂点を線分で結ぶ。

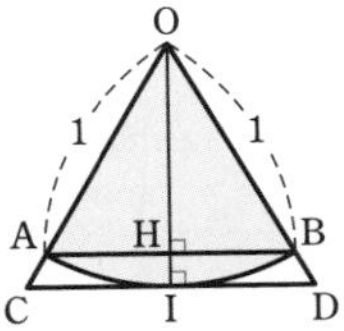

このとき，右の図の正三角形 OAB，正三角形 OCD で

（① の面積）$=6\triangle$OCD

（② の面積）$=6\triangle$OAB

が成り立つ。

点 O から線分 AB に垂線 OH をひくと，△OAH は 3 つの角が 30°，60°，90° の直角三角形であるから　　$OH=\dfrac{\sqrt{3}}{2}$

よって　　$\triangle OAB=\dfrac{1}{2}\times1\times\dfrac{\sqrt{3}}{2}=\dfrac{\sqrt{3}}{4}$

したがって

$$（② の面積）=6\times\dfrac{\sqrt{3}}{4}=\dfrac{3\times1.73}{2}$$
$$=2.595$$

点 O から線分 CD に垂線 OI をひくと，△OCI は 3 つの角が 30°，60°，90° の直角三角形であるから　　$OC=\dfrac{2}{\sqrt{3}}=\dfrac{2\sqrt{3}}{3}$

よって　　$\triangle OCD=\dfrac{1}{2}\times\dfrac{2\sqrt{3}}{3}\times1=\dfrac{\sqrt{3}}{3}$

したがって

$$（① の面積）=6\times\dfrac{\sqrt{3}}{3}=2\times1.73$$
$$=3.46$$

よって，（＊）より　　$2.595<\pi<3.46$

(2) $n=12$ のとき，円の中心と正十二角形の頂点を結ぶ。

このとき，右の図の△OEF，△OGH で

（① の面積）$=12\triangle$OGH

（② の面積）$=12\triangle$OEF

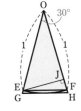

が成り立つ。

E から OF に垂線 EJ をひくと，△OEJ は 3 つの角が 30°，60°，90° の直角三角形であるから　　$EJ=\dfrac{1}{2}$

よって　　$\triangle OEF=\dfrac{1}{2}\times1\times\dfrac{1}{2}=\dfrac{1}{4}$

したがって　　（② の面積）$=12\times\dfrac{1}{4}=3$

点 O から線分 GH に垂線 OK をひき，点 G から線分 OH へ垂線 GL をひく。

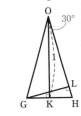

△OGL は 3 つの角が 30°，60°，90° の直角三角形であるから，OG$=2x$ とすると

$$OL=\sqrt{3}\,x,\quad GL=x$$

△OGH は OG$=$OH の二等辺三角形であるから

$$LH=OH-OL=(2-\sqrt{3})x$$

△OGK，△GHL はいずれも 3 つの角が 15°，75°，90° の直角三角形で，相似である。

よって　　OK：GK＝GL：HL

すなわち，$1:GK=x:(2-\sqrt{3})x$ から

$$GK=2-\sqrt{3}$$

したがって

$$\triangle OGH=\dfrac{1}{2}\times\{2\times(2-\sqrt{3})\}\times1$$
$$=2-\sqrt{3}$$

よって　　（① の面積）$=12\times(2-\sqrt{3})$
$$=12\times(2-1.73)$$
$$=3.24$$

したがって，（＊）より　　$3<\pi<3.24$

248　1 次関数と図形　　★★★☆

答 $\ell：y=-\dfrac{9\sqrt{3}}{16}x+\dfrac{9\sqrt{3}}{8}$，$S=\dfrac{25\sqrt{3}}{6}$

考え方

（前半）　直線 ℓ と辺 AB の交点を R とすると，
　　△RBP の面積が △ABC の面積の半分になる。
（後半）　直線 PG と直線 AB の式から，点 Q の座標を求める。

解説

△ABC の面積は　$\dfrac{1}{2}\times6\times3\sqrt{3}=9\sqrt{3}$

直線 ℓ と辺 AB の交点を R とする。
直線 AB の傾きは $\sqrt{3}$，切片は $3\sqrt{3}$ であるから，直線 AB の式は

$$y=\sqrt{3}\,x+3\sqrt{3}$$

点 R の x 座標を k とすると，y 座標は $\sqrt{3}\,k+3\sqrt{3}$ であるから

$$\triangle\mathrm{RBP}=\frac{1}{2}\times5\times(\sqrt{3}\,k+3\sqrt{3})$$

$$=\frac{5\sqrt{3}}{2}(k+3)$$

よって　$\dfrac{5\sqrt{3}}{2}(k+3)=\dfrac{9\sqrt{3}}{2}$

これを解くと　$k=-\dfrac{6}{5}$

このとき，点 R の y 座標は　$\dfrac{9\sqrt{3}}{5}$

2 点 $\mathrm{P}(2,\ 0)$，$\mathrm{R}\left(-\dfrac{6}{5},\ \dfrac{9\sqrt{3}}{5}\right)$ を通る直線が ℓ である。直線 ℓ の傾きは $-\dfrac{9\sqrt{3}}{16}$ であるから，直線 ℓ の式を $y=-\dfrac{9\sqrt{3}}{16}x+b$ とおく。

点 $\mathrm{P}(2,\ 0)$ を通るから

$$0=-\frac{9\sqrt{3}}{16}\times2+b \qquad \text{よって}\quad b=\frac{9\sqrt{3}}{8}$$

求める直線の式は　$\boldsymbol{y=-\dfrac{9\sqrt{3}}{16}x+\dfrac{9\sqrt{3}}{8}}$

直線 PG の傾きは $-\dfrac{\sqrt{3}}{2}$，切片は $\sqrt{3}$ であるから，直線 PG の式は

$$y=-\frac{\sqrt{3}}{2}x+\sqrt{3}$$

点 Q の x 座標は，

$-\dfrac{\sqrt{3}}{2}x+\sqrt{3}=\sqrt{3}\,x+3\sqrt{3}$ の解で表される。

これを解くと　$x=-\dfrac{4}{3}$

y 座標は $y=-\dfrac{4\sqrt{3}}{3}+3\sqrt{3}=\dfrac{5\sqrt{3}}{3}$ であるから，△BPQ の面積 S は

$$S=\frac{1}{2}\times5\times\frac{5\sqrt{3}}{3}=\frac{25\sqrt{3}}{6}$$

249　三平方の定理と空間図形　★★★★

答　(1) $\dfrac{3}{2}$　　(2) $\dfrac{15}{2}$　　(3) 3

考え方

(1)　平行線と線分の比を利用する。
(2)　四角形 KEJI の面積は
　　△DEF－△DEK－△IJF で求められる。
(3)　点 G から直線 BC に垂線 GM をひき，
　　△CGM と △CBA の関係に注目して線分 GM の長さを求める。
　　求める体積は　$\dfrac{1}{3}\times\triangle\mathrm{HEJ}\times\mathrm{GM}$

解説

(1)　HG∥JI，HG∥EK から　　JI∥EK
　　FI：IK＝FJ：JE

すなわち，3：IK＝2：1 から　IK＝$\dfrac{3}{2}$

よって　DK＝$3-\dfrac{3}{2}=\dfrac{3}{2}$

(2)　点 J から直線 DF に垂線 JL をひくと
　　LJ：DE＝FJ：FE
　　すなわち，LJ：3＝2：3 から　　LJ＝2
四角形 KEJI の面積は
　　△DEF－△DEK－△IJF

$$=\frac{1}{2}\times6\times3-\frac{1}{2}\times\frac{3}{2}\times3-\frac{1}{2}\times3\times2$$

$$=\frac{15}{4}$$

よって，求める体積は

$$\frac{1}{3}\times\frac{15}{4}\times6=\boldsymbol{\frac{15}{2}}$$

(3)　FE＝$\sqrt{3^2+6^2}=3\sqrt{5}$ から　EJ＝$\sqrt{5}$
点 G から直線 BC に垂線 GM をひくと，
△CGM∽△CBA から

$$CG : CB = GM : BA$$

$3 : 3\sqrt{5} = GM : 3$ から　　$GM = \dfrac{3\sqrt{5}}{5}$

よって，求める体積は

$$\frac{1}{3} \times \left(\frac{1}{2} \times \sqrt{5} \times 6 \right) \times \frac{3\sqrt{5}}{5} = 3$$

250　確率　　★★★★

答 (1)　(ア)　$\dfrac{11}{36}$　　(イ)　$\dfrac{2}{9}$

　　(2)　(ア)　6, 9　　(イ)　$\dfrac{23}{108}$

考え方

(1)　四角形 PQSR が長方形になるのは，$a=b=c$，$a=b \neq c$，$a=c \neq b$ の 3 つの場合である。
四角形 PQSR がひし形になる場合は，a の値のそれぞれについて数え上げる。

(2)(ア)　三平方の定理を利用する。
　(イ)　(ア)で求めた x のとりうる値の場合のすべてを考え，a の値のそれぞれについて数え上げる。

解説

出る目の総数は　　$6 \times 6 \times 6 = 216$（通り）

(1)　四角形 PQSR が長方形になるのは，次の 3 つの場合である。

　　　[1]　$a=b=c$　　　[2]　$a=b \neq c$
　　　[3]　$a=c \neq b$

　[1]　$a=b=c$ となるのは　　6 通り
　[2]　$a=b \neq c$ となるのは
　　　　$6 \times 5 = 30$（通り）
　[3]　$a=c \neq b$ となるのは
　　　[2]と同様に考えて　　30 通り

よって，求める確率は

$$\frac{6+30+30}{216} = \frac{11}{36}$$

また，四角形 PQSR がひし形になる場合は，次のように分類される。

$a=1$ のとき
　$(b, c) = (1, 1), (2, 2), (3, 3), (4, 4),$
　　　　　$(5, 5), (6, 6)$ の 6 通り。

$a=2$ のとき
　$a=1$ の場合に
　$(b, c) = (1, 3), (3, 1)$
　を合わせて 8 通り。

$a=3$ のとき
　$a=1$ の場合に
　$(b, c) = (2, 4), (4, 2), (1, 5), (5, 1)$
　を合わせて 10 通り。

$a=4$ のとき
　$a=1$ の場合に
　$(b, c) = (3, 5), (5, 3), (2, 6), (6, 2)$
　を合わせて 10 通り。

$a=5$ のとき
　$a=1$ の場合に
　$(b, c) = (4, 6), (6, 4)$
　を合わせて 8 通り。

$a=6$ のとき
　$a=1$ のときと同様に 6 通り。

以上より，計 48 通りあるから，求める確率は　　$\dfrac{48}{216} = \dfrac{2}{9}$

（参考図）

$(a, b, c) = (2, 2, 2)$　　　$(a, b, c) = (5, 4, 6)$

(2)　(ア)　$x = PS$
　　　　　$= \sqrt{AC^2 + (P と S の高低差)^2}$

ここで，「P と S の高低差」とは，2 つの線分 EP，GS の長さの差の絶対値のことである。なお，P と S の高低差は，最小で 0，最大で 10 となる。

$AC^2 = 4^2 + 4^2 = 32$ であるから，x が整数となるのは，$(P と S の高低差)^2$ が，次の値になるときである。

　　　4　　このとき　$x = \sqrt{32+4} = 6$
　　　49　　このとき　$x = \sqrt{32+49} = 9$

したがって，x のとりうる値は　6, 9

　(イ)　次の 2 つの場合に分けて考える。
　　　[1]　P と S の高低差が 2 のとき
　　　[2]　P と S の高低差が 7 のとき

　[1]　$a=1$ のとき
　　　$(b, c) = (1, 3), (2, 2), (3, 1)$
　　　の 3 通り。

$a=2$ のとき
$(b,\ c)=(1,\ 1),\ (1,\ 5),\ (2,\ 4),$
$\qquad\qquad (3,\ 3),\ (4,\ 2),\ (5,\ 1)$
の 6 通り。

$a=3$ のとき
$(b,\ c)=(1,\ 3),\ (2,\ 2),\ (2,\ 6),$
$\qquad\qquad (3,\ 1),\ (3,\ 5),\ (4,\ 4),$
$\qquad\qquad (5,\ 3),\ (6,\ 2)$ の 8 通り。

$a=4$ のとき
$(b,\ c)=(1,\ 5),\ (2,\ 4),\ (3,\ 3),$
$\qquad\qquad (4,\ 2),\ (4,\ 6),\ (5,\ 1),$
$\qquad\qquad (5,\ 5),\ (6,\ 4)$ の 8 通り。

$a=5$ のとき
$(b,\ c)=(2,\ 6),\ (3,\ 5),\ (4,\ 4),$
$\qquad\qquad (5,\ 3),\ (6,\ 2),\ (6,\ 6)$
の 6 通り。

$a=6$ のとき
$(b,\ c)=(4,\ 6),\ (5,\ 5),\ (6,\ 4)$
の 3 通り。

[2]　$a=1$ のとき
$(b,\ c)=(3,\ 6),\ (4,\ 5),\ (5,\ 4),$
$\qquad\qquad (6,\ 3)$ の 4 通り。

$a=2$ のとき
$(b,\ c)=(5,\ 6),\ (6,\ 5)$ の 2 通り。

$a=3$ のとき
　P と S の高低差が 7 となることは
　ない。

$a=4$ のとき
　P と S の高低差が 7 となることは
　ない。

$a=5$ のとき
$(b,\ c)=(1,\ 2),\ (2,\ 1)$ の 2 通り。

$a=6$ のとき
$(b,\ c)=(1,\ 4),\ (2,\ 3),\ (3,\ 2),$
$\qquad\qquad (4,\ 1)$ の 4 通り。

以上より，計 46 通りあるから，求める

確率は　　$\dfrac{46}{216}=\dfrac{23}{108}$

※解答・解説は数研出版株式会社が作成したものです。

発行所

数研出版株式会社

本書の一部または全部を許可なく複
写・複製すること，および本書の解
説書ならびにこれに類するものを無
断で作成することを禁じます。

〒101-0052　東京都千代田区神田小川町2丁目3番地3
　　　　　　〔振替〕00140-4-118431
〒604-0861　京都市中京区烏丸通竹屋町上る
　　　　　　大倉町205番地

〔電話〕　代表 (075)231-0161
ホームページ　https://www.chart.co.jp
印刷　株式会社　加藤文明社
乱丁本・落丁本はお取り替えします。　　　230901

「チャート式」は，登録商標です。

15552A

数研出版
https://www.chart.co.jp